U0275253

嵌入式Linux系统开发教程

华清远见嵌入式学院

姜先刚 袁祖刚 编著

电子工业出版社·

Publishing House of Electronics Industry

北京·BEIJING

内 容 简 介

本书结合大量实例，在基于 ARM Cortex-A9 四核处理器的硬件教学平台上，全面详细地讲解了 ARM 处理器及在其上的嵌入式 Linux 系统开发。本书主要内容包括 ARM 处理器及常用指令介绍，Linux 编程环境，交叉开发环境，Boot Loader 介绍 U-Boot 启动过程及移植，Linux 内核配置、编译及 Qt 移植等。其中移植相关的内容不仅给出了移植的方法和步骤，还讲解了为什么要这么做。重视实践，实用是本书的最大特点，同时，本书配合大量的习题，读者能快速地掌握嵌入式 Linux 系统开发的要点。

本书可作为大学院校电子、通信、计算机、自动化等专业的"嵌入式 Linux 系统开发"课程的教材，也可作为嵌入式开发人员的参考用书。

图书在版编目（CIP）数据

嵌入式 Linux 系统开发教程 / 华清远见嵌入式学院，姜先刚，袁祖刚编著. —北京：电子工业出版社，2016.8

高等院校嵌入式人才培养规划教材

ISBN 978-7-121-29373-3

Ⅰ．①嵌…　Ⅱ．①华…　②姜…　③袁…　Ⅲ．①Linux 操作系统－程序设计－高等学校－教材

Ⅳ.①TP316.89

中国版本图书馆 CIP 数据核字(2016)第 159484 号

责任编辑：孙学瑛

印　　刷：北京七彩京通数码快印有限公司

装　　订：北京七彩京通数码快印有限公司

出版发行：电子工业出版社

　　　　　北京市海淀区万寿路 173 信箱　　邮编：100036

开　　本：787×1092　　1/16　　印张：21　　字数：532.8 千字

版　　次：2016 年 8 月第 1 版

印　　次：2024 年 3 月第 15 次印刷

定　　价：59.00 元

凡所购买电子工业出版社图书有缺损问题，请向购买书店调换。若书店售缺，请与本社发行部联系，联系及邮购电话：(010) 88254888，88258888。

质量投诉请发邮件至 zlts@phei.com.cn，盗版侵权举报请发邮件至 dbqq@phei.com.cn。

本书咨询联系方式：010-51260888-819，faq@phei.com.cn。

前　言

随着嵌入式及物联网技术的快速发展，ARM 处理器已经广泛地应用到了工业控制、智能仪表、汽车电子、医疗电子、军工电子、网络设备、消费类电子、智能终端等领域。而较新的 ARM Cortex-A9 架构的四核处理器，更是由于其优越的性能被广泛应用在中高端的电子产品市场。比如基于 ARM Cortex-A9 的三星 Exynos 4412 处理器就被应用在三星 GALAXY Note II 智能手机上。

另一方面，Linux 内核由于其高度的稳定性和可裁剪性等特点，被广泛地应用到嵌入式系统中，其中 Android 系统就是一个典型的例子。这样，ARM 处理器和 Linux 操作系统紧密地联系在一起。所以，基于 ARM 和 Linux 的嵌入式系统得到了快速的发展。

目前，针对上述两方面完整涵盖的书籍较少，或者就是相对较老的 ARM 体系结构及较低版本的 Linux 内核。为了能够跟上嵌入式 Linux 技术发展的步伐，促进嵌入式技术的推广，华清远见研发中心自主研发了一套基于 Exynos 4412 处理器的开发板 FS4412，并组织编写了本书。本书注重实践、实用，本着从解决问题的角度出发，既给出了解决问题的方法，又给出了如何逐步解决问题的过程。

本书将 ARM 处理器和嵌入式 Linux 系统融为一体，形成了一套较完整的嵌入式 Linux 系统开发教程。全书共 11 章，循序渐进地讲解了嵌入式 Linux 系统开发所涉及的核心技术和一些经验、方法。本书主要分四个部分，第一部分（第 1 章和第 2 章）介绍了嵌入式系统和 ARM 处理器的概况；第二部分（第 3 章和第 4 章）介绍 Linux 下的软件开发；第三部分（第 5 章）介绍 U-Boot 的移植；第四部分（第 6～11 章）介绍 Linux 内核、驱动的移植，根文件系统的制作及 Qt 的移植。各章节的主要内容如下。

第 1 章对嵌入式系统有一个整体的概述，主要介绍当前比较流行的嵌入式操作系统，并着重介绍嵌入式 Linux 系统。

第 2 章介绍 ARM 处理器的整体情况，主要介绍 ARM 处理器的家族系列、常用的指令、寻址方式和常见的基于 ARM 的 SoC，重点介绍 Exynos 4412 处理器及 FS4412 开发板。

第 3 章讲解常用的 Linux 命令、Shell 脚本、正则表达式、Makefile、GNU 工具集和 Linux 编程库。

第 4 章讲解交叉开发环境，包括交叉编译工具链的安装、串口终端的安装和使用、TFTP 和 NFS 服务器的安装和配置、根文件系统挂载、交叉调试和 FS4412 开发板的开发环境的搭建实例。

第 5 章讲解常见的 Bootloader、U-Boot 常用命令、U-Boot 的启动过程及 U-Boot 的移植过程。

第 6 章讲解 Linux 内核的配置及编译，包括 Linux 内核源码下载、配置、Makefile、Kconfig、配置选项、编译等内容。

第 7 章讲解 Linux 内核的移植基础内容，包括内核移植的基本工作、Linux 设备树、Linux 启动过程的详细讲解。

第 8 章讲解 FS4412 开发板上 Linux 内核的移植实例，包括内核的基础移植、网卡驱动移植、SD/eMMC 驱动移植、USB 主机控制器驱动移植和 LCD 驱动移植的详细讲解。

第 9 章讲解 Linux 内核的调试技术，包括常用调试方法的介绍、调试相关的配置选项、内核打印函数分析、系统请求键、proc 和 sys 接口、oops 及 panic 信息分析、KGDB 源码级内核调试等。

第 10 章讲解根文件系统的制作和固化，包括根文件系统目录结构、init 系统初始化过程、利用 Busybox 制作根文件系统的过程和根文件系统的固化等。

第 11 章讲解 Qt 的移植，包括 Qt 的下载、配置、编译、安装和在根文件系统中的添加，Qt 集成开发环境的安装，在集成开发环境中加入 ARM 平台的构建环境，Qt 应用程序的编译和在开发板上的运行测试等。

本书由华清远见成都中心的姜先刚和袁祖刚编写，其中第 1～5 章由袁祖刚编写，第 6～11 章由姜先刚编写，北京中心的刘洪涛完成本书的统稿及审校工作。本书的内容是华清远见嵌入式培训中心所有老师心血的结晶，是多年教学成果的积累。他们认真阅读了书稿，提出了大量的建议，并纠正了书稿中的很多错误，在此表示感谢。

参与本书编写的还有贾燕枫、杨曼、刘洪涛、关晓强、谭翠君、李媛媛、张丹、张志华、曹忠明、苗德行、冯利美、卢闫进、蔡蒙，在此一并表示感谢。

由于作者水平有限，书中不妥之处在所难免，恳请读者批评、指正。对于本书的批评和建议，可以发表到 www.farsight.com.cn 技术论坛。

编　　者

2016 年 1 月

目　　录

嵌入式 Linux 系统开发教程

嵌入式 **Linux** 系统开发教程

嵌入式 Linux 系统开发教程

第1章
嵌入式系统概述

本章主要介绍嵌入式系统和嵌入式操作系统的概况，讲述嵌入式 Linux 的发展历史和开发环境，概括说明嵌入式 Linux 系统开发的特点。学完本章内容，读者可以对嵌入式 Linux 系统有整体的认识，了解嵌入式 Linux 开发的要点。

本章目标

- ❑ 嵌入式系统定义
- ❑ 嵌入式操作系统介绍
- ❑ 嵌入式 Linux 操作系统
- ❑ 嵌入式 Linux 开发环境
- ❑ 嵌入式 Linux 系统开发要点

1.1 嵌入式系统

嵌入式系统是以应用为中心，以计算机技术为基础，软硬件可裁剪，适用于应用系统，对功能、可靠性、成本、体积、功耗等方面有特殊要求的专用计算机系统。

嵌入式系统与通用计算机系统的本质区别在于系统应用不同。嵌入式系统是将一个计算机系统嵌入到对象系统中。这个对象既可能是庞大的机器，也可能是小巧的手持设备，用户并不关心这个计算机系统的存在。

嵌入式系统一般包含嵌入式微处理器、外围硬件设备、嵌入式操作系统和应用程序4 个部分。嵌入式领域已经有丰富的软硬件资源可以选择，涵盖了通信、网络、工业控制、消费电子、汽车电子等各种行业。

嵌入式计算机系统与通用计算机系统相比具有以下特点。

（1）嵌入式系统是面向特定系统应用的。嵌入式处理器大多数是专门为特定应用设计的，具有低功耗、体积小、集成度高等特点，一般是包含各种外围设备接口的片上系统。

（2）嵌入式系统涉及计算机技术、微电子技术、电子技术、通信和软件等行业。它是一个技术密集、资金密集、高度分散、不断创新的知识集成系统。

（3）嵌入式系统的硬件和软件都必须具备高度可定制性。只有这样才能适用嵌入式系统应用的需要，在产品价格性能等方面具备竞争力。

（4）嵌入式系统的生命周期相当长。当嵌入式系统应用到产品以后，还可以进行软件升级，它的生命周期与产品的生命周期几乎一样长。

（5）嵌入式系统不具备本地系统开发能力，通常需要有一套专门的开发工具和环境。

在计算机后 PC 技术时代，嵌入式系统已拥有较大的市场。计算机和网络已经全面渗透到日常生活的每一个角落。各种各样的新型嵌入式系统设备在应用数量上已经远远超过通用计算机，任何一个普通人可能拥有各种使用嵌入式技术的电子产品，小到MP3、PDA 等微型数字化产品，大到网络家电、智能家电、车载电子设备等。而在工业和服务领域中，使用嵌入式技术的数字机床、智能工具、工业机器人、服务机器人也将逐渐改变传统的工业和服务方式。

美国著名的未来学家尼葛洛庞帝在 1999 年访华时曾预言，四五年后嵌入式系统将是继 PC 和 Internet 之后最伟大的发明之一。这个预言已经成为现实，现在的嵌入式系统正处于高速发展阶段。

目前 BAT（百度、阿里巴巴、腾讯）等在移动互联上激烈拼杀。现实中的穿戴设备、智能手机、物联网和云互联等也广泛运用起来，嵌入式设备、移动端 APP 等技术开发浪潮正汹涌而来。

1.2 嵌入式操作系统

　　嵌入式操作系统的一个重要特性是实时性。所谓实时性，就是在确定的时间范围内响应某个事件的特性。操作系统的实时性在某些领域是至关重要的，比如工业控制、航空航天等领域。想象飞机正在空中飞行，如果嵌入式系统不能及时响应飞行员的控制指令，那么极有可能导致空难事故。有些嵌入式系统应用并不需要绝对的实时性，比如 PDA 播放音乐，个别音频数据丢失并不影响效果。这可以使用软实时的概念来衡量。

　　随着越来越多的智能硬件产品的流行，各大企业也纷纷加入到智能产品的开发浪潮中，如阿里巴巴成立智能生活事业部，腾讯推出 TOS+开放平台，百度推出 BaiduInside 计划，京东、小米、360 等公司智能硬件相关业务也在不断完善。从穿戴设备到无人机的流行，再到无人汽车的发展，可以说嵌入式技术的发展迎来新的高潮，目前市场上对于嵌入式开发人才的需求十分火爆。

　　炙手可热的"智能硬件"是移动互联网与传统制造业的结合产品，目前应用主要集中在智能家居、可穿戴设备、医疗健康以及车联网四大类。对于这个市场，除了大佬之外，互联网创业者们更是趋之若鹜。一大批创客涌现出来，众多创业孵化基地纷纷成立，加上政策的利好，可以预见嵌入式开发前景将是一片光明，未来的生活将会越来越智能。

　　据调查，目前全世界的嵌入式操作系统已经有两百多种。从 20 世纪 80 年代开始，出现了一些商用嵌入式操作系统，它们大部分都是为专有系统而开发的。随着嵌入式领域的发展，各种各样嵌入式操作系统相继问世。有许多商业的嵌入式操作系统，也有大量开放源码的嵌入式操作系统。其中著名的嵌入式操作系统有μC/OS、VxWorks、Neculeus、Linux 和 Windows CE 等。下面介绍一些主流的嵌入式操作系统。

　　（1）Linux：在所有的操作系统中，Linux 是一个发展快、应用广泛的操作系统。Linux 本身的种种特性使其成为嵌入式开发中的首选。在进入市场的头两年中，嵌入式 Linux 设计通过广泛应用获得了巨大的成功。随着嵌入式 Linux 的成熟，提供更小的尺寸和更多类型的处理器支持，并从早期的试用阶段迈进到嵌入式的主流，它抓住了电子消费类设备开发者们的想象力。随着芯片处理能力的逐步提升，智能手机、平板电脑等设备的广泛运用，Linux 系统成为了嵌入式开发的主流操作系统。

　　嵌入式 Linux 版本还有多种变体。例如：RTLinux 通过改造内核实现了实时的 Linux；RTAI、Kurt 和 Linux/RK 也提供了实时能力；还有μCLinux 去掉了 Linux 的 MMU（内存管理单元），能够支持没有 MMU 的处理器等。

　　（2）μC/OS：μC/OS 是一个典型的实时操作系统。该系统从 1992 年开始发展，目前流行的是第 2 个版本，即μC/OS II。它的特点是公开源代码、代码结构清晰、注释详尽、组织有条理、可移植性好；可裁剪、可固化；抢占式内核，最多可以管理 60 个任务。自从清华大学邵贝贝教授将 Jean J. Labrosse 的 *μC/OS-II：the Real Time Kernel* 翻译后，在国内掀起 μC/OS II 的热潮，特别是在教育研究领域。该系统短小精悍，是研究和学习实时操作系统的首选。

（3）Windows CE：Windows CE 是微软的产品，它是从整体上为有限资源的平台设计的多线程、完整优先权、多任务的操作系统。Windows CE 采用模块化设计，并允许它对于从掌上电脑到专用的工控电子设备进行定制。操作系统的基本内核需要至少 200KB 的 ROM。从 SEGA 的 DreamCast 游戏机到现在大部分的高端掌上电脑都采用了 Windows CE。

随着嵌入式操作系统领域日益激烈的竞争，微软不得不应付来自 Linux 等免费系统的冲击。微软在 Windows CE.Net 4.2 版中，将增加一项授权价仅 3 美元的精简版本 WinCE.Net Core。WinCE.Net Core 具有基本的功能，包括实时 OS 核心（Real Time OS Kernel）、档案系统；IPv4、IPv6、WLAN、蓝牙等联网功能；Windows Media Codec；.Net 开发框架以及 SQL Server.ce。微软推出低价版本 WinCE.Net，主要是看好语音电话、WLAN 的无线桥接器和个性化视听设备的成长潜力。

（4）VxWorks：VxWorks 是 WindRiver 公司专门为实时嵌入式系统设计开发的操作系统软件，为程序员提供了高效的实时任务调度、中断管理，实时的系统资源以及实时的任务间通信。应用程序员可以将尽可能多的精力放在应用程序本身，而不必再去关心系统资源的管理。该系统主要应用在单板机，数据网络（如以太网交换机、路由器）和通信方面等多方面。其核心功能主要有以下几个。

- 微内核 wind。
- 任务间通信机制。
- 网络支持。
- 文件系统和 I/O 管理。
- POSIX 标准实时扩展。
- C++以及其他标准支持。

这些核心功能可以与 WindRiver 系统的其他附件和 Tornado 合作伙伴的产品结合在一起使用。谁都不能否认这是一个非常优秀的实时系统，但其昂贵的价格使不少厂商望而却步。

（5）QNX：这也是一款实时操作系统，由加拿大 QNX 软件系统有限公司开发，广泛应用于自动化、控制、机器人科学、电信、数据通信、航空航天、计算机网络系统、医疗仪器设备、交通运输、安全防卫系统、POS 机、零售机等任务关键型应用领域。20 世纪 90 年代后期，QNX 系统在高速增长的因特网终端设备、信息家电及掌上电脑等领域也得到了广泛应用。

QNX 的体系结构决定了它具有非常好的伸缩性，用户可以把应用程序代码和 QNX 内核直接编译在一起，使之为简单的嵌入式应用生成一个单一的多线程映像。它也是世界上第一个遵循 POSIX1003.1 标准从零设计的微内核，因此具有非常好的可移植性。

嵌入式操作系统的选择是前期设计过程的一项重要工作，这将影响到工程后期的发布以及软件的维护。首先，不管选用什么样的系统，都应该考虑操作系统对硬件的支持。如果选择的系统不支持将来要使用的硬件平台，那么这个系统是不合适的。其次，考虑开发调试用的工具，特别是对于开销敏感和技术水平不强的企业来说，开发工具往往在开发过程中起决定性作用；第三，考虑该系统能否满足应用需求。如果一个操作系统提供出来的 API 很少，那么无论这个系统有多么稳定，应用层很难进行二次开发，这显然也不是开发人员希望看到的。由此可见，选择一款既能满足应用需求，性价比又可达到最佳的实时操作系统，对开发工作的顺利开展意义非常重大。

 ## 嵌入式 Linux 历史

所谓嵌入式 Linux，是指 Linux 在嵌入式系统中应用，而不是什么嵌入式功能。实际上，嵌入式 Linux 和 Linux 是同一件事。

我们了解一下 Linux 的发展历史。

Linux 起源于 1991 年，由芬兰的 Linus Torvalds 开发，随后按照 GPL 原则发布。Linux 1.0 正式发行于 1994 年 3 月，仅支持 386 的单处理器系统。

Linux 1.2 发行于 1995 年 3 月，它是第一个包含多平台（如 Alpha、Sparc、Mips 等）支持的官方版本。

Linux 2.0 发行于 1996 年 6 月，包含很多新的平台支持。最重要的是，它是第一个支持 SMP（对称多处理器）体系的内核版本。

Linux 2.2 于 1999 年 1 月发布，它带来了 SMP 系统上性能的极大提升，同时支持更多的硬件。

Linux 2.4 于 2001 年 1 月发布，它进一步提升了 SMP 系统的扩展性，同时它也集成了很多用于支持桌面系统的特性，如 USB、PC 卡（PCMCIA）的支持，内置的即插即用等。

Linux 2.6 于 2003 年 12 月发布，它的多种内核机制都有了重大改进，无论对大系统还是小系统（PDA 等）的支持都有很大提高。

Linux 3.14 版本开始，ARM 正式引入了设备树机制，内核的易维护性得到很大提升。

最新的 Linux 内核版本可以从官方站点获取。

`http://www.kernel.org`

Linux 是一种类 UNIX 操作系统。从绝对意义上讲，Linux 是 Linus Torvalds 维护的内核。现在的 Linux 操作系统已经包括内核和大量应用程序，这些软件大部分来源于 GNU 软件工程。因此，Linux 又叫做 GNU/Linux。

目前 Linux 操作系统的发行版已经有很多，例如：Redhat Linux、Suse Linux、Turbo

Linux 等台式机或者服务器版本，还有各种嵌入式 Linux 版本。不同的 Linux 版本之间总会有些差异。鉴于 UNIX 技术历史的教训，LSB（Linux Standard Base）为 Linux 系统制定了规范。LSB 规范定义了几种模块，并且为应用程序定义系统接口和基本配置，为大量的应用程序提供了统一的行业标准。读者可从以下站点可以获取 LSB 的文档。

```
http://www.linuxbase.org
```

ELC（Embedded Linux Consortium，嵌入式 Linux 联盟）是一个非营利性的、中立的行业协会。它的目标是在嵌入式应用和设备计算市场做 Linux 的改进、推广和标准化工作。ELC 成员贡献会费，并且参与管理、推广、实现和平台规范工作组的维护，谋求不断增长的市场机遇。ELC 成员为了 API 的互用性积极推广了一套平台标准，消除分割并且发布更加具有竞争力的商业方案。

```
http://www.embedded-linux.org
```

OSDL（Open Source Development Labs，开放源码开发实验室）支持围绕 Linux 开发和指导的各种活动。它为 OSDL 协会免费提供硬件资源。OSDL 发起了电信 Linux（Carrier Grade Linux）和数据中心 Linux（Data Center Linux）工作组。这些工作组包含 OSDL 成员和有兴趣的个人，他们致力于创建特点列表和规范，并且参与开源工程为电信和数据中心进一步开发 Linux。OSDL 还积极参与内核测试，提供了开放的测试环境（Scalable Test Platform），并且贡献给开发状态的内核测试。

```
http://www.osdl.org
```

CELF（Consumer Electronics Linux Forum，消费电子 Linux 论坛）是加州的一个非营利性公司，它致力于把 Linux 改进成消费电子设备的开放平台。

```
http://www.celinuxforum.org
```

越来越多的个人、社团和公司已经或正在参与 Linux 社区的工作，他们为 Linux 系统开发、测试以及应用作出了大量贡献。这使得嵌入式 Linux 系统成为标准化的操作系统，功能日趋完善，应用更加广泛。

1.4 嵌入式 Linux 开发环境

通用计算机可以直接安装发行版的 Linux 操作系统，使用编辑器、编译器等工具为本机开发软件，甚至可以完成整个 Linux 系统的升级。

嵌入式系统的硬件一般有很大的局限性，或者处理器频率很低，或者存储空间很小，或者没有键盘、鼠标设备。这样的硬件平台无法胜任（或者不便于）庞大的 Linux 系统开发任务。因此，开发者提出了交叉开发环境模型。

交叉开发环境是由开发主机和目标板两套计算机系统构成的。目标板 Linux 软件是在开发主机上编辑、编译，然后加载到目标板上运行的。为了方便 Linux 内核和应用程序软件的开发，还要借助各种连接手段。第 4 章将详细介绍如何建立交叉开发环境。

大量的开源软件和商业的 Linux 软件共同出现在 Linux 操作系统上，半导体公司、Linux 操作系统公司、第三方软件公司等已经形成庞大的 Linux 生态系统。任何一家公司都不可能对 Linux 系统做全面的维护和技术支持。

嵌入式 Linux 系统的开发工具绝大多数是命令行方式的，这使得学习 Linux 开发比 Windows 开发难度更大。商业公司在嵌入式 Linux 产品开发的时候，希望有更方便、更快捷的开发工具可以使用。因此，嵌入式 Linux 集成开发环境具有市场需求。

目前，Eclipse 已经成为集成开发环境的标准平台。Eclipse 是开放的、跨平台的、高度可配置的集成开发环境，它已经被众多嵌入式操作系统厂商定制成自己的集成开发环境。例如：MontaVista 公司的 DevRocket、TimeSys 公司的 TimeStorm、Wind River 公司的 Workbench。

MontaVista DevRocket 集成开发环境如图 1.1 所示。

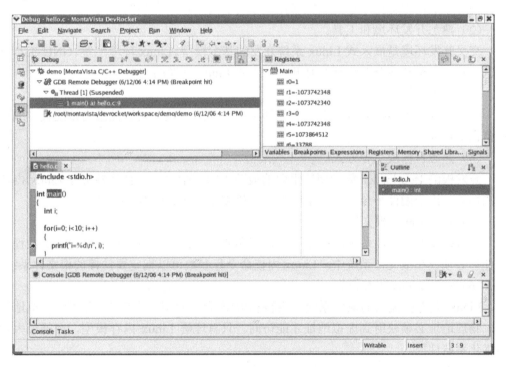

图 1.1　MontaVista DevRocket 集成开发环境

这些集成开发环境不但能够支持应用程序开发和调试，而且专门提供了内核、文件系统的工程。另外可以集成各种测试工具和版本控制等功能，大大方便了嵌入式 Linux 开发。

1.5 嵌入式 Linux 系统开发要点

嵌入式 Linux 系统开发就是构建一个 Linux 系统，这需要熟悉 Linux 系统组成部分和 Linux 开发工具，还要熟悉 Linux 编程。

嵌入式 Linux 系统包含 Bootloader（引导程序）、内核和文件系统 3 部分。对于嵌入式 Linux 系统来说，这 3 个部分是必不可少的。本书将详细分析这 3 个部分的相关软件开发。

总之，在启动一个嵌入式 Linux 系统项目之前，必须仔细考虑以下几个要点。

（1）选择嵌入式 Linux 系统发行版。

商业的 Linux 系统发行版是作为产品开发维护的，须经过严格的测试验证，并且可以得到厂家的技术支持。它为开发者提供了可靠的软件和完整的开发工具包。

（2）熟悉开发环境和工具。

交叉开发环境是嵌入式 Linux 系统开发的基本模型。Linux 环境配置、GNU 工具链、测试工具，甚至集成开发环境都是开发嵌入式 Linux 开发的利器。

（3）熟悉 Linux 内核。

因为嵌入式 Linux 开发一般需要重新定制 Linux 内核，所以熟悉内核配置、编译和移植也很重要。

（4）熟悉目标板引导方式。

开发板的 Bootloader 负责硬件平台的最基本的初始化，并且具备引导 Linux 内核启动的功能。由于硬件平台是专门定制的，一般需要修改编译 Bootloader。

（5）熟悉 Linux 根文件系统。

Linux 离不开文件系统，程序和文件都存放在文件系统中。系统启动必需的程序和文件都必须放在根文件系统中。Linux 内核命令行参数可以指定要挂接的根文件系统。

（6）理解 Linux 内存模型。

Linux 是保护模式的操作系统。内核和应用程序分别运行在完全分离的虚拟地址空间，物理地址必须映射到虚拟地址才能访问。只有理解 Linux 内存模型，才能最大程度地优化系统性能。

（7）理解 Linux 调度机制和进程线程编程。

Linux 调度机制影响到任务的实时性，理解调度机制可以更好地运用任务优先级。进程和线程编程则是应用程序开发所必需的。

本章描述了 ARM 体系结构和 ARM Linux 的发展，介绍了几种应用 Linux 的典型 ARM 处理器和开发板。学完本章，读者可以了解嵌入式 Linux 系统硬件平台的基础知识。

本章目标

- ❑ ARM 体系结构
- ❑ 典型的 ARM 处理器
- ❑ ARM Cortex-A9（FS4412）开发板介绍

第 2 章
ARM 处理

2.1 ARM 处理器简介

ARM（Advanced RISC Machines）既可以认为是一个公司的名字，也可以认为是对一类微处理器的通称，还可以认为是一种技术的名字。ARM 处理器是一种低功耗、高性能的 32 位 RISC 处理器，其应用非常广泛。ARM 公司自身并不制造微处理器，而是由 ARM 的合作伙伴来制造。

采用 RISC 架构的 ARM 微处理器一般具有如下特点。

- 体积小、低功耗、低成本、高性能。
- 支持 Thumb（16 位）/ARM（32 位）双指令集，能很好地兼容 8 位/16 位器件。

ARM 微处理器支持两种指令集：ARM 指令集和 Thumb 指令集。其中，ARM 指令为 32 位的长度，Thumb 指令为 16 位长度。Thumb 指令集为 ARM 指令集的功能子集，但与等价的 ARM 代码相比较，可节省 30%～40% 及以上的存储空间，同时具备 32 位代码的所有优点。

- 大量使用寄存器，指令执行速度更快。

ARM 处理器共有 37 个寄存器，被分为若干个组（BANK），分别如下。

■ 31 个通用寄存器，包括程序计数器（PC 指针），均为 32 位的寄存器。

■ 6 个状态寄存器，用以标识 CPU 的工作状态及程序的运行状态，均为 32 位。

概括地讲，ARM 体系结构中各寄存器的使用方式可以归纳如表 2.1 所示。

表 2.1　ARM 寄存器使用方式

寄 存 器	使用方式
程序计数器 PC（r15）	所有运行状态都可以使用
通用寄存器 r0～r7	所有运行状态都可以使用
通用寄存器 r8～r12	除去快速中断以外的状态都可以使用
当前程序状态寄存器 CPSR	所有运行状态都可以使用
保存程序状态寄存器 SPSR	除去用户状态以外的 6 种运行状态，分别都有自己的 SPSR
堆栈指针 SP（r13）和链接寄存器 lr（r14）	所有的运行状态都有自己的 SP 和 lr

- 大多数数据操作都在寄存器中完成。
- 寻址方式灵活简单，执行效率高。
- 指令长度固定。

为了保证 ARM 处理器具有高性能的同时，进一步减少芯片的体积和功耗，ARM 处理器采用了以下一些比较特别的技术。

- 所有的指令都可根据前面的执行结果决定是否被执行，从而提高指令的执行效率。

- 可用加载/存储指令批量传输数据，以提高数据的传输效率。
- 可在一条数据处理指令中同时完成逻辑处理和移位处理。
- 在循环处理中使用地址的自动增减来提高运行效率。

ARM 微处理器有以下 7 种运行模式。

- 用户模式（usr）：ARM 处理器正常的程序执行状态。
- 快速中断模式（fiq）：用于高速数据传输或通道处理。
- 外部中断模式（irq）：用于通常的中断处理。
- 管理模式（svc）：操作系统使用的保护模式。
- 数据访问终止模式（abt）：当数据或指令预取终止时进入该模式，可用于虚拟存储及存储保护。
- 系统模式（sys）：运行具有特权的操作系统任务。
- 未定义指令中止模式（und）：当未定义的指令执行时进入该模式，可用于支持硬件协处理器的软件仿真。

ARM 微处理器的运行模式既可以通过软件来改变，也可以通过外部中断或异常处理来改变。大多数的应用程序运行在用户模式下，当处理器运行在用户模式下时，某些被保护的系统资源是不能被访问的。除用户模式以外，其余的所有 6 种模式称为非用户模式，或特权模式（Privileged Modes）；其中除用户模式和系统模式以外的 5 种又称为异常模式（Exception Modes），常用于处理中断或异常，以及需要访问受保护的系统资源等情况。

2.1.1 ARM 公司简介

1991 年 ARM 公司（Advanced RISC Machine Limited）成立于英国剑桥，最早由 Arcon、Apple 和 VLSI 合资成立，主要出售芯片设计技术的授权。1985 年 4 月 26 日，第一个 ARM 原型在英国剑桥的 Acorn 计算机有限公司诞生（由美国 VLSI 公司制造）。目前，ARM 架构处理器已在高性能、低功耗、低成本的嵌入式应用领域中占据了领先地位。

ARM 公司最初只有 12 人，经过二十多年的发展，ARM 公司已拥有近千名员工，在许多国家都设立了分公司，包括 ARM 公司在中国上海成立的分公司。目前，采用 ARM 技术知识产权（IP）核的微处理器，即我们通常所说的 ARM 微处理器，已遍及工业控制、消费类电子产品、通信系统、网络系统、无线系统等各类产品市场。基于 ARM 技术的微处理器应用占据了 32 位 RISC 微处理器 80%以上的市场份额，其中，在手机市场，ARM 占有绝对的垄断地位。可以说，ARM 技术正在逐步渗入到人们生活中的各个方面，而且随着 32 位 CPU 价格的不断下降和开发环境的不断成熟，ARM 技术会应用得越来越广泛。

ARM 公司是专门从事基于 RISC 技术芯片设计开发的公司，作为嵌入式 RISC 处理器的知识产权（IP）供应商，公司本身并不直接从事芯片生产，而是靠转让设计许可由合作公司生产各具特色的芯片，世界各大半导体生产商从 ARM 公司购买其设计的 ARM

微处理器核，根据各自不同的应用领域，加入适当的外围电路，从而形成自己的 ARM 微处理器芯片进入市场。利用这种合伙关系，ARM 很快成为了许多全球性 RISC 标准的缔造者。目前，全世界有几十家大的半导体公司都使用 ARM 公司的授权，其中包括 Intel、IBM、Samsung、LG 半导体、NEC、SONY、PHILIP 等公司，这也使得 ARM 技术获得更多的第三方工具、制造、软件的支持，又使整个系统成本降低，使产品更容易进入市场并被消费者所接受，更具有市场竞争力。

2.1.2 ARM 处理器体系结构

处理器的体系结构定义了指令集（ISA）和基于这一体系结构下处理器的程序员模型。ARM 体系结构为嵌入系统发展商提供了很高的系统性能，同时保持了优异的功耗和面积效率。每一次 ARM 体系结构的重大修改，都会添加一些非常关键的技术。

目前，ARM 体系结构共定义了 6 个版本。从版本 1 到版本 6，ARM 体系的指令集功能不断扩大，不同系列的 ARM 处理器性能差别很大，应用范围和对象也不尽相同。但是，如果是相同的 ARM 体系结构，那么基于它们的应用软件是兼容的。

1．V1 结构（版本 1）

V1 版本的 ARM 处理器并没有实现商品化，采用的地址空间是 26 位，寻址空间是 64MB，在目前的版本中已不再使用这种结构。

2．V2 结构

与 V1 结构的 ARM 处理器相比，V2 结构的 ARM 处理器的指令结构要有所完善，比如增加了乘法指令并且支持协处理器指令。该版本的处理器仍然是 26 位的地址空间。

3．V3 结构

从 V3 结构开始，ARM 处理器的体系结构有了很大的改变，实现了 32 位的地址空间，指令结构相对前面的两种结构也所完善。

4．V4 结构

V4 结构的 ARM 处理器增加了半字指令的读取和写入操作，增加了处理器系统模式，并且有了 T 变种-V4T，在 Thumb 状态下所支持的是 16 位的 Thumb 指令集。属于 V4T（支持 Thumb 指令）体系结构的处理器（核）有 ARM7TDMI、ARM7TDMI-S（ARM7TDMI可综合版本）、ARM710T（ARM7TDMI 核的处理器）、ARM720T（ARM7TDMI 核的处理器）、ARM740T（ARM7TDMI 核的处理器）、ARM9TDMI、ARM910T（ARM9TDMI核的处理器）、ARM920T（ARM9TDMI 核的处理器）、ARM940T（ARM9TDMI 核的处理器）和 StrongARM（Intel 公司的产品）。

5．V5 结构

V5 结构的 ARM 处理器提升了 ARM 和 Thumb 两种指令的交互工作能力，同时有了 DSP 指令-V5E 结构、Java 指令-V5J 结构的支持。

属于 V5T（支持 Thumb 指令）体系结构的处理器（核）有 ARM10TDMI 和 ARM1020T（ARM10TDMI 核处理器）。

属于 V5TE（支持 Thumb，DSP 指令）体系结构的处理器（核）有 ARM9E、ARM9E-S（ARM9E 可综合版本）、ARM946（ARM9E 核的处理器）、ARM966（ARM9E 核的处理器）、ARM10E、ARM1020E（ARM10E 核处理器）、ARM1022E（ARM10E 核的处理器）和 Xscale（Intel 公司产品）。

属于 V5TEJ（支持 Thumb，DSP 指令，Java 指令）体系结构的处理器（核）有 ARM9EJ、ARM9EJ-S（ARM9EJ 可综合版本）、ARM926EJ（ARM9EJ 核的处理器）和 ARM10EJ。

6．V6 结构

V6 结构是在 2001 年发布的。在该版本中增加了媒体指令，属于 V6 体系结构的处理器核有 ARM11（2002 年发布）。V6 体系结构包含 ARM 体系结构中所有的 4 种特殊指令集：Thumb 指令（T）、DSP 指令（E）、Java 指令（J）和 Media 指令。

目前，基于 ARM 核结构的微处理器目前包括下面几个系列。

（1）ARM7 系列：ARM7 系列包括 ARM7TDMI、ARM720T、ARM7TDMI-S 和 ARM7EJ。该系列中使用最广泛的是基于 ARM7TDMI 核的 ARM 处理器，比如 Samsung 的 S3c4510B、S3c44b0x 等。后缀 TDMI 的含义如下。

- T：表示支持 Thumb 指令集。
- D：表示支持片上调试（Debug）。
- M：表示内嵌硬件乘法器（Multiplier）。
- I：表示支持片上断点和调试点。

（2）ARM9 系列：ARM9 系列包括 ARM920T、ARM922T 和 ARM940T。ARM9 系列处理器采用了 5 级流水线，指令执行效率较 ARM7 有较大提高，而且带有 MMU 功能，这也是与 ARM7 的重要区别。同时，该系列的处理器支持指令 Cache 和数据 Cache，因而具有更高的数据处理能力，主要应用在无线设备、手持终端、数字照相机等。

（3）ARM9E 系列：ARM9E 系列包括 ARM926EJ-S、ARM946E-S、ARM966E-S 和 ARM968E-S。该系列的处理器是综合类的处理器，它使用单一的处理器核提供了微控制器、DSP、Java 应用，因而非常适应于同时使用 DSP 和微控制器的场合。ARM9E 系列处理器采用了 5 级流水线，支持 DSP 指令集、32 位的高速 AMBA 总线接口，带有 MMU 功能，最高主频可达 300MIPS。

（4）ARM10E 系列：ARM10E 系列包括 ARM1020E、ARM1022E 和 ARM1026EJ-S。该系列的 ARM 处理器采用了新的体系结构，同 ARM9 系列相比有了很大的提高，采用了更高的 6 级流水线结构，支持 DSP 指令，适合同时需要高速数字信号处理的场合，支持 64 位的高速 AMBA 总线接口、32 位的 ARM 指令集和 16 位的 Thumb 指令集。该系列处理器主要应用于下一代的无线设备和数字消费品等。

（5）ARM11 系列：ARM11 系列包括 ARM1136J(F)-S、ARM1156T2(F)-S 和 ARM1176JZ(F)-S。AMR 公司在 2003 年推出了 ARM11 架构的核，基于 ARM11 核结构的处理器具有更高的性能，尤其是在多媒体处理能力方面，采用了先进的 0.13μm 工艺，最高工作频率可达 750MHz。

（6）SecurCore 系列：SecurCore 系列包括 SecurCore SC100、SecurCore SC110、SecurCore SC200 和 SecurCore SC22。SecurCor 系列处理器专为安全需要而设计，提供了对于安全方案解决的支持，主要应用在比如电子商务、电子银行、网络认证等对安全性要求很高的场合。

（7）Inter 的 Xscale：Xscale 处理器是 Intel 公司基于 ARMV5TE 体系结构的解决方案，是一款高性能、低功耗的 32 位 RISC 处理器，有 PXA25x 系列和 PXA27x 系列，相比较早期的 StrongARM 处理器，Xscale 处理器是 Intel 公司目前主推的 ARM 处理器，主要应用在 PDA 和网络产品等方面。

7．V7 结构

基于从 ARMv6 开始的新设计理念，ARM 进一步扩展了它的 CPU 设计，成果就是 ARMv7 架构的闪亮登场。在这个版本中，内核架构首次从单一款式变成 3 种款式。图 2.1 为 ARM 三大款式。

- 款式 A：设计用于高性能的"开放应用平台"——越来越接近计算机了。
- 款式 R：用于高端的嵌入式系统，尤其是那些带有实时要求的——又要快又要实时。
- 款式 M：用于深度嵌入的，单片机风格的系统中。

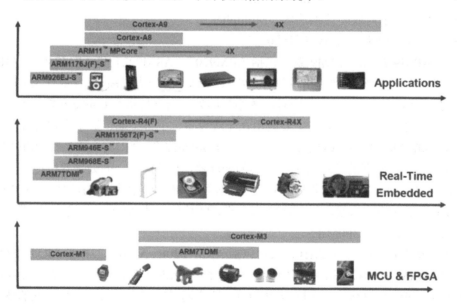

图 2.1　ARM 三大款式

下面再进一步讲解这 3 种款式。

（1）款式 A（ARMv7-A）：需要运行复杂应用程序的"应用处理器"支持大型嵌入式操作系统（不一定实时），比如 Symbian（诺基亚智能手机使用）、Linux，以及微软的 Windows CE 和智能手机操作系统 Windows Mobile。这些应用需要优良的处理性能，并且需要硬件 MMU 实现完整而强大的虚拟内存机制，还基本上会配有 Java 支持，有时还要求一个安全程序执行环境（用于电子商务）。典型的产品包括高端手机和手持仪器、电子钱包以及金融事务处理机，如 Cortex-A8（应用处理器）和 Cortex-A9。

（2）款式 R（ARMv7-R）：硬实时且高性能的处理器，主要面对的是高端实时市场。例如，高档轿车的组件、大型发电机控制器和机器手臂控制器等。它们使用的处理器不但要很好、很强大，还要极其可靠，对事件的反应也要极其敏捷，如 Cortex-R4（实时处理器）。

（3）款式 M（ARMv7-M）：认准了旧世代单片机的应用而量身定制。在这些应用中，尤其是对于实时控制系统，低成本、低功耗、极速中断反应以及高处理效率，都是至关重要的。Cortex 系列是 v7 架构的第一次亮相，其中 Cortex-M3 就是按款式 M 设计的。到了架构 7 时代，ARM 改革了一度使用的，冗长的、需要"解码"的数字命名法，转到另一种看起来比较整齐的命名法。比如，ARMv7 的 3 个款式都以 Cortex 作为主名。

- Cortex-A8 系列：ARM Cortex-A8 处理器是第 1 款基于 ARMv7 架构的应用处理器，是有史以来 ARM 开发的性能最高、功率效率最高的处理器。Cortex-A8 处理器的速率在 600MHz～1GHz 范围内，甚至高于 1GHz，能够满足那些工作在 300mW 以下的功耗优化的移动设备和 2000 Dhrystone MIPS 的性能优化的消费类应用的要求。

- Cortex-A9 系列：Cortex-A9 处理器能与其他 Cortex 系列处理器以及广受欢迎的 ARM MPCore 技术兼容，因此能够很好地延用包括操作系统/实时操作系统（OS/RTOS）、中间件及应用在内的丰富生态系统，从而减少采用全新处理器所需的成本。通过首次利用关键微体系架构方面的改进，Cortex-A9 处理器提供了具有高扩展性和高功耗效率的解决方案。利用动态长度、八级超标量结构、多事件管道及推断性乱序执行（speculative out-of-order execution），它能在频率超过 1GHz 的设备中，在每个循环中执行多达 4 条指令，同时还能减少目前主流八级处理器的成本并提高效率

- Cortex-R 系列：ARM Cortex-R 系列是一系列用于实时系统的嵌入式处理器。这些处理器支持 ARM、Thumb 和 Thumb-2 指令集。目前，此系列包含 Cortex-R4 和 Cortex-R4F 处理器。

ARM Cortex-R4 处理器是一个中端实时处理器，用于深层嵌入式系统。

ARM Cortex-R4F 处理器是一个带有浮点运算单元（Floating-Point Unit，FPU）的 Cortex-R4 处理器，主要用于对实时性要求比较高的中端产品，如汽车电子等。

- Cortex-M 系列：ARM Cortex-M 系列的 CPU 处理器内核，包括 ARM

Cortex-M0、ARM Cortex-M1 和 ARM Cortex-M3 处理器。

ARM Cortex-M 系列是一系列针对成本敏感的应用程序进行优化的深层嵌入式处理器。这些处理器仅支持 Thumb-2 指令集。此系列包含 Cortex-m4、Cortex-M3、Cortex-M1 FPGA 和 Cortex-M0 处理器。

ARM Cortex-M4 处理器是一个低能耗处理器，其特点是门数低、中断延迟短且调试成本低。Cortex-M4F 处理器与 Cortex-M4 具有相同的功能，且包括浮点运算功能。这些处理器专用于要求使用数字信号处理功能的应用程序。

ARM Cortex-M3 处理器是一个低能耗处理器，其特点是门数低、中断延迟短且调试成本低。它专用于要求快速中断响应的深层嵌入式应用程序，包括微控制器、汽车和工业控制系统。

ARM Cortex-M1 FPGA 处理器专用于要求使用集成到 FPGA 中的小型处理器的深层嵌入式应用程序。

ARM Cortex-M0 处理器是一个门数非常低、能效非常高的处理器，专用于微控制器和要求使用面积优化处理器的深层嵌入式应用程序。

8. V8 结构

新款 ARM V8 架构 ARM Cortex-A50 处理器系列产品，进一步扩大 ARM 在高性能与低功耗领域的领先地位。该系列率先推出的是 Cortex-A53 与 Cortex-A57 处理器以及最新节能 64 位处理技术与现有 32 位处理技术的扩展升级。该处理器系列的可扩展性使 ARM 的合作伙伴能够针对智能手机、高性能服务器等各类不同市场需求开发系统级芯片（SoC）。

（1）ARM Cortex-A50 处理器系列：提供 Cortex-A57 与 Cortex-A53 两款处理器，可选配密码编译加速器，为验证软件提高 10 倍的运行速度与 ARMMali 图形处理器系列互用，适用于图形处理器计算应用具有 AMBA 系统一致性，与 CCI-400、CCN-504 等 ARMCoreLink 缓存一致性结构组件达成多核心缓存一致性。

（2）ARM Cortex-A57 处理器：最先进、单线程性能最高的 ARM 应用处理器能提升，以满足供智能手机从内容消费设备转型为内容生产设备的需求，并在相同功耗下实现最高可达现有超级手机 3 倍的性能计算能力，可相当于传统 PC，但仅需移动设备的功耗成本即可运行，无论企业用户或普通消费者均可享受低成本与低耗能，针对高性能企业应用提高了产品可靠度与可扩展性。

（3）ARM Cortex-A53 处理器：史上效率最高的 ARM 应用处理器，使用体验相当于当前的超级手机，但功耗仅需其 1/4；结合可靠性特点，可扩展数据平面（dataplane）应用可将每毫瓦及每平方毫米性能发挥到极致；针对个别线程计算应用程序进行了传输处理优化；Cortex-A53 处理器结合 Cortex-A57 及 ARM 的 big.LITTLE 处理技术，能使平台拥有最大的性能范围，同时大幅减少功耗。

2.1.3 Linux 与 ARM 处理器

在 32 位 RISC 处理器领域,基于 ARM 的结构体系在嵌入式系统中发挥了重要作用, ARM 处理器和嵌入式 Linux 的结合也正变得越来越紧密,并在嵌入式领域得到了广阔的应用。早在 1994 年,Linux 就可在 ARM 架构上运行,但那时 Linux 并没有在嵌入式系统中得到太多应用。目前,上述状况已经出现巨大变化,包括便携式消费类电子产品、网络、无线设备、汽车、医疗和存储产品在内,都可以看到 ARM 与 Linux 相结合的身影。Linux 之所以能在嵌入式市场上取得如此辉煌的成就,与其自身的优秀特性是分不开的。

Linux 具有诸多内在优点,非常适合于嵌入式操作系统。

- Linux 的内核精简而高效。针对不同的实际需求,可将内核功能进行适当地剪裁,Linux 内核可以小到 100KB 以下,减少了对硬件资源的消耗。

- Linux 诞生之日就与网络密不可分,它本身就是一款优秀的网络操作系统。Linux 具有完善的网络性能,并且具有多种网络服务程序,而操作系统具备网络特性是很重要的。

- Linux 的可移植性强,方便移植到许多硬件平台,其模块化的特点也便于开发人员进行删减和修改。同时,Linux 还具有一系列优秀的开发工具,嵌入式 Linux 为开发者提供了一整套的工具链(Tool Chain),能够很方便地实现从操作系统内核到用户态应用软件各个级别的调试。

- Linux 源码开放,软件资源丰富,目前可以支持多种硬件平台,如 X86、ARM、MIPS 等。目前已经成功移植到数十种硬件平台之上,几乎包括所有流行的 CPU 架构,同时 Linux 下面有着非常完善的驱动资源,支持各种主流硬件设备,所有这些都促进了 Linux 在嵌入式领域广泛的应用。

不同特征的 Linux 都是在某一个 CPU 架构体系上运行的,而 ARM 结构体系历经多年的发展产生出很多版本,Linux 对于已在 ARM 规划蓝图中获定义的新特征也有相应的支持。ARM 体系的处理器按照不同的目标应用分类有着不同的特点和发展方向,基于与操作系统结合的特点考虑,可以根据有无 MMU(Memory Management Unit)把 CPU 分成两类,即带 MMU 功能的处理器和不带 MMU 功能的处理器。

Linux 作为一种基于 x86 平台发展过来的操作系统,是典型的应用操作系统,在硬件上需要 MMU 的支持,所以只有在包含 MMU 的 ARM 处理器上才能运行 Linux,如典型的 ARM720T、ARM920/922T 和 ARM926EJ。另外一些常用的 ARM 处理器,如 ARM7TDMI 系列,因为没有 MMU,所以不支持标准的 Linux。不带 MMU 的处理器由于特别适合于深度嵌入的特点(如快速实时响应、实地址编程等),在嵌入式系统中的应用非常广泛。为了适应这种需求,uClinux 应运而生。uClinux 是开放源码的嵌入式 Linux 的一个经典之作,它设计的目标平台是那些没有内存管理单元(MMU)的微处理器芯片。为了满足嵌入式系统的需求,uClinux 还改写和裁减了大量 Linux 内核代码,因此,uClinux

内核远小于标准 Linux 的内核，但仍然保持了 Linux 操作系统的绝大部分特性，包括稳定强大的网络功能及出色的文件系统支持等。

在 2003 年末推出的 Linux 内核 2.6 版本加强了对无 MMU 处理器的支持。Linux 2.6 内核扩展多嵌入式平台支持的一个主要途径就是把 uCLinux 的大部分并入主流内核功能中，这无疑为 Linux 在嵌入式领域的广泛应用加重了砝码，也使得 ARM 与 Linux 的关系更加紧密。Linux 3.14 版本中 ARM 正式引入了设备树机制。Linux 4.0 版本最值得关注的特性是内核补丁无需重启系统，该技术原理基于 Ksplice 实现。Linux 4.0 的发布让用户可以不需要重启操作系统。在大多数的服务器或者数据中心里，喜欢用 Linux 的一个原因是用户不需要频繁地进行重启操作。诚然，某些关键性的补丁必须要进行重启，但你也可以等到数月后再做此操作。现在，得益于 Linux 4.0 内核的发布，用户也许可以数年间都不用重启。

 **ARM 指令集**

2.2.1　ARM 微处理器的指令集概述

ARM 微处理器的指令集主要有以下 6 大类。

- 跳转指令。
- 数据处理指令。
- 程序状态寄存器（PSR）处理指令。
- 加载/存储指令。
- 协处理器指令。
- 异常产生指令。

具体的指令及功能如表 2.2 所示（表中指令为基本 ARM 指令，不包括派生的 ARM 指令）。

表 2.2　ARM 指令及其功能描述

指　　令	指令功能描述
ADC	带进位加法指令
ADD	加法指令
AND	逻辑与指令
B	跳转指令
BIC	位清零指令
BL	带返回的跳转指令
BLX	带返回和状态切换的跳转指令

指　　令	指令功能描述
BX	带状态切换的跳转指令
CDP	协处理器数据操作指令
CMN	比较反值指令
CMP	比较指令
EOR	异或指令
LDC	存储器到协处理器的数据传输指令
LDM	加载多个寄存器指令
LDR	存储器到寄存器的数据传输指令
MCR	从 ARM 寄存器到协处理器寄存器的数据传输指令
MLA	乘加运算指令
MOV	数据传送指令
MRC	从协处理器寄存器到 ARM 寄存器的数据传输指令
MRS	传送 CPSR 或 SPSR 的内容到通用寄存器指令
MSR	传送通用寄存器到 CPSR 或 SPSR 的指令
MUL	32 位乘法指令
MVF	传送值到浮点数寄存器
MVN	数据取反传送指令
ORR	逻辑或指令
RSB	逆向减法指令
RSC	带借位的逆向减法指令
SBC	带借位减法指令
STC	协处理器寄存器写入存储器指令
STM	批量内存字写入指令
STR	寄存器到存储器的数据传输指令
SUB	减法指令
SWI	软件中断指令
SWP	交换指令
TEQ	相等测试指令
TST	位测试指令

2.2.2　ARM 指令寻址方式

1. 立即数寻址

ARM 指令的立即数寻址是一种特殊的寻址方式，操作数本身就在指令中给出，只要取出指令也就取到了操作数。这个操作数被称为立即数。

```
ADD  R0, R0, #1            ; R0←R0 + 1
ADD  R0, R0, #0x3A         ; R0←R0 + 0x3A
```

在以上两条指令中，第 2 个源操作数即为立即数，实际使用时以"#"符号为前缀。

2. 寄存器寻址

寄存器寻址就是利用寄存器中的数值作为操作数。这种寻址方式是各类微处理器经常采用的一种方式，也是一种执行效率较高的寻址方式。

```
ADD  R0, R1, R2           ; R0←R1 + R2
```

以上指令的执行效果是将寄存器 R1 和 R2 的内容相加，其结果存放在寄存器 R0 中。

3. 寄存器间接寻址

寄存器间接寻址就是以寄存器中的值作为操作数的地址，而操作数本身存放在存储器中。

```
ADD  R0, R1, [R2]         ; R0←R1 + [R2]
LDR  R0, [R1]             ; R0←[R1]
```

在第 1 条指令中，以寄存器 R2 的内容作为操作数的地址，然后与寄存器 R1 相加，其结果存入寄存器 R0 中。

第 2 条指令将以 R1 的值为地址的存储器中的内容送到寄存器 R0 中。

4. 基址变址寻址

基址变址的寻址方式就是将寄存器（该寄存器一般称作基址寄存器）的内容与指令中给出的地址偏移量相加，从而得到一个操作数的有效地址。

```
LDR  R0, [R1, #0x0A]       ; R0←[R1 + 0x0A]
LDR  R0, [R1, #0x0A]!      ; R0←[R1 + 0x0A]、R1←R1 + 0x0A
```

在第 1 条指令中，将寄存器 R1 的内容加上 0x0A 形成操作数的有效地址，将该地址处的操作数送到寄存器 R0 中。

在第 2 条指令中，将寄存器 R1 的内容加上 0x0A 形成操作数的有效地址，从而取得操作数存入寄存器 R0 中，然后，R1 的内容自增 0x0A 个字节。

5. 多寄存器寻址

采用多寄存器寻址方式，一条指令可以完成多个寄存器值的传送。这种寻址方式可以用一条指令完成传送最多 16 个通用寄存器的值。比如下面的指令。

```
LDMIA R0, {R1, R2, R3, R4}      ; R1←[R0]
                                ; R2←[R0 + 4]
                                ; R3←[R0 + 8]
                                ; R4←[R0 + 12]
```

该指令的后缀 IA 表示在每次执行完加载/存储操作后，寄存器 R0 按字长度增加，因此，指令可将连续存储单元的值传送到寄存器 R1～R4。

6. 相对寻址

与基址变址寻址方式相类似，相对寻址以程序计数器 PC 的当前值为基地址，指令中的地址标号作为偏移量，将两者相加之后得到操作数的有效地址。比如下面的程序段完成子程序的调用和返回，跳转指令 BL 采用了相对寻址方式。

```
    BL   NEXT                    ;跳转到子程序 NEXT 处执行
    ……
NEXT
    ……
    MOV  PC, LR                  ;从子程序返回
```

7. 堆栈寻址

堆栈是一种数据结构，按先进后出（First In Last Out，FILO）的方式工作，使用一个称作堆栈指针的专用寄存器指示当前的操作位置，堆栈指针总是指向栈顶。

根据堆栈的生成方式，堆栈又可以分为递增堆栈（Ascending Stack）和递减堆栈（Decending Stack）。当堆栈由低地址向高地址生成时，称为递增堆栈；当堆栈由高地址向低地址生成时，称为递减堆栈。这样就有 4 种类型的堆栈工作方式，ARM 微处理器支持以下 4 种类型的堆栈工作方式。

（1）满递增堆栈：堆栈指针指向最后压入的数据，并且堆栈以递增方式向上生成。

（2）满递减堆栈：堆栈指针指向最后压入的数据，并且堆栈以递减方式向下生成。

（3）空递增堆栈：堆栈指针指向下一个将要放入数据的空位置，且由低地址向高地址生成。

（4）空递减堆栈：堆栈指针指向下一个将要放入数据的空位置，且由高地址向低地址生成。

2.2.3　Thumb 指令

作为 32 位的嵌入式处理器，ARM 具有 32 位数据总线宽度，但是为了更好地兼容数据总线宽度为 16 位的应用系统，ARM 体系结构除了支持执行效率很高的 32 位 ARM 指令集以外，同时支持 16 位的 Thumb 指令集。Thumb 指令集是 ARM 指令集的一个子集，允许指令编码为 16 位的长度。与等价的 32 位代码相比较，Thumb 指令集在保留 32 代码优势的同时，可以在很大程度上节省系统的存储空间。当处理器在执行 ARM 程序段时，称 ARM 处理器处于 ARM 工作状态；当处理器在执行 Thumb 程序段时，称 ARM 处理器处于 Thumb 工作状态。

所有的 Thumb 指令都有对应的 ARM 指令，而且 Thumb 的编程模型也对应于 ARM 的编程模型，在应用程序的编写过程中，只要遵循一定调用的规则，Thumb 子程序和 ARM 子程序就可以互相调用，二者结合应用可以充分发挥各自的特点，取得较好的效果。

2.2.4 Thumb-2 指令

Thumb-2 技术首见于 ARM1156 核心，并于 2003 年发表。Thumb-2 扩充了受限的 16-bit Thumb 指令集，以额外的 32-bit 指令让指令集的使用更广泛。因此 Thumb-2 的预期目标是要达到近乎 Thumb 的编码密度，但能表现出近乎 ARM 指令集在 32-bit 内存下的效能。

Thumb-2 也从 ARM 和 Thumb 指令集中派生出多种指令，包含位栏（bit-field）操作、分支建表（table branches）和条件执行等功能。

2.2.5 ThumbEE 指令

ThumbEE 指令也就是所谓的 Thumb-2EE，业界称为 Jazelle RCT 技术，于 2005 年发表，首见于 Cortex-A8 处理器。ThumbEE 提供从 Thumb-2 而来的一些扩充性，在所处的执行环境（Execution Environment）下，使得指令集能特别适用于执行阶段（Runtime）的编码产生（例如即时编译）。Thumb-2EE 是专为一些语言，如 Limbo、Java、C#、Perl 和 Python，并能让即时编译器能够输出更小的编译码却不会影响到效能。

ThumbEE 所提供的新功能，包括在每次存取指令时自动检查是否有无效指标，以及一种可以执行阵列范围检查的指令，并能够分支到分类器（handlers），其包含一小部分经常呼叫的编码，通常用于高阶语言功能的实作，例如对一个新物件做内存配置。

 典型 ARM 处理器简介

2.3.1 Atmel AT91RM9200

Atmel 公司的 32 位 RISCC 处理器 AT91RM9200 是基于 ARM Thumb 的 ARM920T（核）微控制器，时钟频率为 180MHz，运算速度可以达到 200MIPS；带有全性能的 MMU，支持 SDRAM、静态存储器、Burst Flash、CompactFals、SmartMedia 以及 NAND Flash；具有高性能、低功耗、低成本、小体积等优点。AT91RM9200 微处理器是一个多用途的通用芯片，它内部集成了微处理器和常用外围组件，具有更高性价比的特点，可以为工控领域嵌入式系统提供优秀的解决方案。

AT91RM9200 具有以下丰富的片上资源。

（1）16KB 数据 Cache，16KB 指令 Cache。

（2）虚拟内存管理单元 MMU。

（3）带有 Debug 调试的在片 Emulator。

（4）Mid-level Implementation Embedded Trace Macrocell。

（5）16KB 的内部 SRAM 和 128KB 的内部 ROM。

（6）带有外部总线接口（EBI），方便用户进行扩展升级。

（7）支持 SDRAM、SRAM、Burst Flash 和 CompactFlash、SmartMedia and NAND Flash 的无缝连接。

（8）增强型的时钟产生器和电源管理单元。

（9）带有两个 PLL 的两个在片振荡器。

（10）慢速的时钟操作模式和软件电源优化能力。

（11）4 个可编程的外部时钟信号。

（12）包括周期性中断、看门狗和第二计数器的系统定时器。

（13）带有报警中断的实时时钟。

（14）带有 8 个优先级、可单个屏蔽中断源、Spurious 中断保护的先进中断控制器。

（15）7 个外部中断源和 1 个快速中断源。

（16）4 个 32 位的 PIO 控制器，可以达到 122 个可编程 I/O 引脚（每个都有输入控制、可中断及开路的输出能力）。

（17）20 通道的外部数据控制器（DMA）。

（18）10/100Mbit/s 的以太网接口。

（19）两个全速的 USB 2.0 主接口和一个从口。

（20）4 个 UART。

（21）3 通道 16 位的定时/计数器（TC）。

（22）两线接口（TWI）。

（23）IEEE 1149.1 JTAG 标准扫描接口。

2.3.2　Samsung S3C2410

S3C2410 是著名的半导体公司 Samsung 推出的一款 32 位 RISC 处理器，为手持设备和一般类型的应用提供了低价格、低功耗、高性能微控制器的解决方案。S3C2410 的内核基于 ARM920T，带有 MMU 功能，采用 0.18μm 工艺，其主频可达 203MHz，适合于对成本和功耗敏感的需求，同时它还采用了 AMBA（Advanced Microcontr-oller Bus Architecture）的新型总线结构，实现了 MMU、AMBA BUS、Harvard 的高速缓冲体系结构，支持 Thumb16 位压缩指令集，从而能以较小的存储空间需求，获得 32 位的系统性能。

其片上功能如下。

（1）内核工作电压为 1.8/2.0V、存储器供电电压为 3.3V、外部 I/O 设备的供电电压为 3.3V。

（2）16KB 的指令 Cache 和 16KB 的数据 Cache。

（3）LCD 控制器，最大可支持 4K 色 STN 和 256 色 TFT。

（4）4 通道的 DMA 请求。

（5）3 通道的 UART（IrDA1.0、16 字节 TxFIFO、16 字节 RxFIFO），两通道的 SPI 接口。

（6）两通道的 USB（Host/Slave）。

（7）4 路 PWM 和 1 个内部时钟控制器。

（8）117 个通用 I/O，24 路外部中断。

（9）272Pin FBGA 封装。

（10）16 位的看门狗定时器。

（11）1 通道的 IIC/IIS 控制器。

（12）带有 PLL 片上时钟发生器。

S3C2410 ARM 处理器支持大/小端模式存储字数据，其寻址空间可达 1GB，每个 Bank 为 128MB，对于外部 I/O 设备的数据宽度，可以是 8/16/32 位，所有的存储器 Bank（共有 8 个）都具有可编程的操作周期，而且支持各种 ROM 引导方式（NOR/NAND Flash、EEPROM 等），其结构框图如图 2.1 所示。

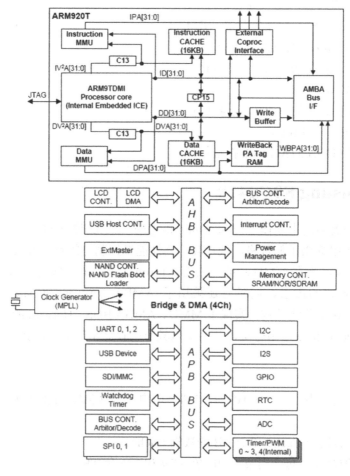

图 2.1　S3C2410 结构框图

2.3.3 TI OMAP5 *系列*

TI 在 1998 年推出了可扩展的开放式 OMAP（开放式多媒体应用平台）。OMAP 平台提供了语音、数据和多媒体所需的带宽和功能，可以极低的功耗为高端 2.5G 和 3G 无线设备提供较高的性能。TI 的 OMAP 处理器支持所有类似的高级操作系统，无需任何新的编程技能便可提供无缝访问其高性能 DSP 算法的能力。TI 还提供了 OMAP 解决方案，将无线调制解调器与专用应用处理器完美地组合在单个芯片上。TI 在提供全球范围的技术支持的同时，还提供了可降低系统成本的高度集成的解决方案。

OMAP 是 TI 公司针对无线市场推出的一系列针对便携设备的多媒体处理器，但其应用并不限于手机。OMAP 系列处理器一般具有双核（DSP 和 ARM）架构，这种低功耗的 OMAP 架构把用于语音的 DSP 信号处理功能与 RISC 处理器的通用系统性能融合在了一起，设计了开放式软件架构，以鼓励开发语音引擎、语音应用和多媒体等应用，包括语音识别器和原型应用等开发支持，可帮助开发商快速建立其自己的产品并缩短产品上市时间。除具有"性能/功耗比"上的优势之外，OMAP 系列处理器还提供丰富的外围接口，支持几乎所有流行的有线和无线接口标准。

OMAP 5 高级多核架构包含各种内核，其中包括 ARM® 通用处理器、多个图形内核和多种专用处理器，用于平衡可编程性、性能和功耗；提供的两款 OMAP 5 产品旨在满足客户的不同需求，如表 2.3 所示。这两款设备都采用 TI 定义的低功耗 28ns 制造工艺，同时拥有两个 ARM Cortex-A15 MP 内核处理器均具有高达 2GHz 的速度，两个 ARM Cortex-M4 处理器可实现低功耗负载和实时响应。OMAP 5430 适用于要求最小尺寸的产品（例如智能手机），支持双通道、LPDDR2 堆叠封装（PoP）内存。OMAP 5432 适用于移动计算和消费产品，它们要求更低成本，没有极端的尺寸限制，支持双通道 DDR3/DDR3L 内存。

表 2.3 OMP5 系列

处理器型号	制造工艺	最大频率	CPU	GPU	内存支持
OMAP 5430	28nm	2.0 GHz	双核 ARM Cortex-A15 MP	POWERVR™ SGX544-MPx	2xLPDDR2
OMAP 5432	28nm	2.0 GHz	双核 ARM Cortex-A15 MP	POWERVR™ SGX544-MPx	2xDDR3/DDR3L

OMAP 5432 主要优势如下。

- 专为驱动移动计算设备和消费产品而设计。
- 多核 ARM® Cortex™处理器。
- 两个 ARM Cortex-A15 MP 内核处理器均具有高达 2GHz 的速度。
- 两个 ARM Cortex-M4 处理器可实现低功耗负载和实时响应。
- 多核 POWERVR™ SGX544-MPx 图形加速器可驱动 3D 游戏和 3D 用户界面。
- 专用 TI 2D BitBlt 图形加速器。
- IVA-HD 硬件加速器可实现全高清 1080p60、多标准视频编码/解码和 1080p30

立体电影 3D （S3D）。

- 更快、更高品质的图像和视频捕捉功能，具有高达 2000 万像素（或 1200 万像素 S3D）成像和 1080p60（或 1080p30S3D）视频功能。
- 支持 3 个摄像机和 4 个显示屏同时工作。
- 封装和内存 17mm×17mm、0.5mm 的间距 BGA、双通道 DDR3/DDR3L 内存。

其结构框图如图 2.2 所示。

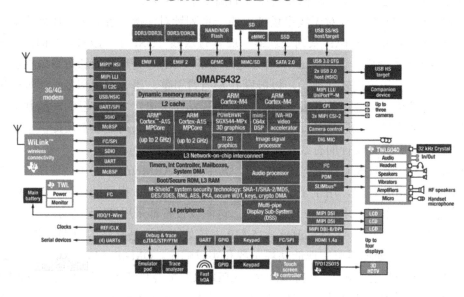

图 2.2　OMAP5432 结构框图

2.3.4　Freescale i.Max6

作为无线应用半导体领域的领导者，飞思卡尔半导体（其前身属于摩托罗拉半导体公司）开发了 i.MX 系列处理器，其 i.MX 系列嵌入式应用处理器采用了 ARM 内核，主流应用处理器 i.MX 6 系列推出了基于 ARM®CortexTM-A9 架构的包括单核、双核和四核在内的高扩展性多核系列应用处理器平台，促进了消费电子、工业和汽车车载娱乐系统等新一代应用的发展。通过与 ARM Cortex-A9 架构的高效处理能力、前沿性的 2D 与 3D 图形以及高清晰视频功能实现一流水平的集成，i.MX 6 系列可以提供令人瞩目的多媒体性能，以支持超越现有界限的下一代用户体验。i.MX 单核、双核和四核产品获得备受赞赏的业界领先可扩展性的一个原因是 PF 系列电源管理 IC。通过与 i.MX 6 平台简化的电源要求相结合，PF 系列能够提供各种应用所需的所有电压域，显著降低了物料成本并简化了系统设计。

i.Max6 主要具有如下特性：

- 基于 ARM Cortex-A9 的可扩展单核、双核、四核产品，最高可达 1.2GHz，具有 ARMv7TM、Neon、VFPv3 和 Trustzone 支持。
- 32KB 指令和数据 L1 缓存，256KB～1MBL2 缓存。
- 支持多码流的 HD 视频引擎，在高性能家族中支持 1080p60 解码、1080p30 编码和 3D 视频播放。
- 卓越的 3D 图形性能，最多支持 4 个 shader 核，200MT/s。
- 独立的 2D 和/或矢量加速引擎。
- 支持 3D 影像的图像传感器。
- 丰富的接口，可以包括具有集成 PHY 的 HDMIv1.4,SD3.0,具有集成 PHY 多个 USB 2.0 端口，具有集成 PHY 的千兆以太网，具有集成 PHY 的 SATA-II,具有集成 PHY 的 PCI Express、MIPI CSI、MIPI DSI、MIPI HSI 和面向汽车应用的 FlexCAN。
- 全面的安全特性。
- 可选的 EPD 显示控制器集成，面向电子书和类似应用。

其结构框图如图 2.3 所示。

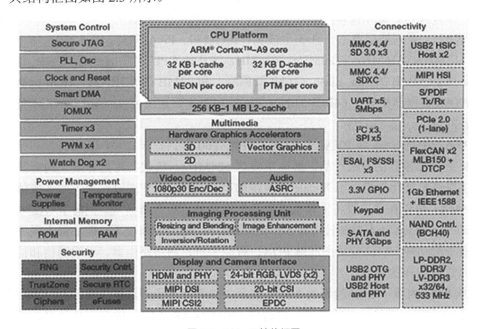

图 2.3   i.Max6 结构框图

2.3.5   Intel Xscale PXA 系列

Intel 的 PXA 处理器最早被称为 XScale 处理器。XScale 也是 ARM 处理器的一种衍生品，不过它在架构扩展的基础上保留了对以往软件的向下兼容性。

Intel 目前开发的 Intel Xscale 基于 ARM 核的处理器有两个系列。

- StrongARM-StrongARM SA1100。
- 基于 Xscale 架构的 ARM 处理器 Xscale PXA 系列。

Xscale 是一款功耗低、伸缩度高的产品，并且其最大的优势就是核心频率可以高速地提升。此外，Xscale 整合了以往其他 ARM 处理器所不会去整合的多媒体指令集——Wireless MMX。这种指令集类似桌面处理器的多媒体指令集，是一种 64bit 的精简指令。这种指令集可以大大地优化视频播放、3D 图像显示、音频处理等应用，同时也会大大降低程序开发者的开发难度，从而加快开发进度。

基于 Xscale 架构的 ARM 处理器，Intel 到目前为止一共开发 3 个系列的处理器。

- PXA25x 系列。
- PXA26x 系列。
- PXA27x 系列。

PXA25x 是最早一代的产品，一经推出就获得了很大的成功，其工作频率可以为 200 MHz、300 MHz 和 400MHz，使用了较新的 0.18μm 工艺制程、内含 32KB 的指令缓存，32KB 数据缓存以及多媒体流数据专用 2KB 缓存；最高支持 256MB 的内存、包含双通道 PCMCIA、CF 卡控制器、MMC/SD 控制器；包含 LCD 显示控制器、AC97 音频、USB 接口、红外接口、蓝牙接口；芯片采用 256Pin 的 PBGA 封装。

PXA27x 系列处理器主要有 3 个成员：PXA270、PXA271 和 PXA272。每个成员中都有 312MHz、416MHz、520MHz、624MHz 这几种 CPU 主频的产品。其中，PXA271 内部集成了 32MB 的 Nor Flash（16bit 数据线）和 32MB 的 SDRAM（16bit 数据线）资源；PXA272 内部集成了 64MB 的 Nor Flash（32bit 数据线），这是很多 ARM 处理器所不具备的。

PXA270 是 Intel 继 PXA250/PXA255/PXA260 之后，于 2004 年 4 月发布的最新款 XScale 处理器家族的升级产品，最高主频达 624MHz。该款芯片把 x86 架构奔腾 4 系列上的多媒体扩展功能引入了 Xscale 芯片组的产品线中，用户通过这个无线多媒体扩展技术（MMX）可以在掌上设备上播放高质量的视频和运行三维游戏。同时 PXA270 还加入了 Intel SpeedStep 动态电源管理技术，在保证 CPU 性能的情况下，能够最大限度地降低移动设备的功耗，广泛应用在高端 PDA，智能手机，网络路由器、无线通信和控制系统等嵌入式系统开发。

PXA270 内置了 Intel 的无线 MMX 技术，显著提高了多媒体性能，312MHz 的 CPU（PXA270 系列中最低钟频的产品）将达到 520MHz ARM CPU 的多媒体处理效能，而主频达到 624MHz。Intel 公司同时还发表了配合 PXA270 使用的图形协处理器——2700G 多媒体加速器；这颗芯片可以以每秒 30 帧的速度播放 MPEG4 或 WMV 的图像，使 PXA270 的多媒体性能达到极大提升。

图 2.4 所示是 PXA270 处理器的内部结构框图。

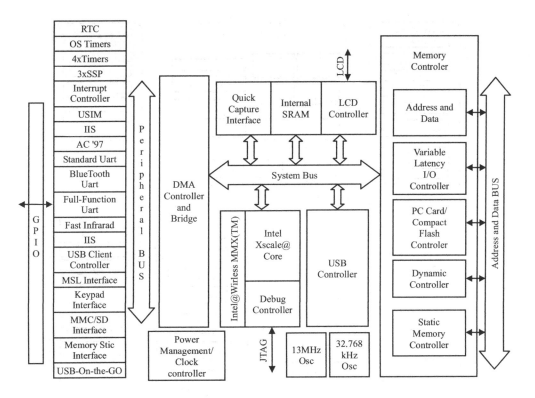

图 2.4　PXA270 内部结构框图

2.3.6　Cortex-A 系列的 Exynos4412

2011 年 2 月,三星电子正式将自家基于 ARM 构架处理器品牌命名为 Exynos。Exynos 由两个希腊语单词组合而来:Exynos 和 Prasinos,分别代表"智能"与"环保"之意。Exynos 系列处理器主要应用在智能手机和平板电脑等移动终端上。

2012 年初,三星正式推出了自家的首款四核移动处理器 Exynos 4412。这款新 Exynos 四核处理器拥有 32nm HKMG(高 K 金属栅极技术)制程,支持双通道 LPDDR2 1066。新的 32nm HKMG 技术可以帮助降低功耗,按照官方的说法,和其前代比会减低 20%的功耗。三星 Exynos 4412 四核处理器仍然集成 Mali-400MP 图形处理器,但三星公司已将这颗图形处理器主频由此前的 266MHz 提升至 400MHz。有媒体指出会比现有的双核机型整体性能提升 60%,图像处理提升 50%。2012 年 5 月,首款采用 Exynos 4412 处理器的智能手机三星 Galaxy S III 正式上市,以及 6 月上市的魅族 MX 四核版和 12 月上市的纽曼 N2。

Exynos4412 支持功能很多,如 3D、2D 图形引擎,音视频处理,GPS 模块,重力加速度三轴传感器,强大电源管理等,特别适合移动手机,平板类的产品开发。

图 2.5 所示是 Exynos4412 处理器的内部结构框图。

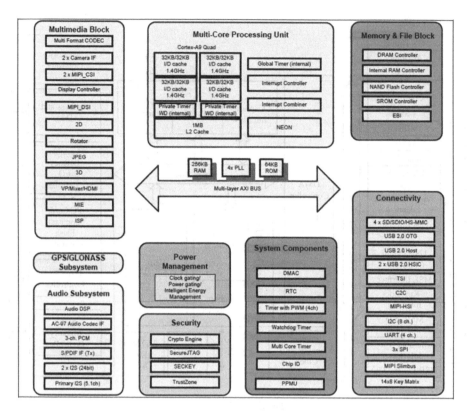

图 2.5　Exynos 4412　内部结构框图

2.4　华清远见 FS4412 开发板

2.4.1　华清远见 FS4412 开发板介绍

在读者准备研究嵌入式开发时，选择合适的开发平台也是一个很重要的环节。开发板可以为用户提供基本的底层硬件、系统和驱动等资源。目前，针对同一处理器的开发板有很多种，当然，开发目的是各不相同的，其中要考虑的因素也很多，诸如开发成本、开发板资源是否满足要求、周期、技术支持程度，等等。本书以华清远见公司的 FS4412 开发版作为研究平台来进行介绍。该开发板是基于三星 Exynos4412 处理器为核心的嵌入式开发平台，提供了完备的软硬件资源，为广大嵌入式开发爱好者深入研究嵌入式开发技术提供了一个较好的平台。

FS4412 开发板的外观如图 2.6 所示。

该开发板的资源如下。

1. 硬件资源情况

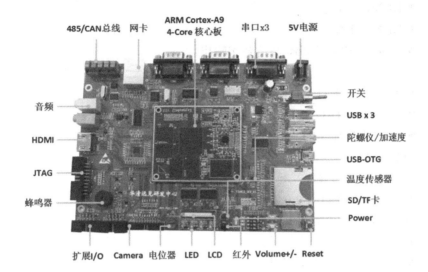

图 2.6   FS4412 开发板

（1）核心配置。

- CPU。
  - Samsung Exynos 4 Quad（四核处理器）。
  - 32nm HKMG。
  - 1433 MHz（最多可以达 1.6GHz）。
- GPU - Mali-400MP（主频可达 400MHz）屏幕。
  - LVDS 40 Pin 显示接口。
  - 7in 1024×600 像素高分辨率显示屏。
  - 多点电容触摸屏。
- RAM 容量：1GB DDR3（可选配至 2GB）。
- ROM 容量：4GB eMMC（可选配至 16GB）。
- 多启动方式。
  - eMMC 启动、MicroSD(TF)/SD 卡启动。
  - 通过控制拨码开关切换启动方式。
  - 可以实现双系统启动。

（2）板载接口。

- 存储卡接口。
  - 1 个 MicroSD(TF)卡接口。
  - 1 个 SD 卡接口。
  - 最高可扩展至 64GB。
- 摄像头接口：20 Pin 接口，支持 OV3640 300 万像素摄像头。

- HDMI 接口。
  - HDMI A 型接口。
  - HDMI v1.4a。
  - 最高 1080p@30fps 高清数字输出。
- JTAG 接口。
  - 20 Pin 标准 JTAG 接口。
  - 支持 FS-JTAG Cortex-A9 ARM 仿真器。
  - 独家支持详尽的 ARM 裸机程序。
- USB 接口。
  - 1 路 USB OTG。
  - 3 路 USB HOST 2.0（可扩展 USB-HUB）。
- 音频接口。
  - 1 路 Mic 接口。
  - 1 路 Speaker 耳机输出。
  - 1 路 Speaker 立体声功放输出（外置扬声器）。
- 网卡接口：DM9000 百兆网卡。
- RS485 接口：1 路 RS485 总线接口
- CAN 总线接口： 1 路 CAN 总线接口。
- 串口。
  - - 1 路 5 线 RS232 串口。
  - 2 路 3 线 RS232 串口。
  - 1 路 TTL 串口。
- 扩展 I/O 接口。
  - 1 路 I2C（已将 1.8V 转换为 3.3V）。
  - 1 路 SPI（已将 1.8V 转换为 3.3V）。
  - 3 路 ADC（1 路含 10K 电阻）。
  - 多路 GPIO、外部中断（已将 1.8V 转换为 3.3V）。

（3）板级资源。

- 按键：1 个 Reset 按键、1 个 Power 按键、两个 Volume（+/-）按键。
- LED：1 个电源 LED、4 个可编程 LED。
- 蜂鸣器:1 个无源 PWM 蜂鸣器。
- 红外接收器。
  - 1 个 IRM3638 红外接收器。
  - 可选配红外遥控器在 Android 下使用。
- 温度传感器：1 个 DS18B20 温度传感器。
- ADC ：1 路电位器输入（Android 下可模拟电池电量）。

- RTC：1 个内部 RTC 实时时钟。

（4）选配模块。

- 3G 模块：WCDMA 850/900/1900/2100 MHz 上网。
- Wi-Fi 模块：IEEE 802.11 a/b/g/n/ac 无线网络。
- GPRS 模块。
  - GSM：850/900/1800/1900MHz。
  - 可以实现短信、电话等功能。
- 定位模块。
  - 支持全球定位系统（GPS）。
  - 北斗定位系统（BD）。
- VGA 模块：高质量的 VGA 输出。
- RFID 模块：FS_RC522 13.56MHz RFID 模块。
- ZigBee 模块。
  - FS-CC2530 ZigBee 模块。
  - 配套可以选择各类传感器节点。
- Bluetooth 模块。
  - FS-CC2540 Bluetooth Low Energy （Bluetooth 4.0）模块。
  - 配套可以选择各类传感器节点。
- IPv6 模块。
  - FS-STM32W108 IPv6 模块。
  - 配套可以选择各类传感器节点。
- 低功耗 Wi-Fi 模块。
  - 低功耗串口 Wi-Fi 模块。
  - 配套可以选择各类传感器节点。
- 操作系统：支持 Android 4.0、Linux 3.0。

2．软件资源情况

FS4412 开发平台配合华清远见研发中心开发的 FS-JTAG Cortex-A8/A9 仿真器，可以实现接近 ARM 官方仿真器的功能。

FS-JTAG 支持 Windows XP/7/8/8.1 32 位/64 位全系列 Windows 平台，而且仿真器使用全套开源软件开发环境，IDE 为使用相当广泛的 Eclipse，开发者可以轻易上手；编译器则使用 GNU GCC，代码可以和 Linux 下的代码实现无缝衔接，使开发者的学习难度大大降低，学习关联性紧密连接。

ARM 体系结构与接口技术部分实验配套有《ARM 体系结构与接口技术》实验手册作为指导，实验的设置由简入深，包含 GPIO，中断，A/D 转换，定时器（看门狗、PWM、RTC 等），串口通信等基础实验，I2C、SPI 等总线接口实验和内存管理 MMU 实验等。该手册中的部分内容不仅可以让用户一步一步做出实验现象，还有对相关知识原理的解读，让新手学习的同时，也能让有经验的开发者对体系更加清晰，对知识更加深入。

2.4.2　众多的开发板供应商

随着嵌入式开发领域的不断深入和发展，现在越来越多的半导体厂商都开发了基于 ARM 核的 32 位 RISC 嵌入式处理器，并且为了推广各自的芯片，都有配套完善的开发板提供给用户。目前可以提供 ARM 芯片的著名欧美半导体公司有 Intel、德洲仪器、摩托罗拉、飞利浦半导体、意法半导体、ADI 公司、Atmel、Altera、CirrusLogic 等。日本的许多著名半导体公司，如东芝、夏普、三菱半导体、爱普生、富士通半导体、松下半导体等公司较早期都大力投入开发了自主的 32 位 CPU 架构的处理器，现在也已经转向购买 ARM 公司的 IP 进行新产品设计。韩国的现代半导体公司和著名的三星半导体也生产提供 ARM 芯片和相应的开发系统。我国台湾地区可以提供 ARM 芯片的公司有台积电、台联电、华邦电子等，大陆的公司，如华为通讯和中兴通讯等公司也已经购买了 ARM 公司的相应知识产权，开始基于 ARM 核的芯片设计。

目前，国内的 ARM 开发板供应商大多与国外半导体厂商取得合作关系推出一系列的 ARM 开发板，其种类繁多，从面向低端的基本应用到高端设计的参考模型，应有尽有。深圳优龙科技、华恒、英蓓特、傅里叶等为用户提供了充足的选择余地以进行嵌入式的深入研究和二次开发。

1. ARM 属于（　　）。

A．RISC 架构　　　　　　　　B．CISC 架构

2. ARM 指令集是（　　）位宽，Thumb 指令集是（　　）位宽的。

A．8 位　　　　B．16 位　　　　C．32 位　　　　D．64 位

3. LR 寄存器有什么用（　　）。

A．保存函数返回地址　　　　　B．正在取指的指令的地址

4. 属于 ARM 运行模式的是（　　）。

A．用户模式　　　　　　　　　B．超级用户模式

C．异常模式　　　　　　　　　D．快速中断模式

5. 可以访问状态寄存器的指令是（　　），能够访问内存的指令是（　　）。

A．MOV　　　　B．LDR　　　　C．MCR　　　　D．MRS

第3章
Linux 编程环境

本章内容包括常用的 Linux 开发工具使用技巧和 Linux 编程技术。本章内容比 Linux 编程方面的书籍要简略得多，重点介绍常用的 Linux 编程工具和技巧。通过本章的学习，读者可以快速掌握基本的 Linux 开发工具，为后续的嵌入式 Linux 开发奠定基础。

本章目标

- ❑ 常用的 Linux 编程工具
- ❑ GNU 工具链的使用技巧
- ❑ Linux 编程库的 API 介绍

3.1 Linux 常用工具

3.1.1 Shell 简介

在 Linux 系统开发过程中，开发者或者用户与 Linux 系统（内核）进行交互的时候需要一个平台，这就是 Shell。有了它，用户就能通过键盘输入与系统进行交互了。Shell 会执行用户输入的命令，并且在屏幕上显示执行结果。这种交互的全过程都是基于文本方式的，这种面向命令行的用户界面被称为 CLI（Command Line Interface），在图形化用户界面（GUI）出现之前，人们一直是通过命令行界面来操作计算机的。Linux 的图形化环境在最近几年有了很大改进，在 X 窗口系统下，只需打开 Shell 提示来完成极少量的任务。然而，许多 Linux 功能在 Shell 提示下要比在图形化用户界面（GUI）下完成得更加高效，况且一些应用程序并不支持图形界面。

单从字面意思上理解，Shell 的本意是"壳"的意思，通俗地讲就是内部核心与外部使用者发生联系的介质。当用户希望与系统内核（Kernel）发生联系进而控制硬件设备时，用户不会也不允许直接与内核交互，而必须通过 Shell 来下达命令使系统来控制硬件，同时内核也会通过 Shell 来反馈执行情况，这里的 Shell 就是一个桥梁。图 3.1 形象地说明了这一过程。

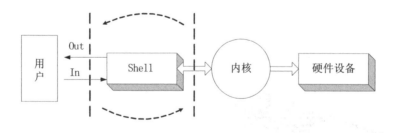

图 3.1　Shell 工作示意图

Shell 提供了用户与操作系统之间通讯的方式。这种通信可以以交互方式（从键盘输入，并且可以立即得到响应），或者以 Shell script（非交互）方式执行。Shell script 是放在文件中的一串 Shell 和操作系统命令，它们可以被重复使用。本质上，Shell script 是把命令行的命令简单地组合到一个文件中。

Shell 本身又是一个解释型的程序，也是一种编程语言。Shell 程序设计语言支持绝大多数在高级语言中能见到的程序元素，如函数、变量、数组和程序控制结构。Shell 编程语言简单而且易于掌握，任何在提示符中能输入的命令都能放到一个可执行的 Shell 程序中。作为操作系统的外壳，如果把 Linux 内核想象成一个系统的中心部分，那么 Shell

就是围绕内核的外层。当从 Shell 或其他程序向 Linux 传递命令时，内核会做出相应的反应。

历史上第一个真正的 UNIX Shell 称为"sh"，是 Stephen R. Bourne 于 20 世纪 70 年代中期在新泽西的 AT&T 贝尔实验室编写出来的。后人为了纪念他，亦称为 Bourne Shell。Bourne Shell 是一个交换式的命令解释器和命令编程语言。20 世纪 80 年代早期，在美国 Berkeley 的加利福尼亚大学开发了 C Shell（csh 和 tcsh），它主要是为了让用户更容易地使用交互式功能。C Shell 是一种比 Bourne Shell 更适于编程的 Shell，它的语法与 C 语言很相似。

Bash（Bourne Again Shell）是目前大多数 Linux（Red Hat、Slackware 等）系统默认使用的 Shell，它由 Brian Fox 和 Chet Ramey 共同完成，内部命令一共有 40 个。它是 Bourne Shell 的扩展，与 Bourne Shell 完全向后兼容，并且在 Bourne Shell 的基础上增加了很多特性。Bash 是 GNU 计划的一部分，用来替代 Bourne Shell。Linux 使用它作为默认的 Shell 是因为它有以下的特点。

- 可以使用类似 DOS 下面的 doskey 的功能，用上下方向键查阅和快速输入并修改命令。
- 自动通过查找匹配的方式，给出以某字符串开头的命令。
- 包含了自身的帮助功能，只要在提示符下面输入"help"命令就可以得到相关的帮助。

Linux 下使用 Shell 非常简单，打开终端就可以看到 Shell 的提示符了。登录系统之后，系统将执行一个称为 Shell 的程序，正是 Shell 进程提供了命令行提示符。作为 Linux 默认的 Bash，对于普通用户用"$"作为 Shell 提示符，而对于根用户（root）用"#"作提示符，如图 3.2 所示。

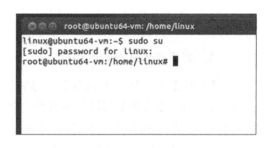

图 3.2　Shell 提示符

从图 3.2 的界面中可以看到，当前用户是普通用户"linux"时，Shell 提示符是"$"；而当切换为根用户 root 时，Shell 提示符是"#"。一旦出现了 Shell 提示符，就可以输入命令名称及命令所需要的参数了。用户输入有关命令行后，如果 Shell 找不到以其中的命令名为名字的程序，就会给出错误信息。例如，用户输入以下命令，则可以看到，用户得到了一个没有找到该命令的错误信息。

```
$mypfile
bash:myfile:command not found
$
```

3.1.2 常用的 Shell 命令

目前，Linux 下基于图形界面的工具越来越多，许多工作都不必使用 Shell 就可以完成了。然而，专业的 Linux 使用者还是认为 Shell 是一个非常必要的工具。使用 Linux 时一定要熟悉 Shell 的使用，至少要掌握一些基础知识和基本的命令。

Bash 是 Linux 上默认的 Shell。Shell 命令可以分为两种。

- 包含在 Shell 内部的命令，如 cd 命令。
- 存在于系统文件内部的某个应用程序，如 ls 命令。

对用户使用 Shell 来说，不必关心一个命令是建立在 Shell 内部还是一个单独的程序。在实际执行的时候，Shell 会首先检查输入的命令是否是 Shell 的内部命令，如果不是，再检查是否是一个内部的应用程序。然后 Shell 在搜索路径里寻找这些应用程序（搜索路径就是一个能找到可执行程序的目录列表）。如果输入的命令不是一个内部命令，并且在路径里没有找到这个可执行文件，将会显示一条错误信息。如果能够成功找到命令，该内部命令或应用程序将被分解为系统调用并传给 Linux 内核。

Shell 命令的一般格式如下。

命令名 【选项】【参数 1】【参数 2】…

用户登录时，实际就进入了 Shell，它遵循一定的语法将输入的命令加以解释并传给系统。命令行中输入的第一个部分必须是一个命令的名字，第二个部分是命令的选项或参数，命令行中的每个部分必须由空格或 Tab 键隔开。注意，这里的选项和参数都用【】标注，说明它们都是可选的，因为有的命令不需要选项和参数就可以执行。

1. 对于选项和参数的说明

【选项】是包括一个或多个字母的代码，它前面有一个减号（-），Linux 用它来区别选项和参数。【选项】可用于改变命令执行的动作的类型。多个【选项】可以用一个减号（-）连起来，例如，"ls -l-a"与"ls - la"相同。

下面以常用的 ls 命令为例进行介绍。ls 命令表示可以查看当前目录的内容。

加入"-l"选项，表示为每个文件以长格式查看内容，诸如数据大小和数据最后被修改的时间，如图 3.3 所示。

使用该指令可以查看文件的权限位，如上图中的"-rw-r--r--"符号，它表示的是 3 组不同用户对该文件的使用权限，每组有 3 个权限位，如下所示。

- rw-：用户权限。

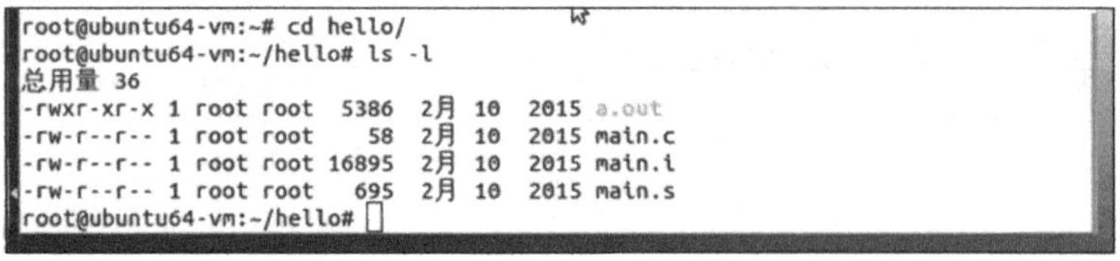

```
root@ubuntu64-vm:~# cd hello/
root@ubuntu64-vm:~/hello# ls -l
总用量 36
-rwxr-xr-x 1 root root  5386  2月 10 2015 a.out
-rw-r--r-- 1 root root    58  2月 10 2015 main.c
-rw-r--r-- 1 root root 16895  2月 10 2015 main.i
-rw-r--r-- 1 root root   695  2月 10 2015 main.s
root@ubuntu64-vm:~/hello# 
```

图 3.3　ls 命令

- r--: 同组用户权限。
- r--: 其他用户权限。

【参数】提供命令运行的信息，或者是命令执行过程中所使用的文件名。使用分号（;）可以将两个命令隔开，这样可以实现一行中输入多个命令。命令的执行顺序和输入的顺序相同。当然，ls 命令也可以加入参数，例如，"ls -l /home/linux"命令会将/home/linux 目录中的内容详细列出。

2. 命令行输入

命令行输入实际上是可以编辑的一个文本缓冲区，在命令行中就可以输入 Shell 命令了。在按回车键以确认当前操作之前，可以对输入的内容进行编辑。比如删除、复制、粘贴等，还可以插入字符，使得用户在输入命令，尤其是复杂命令时，若出现输入错误，无须重新输入整个命令，只要利用编辑操作，即可改正错误。

Bash 可以保存以前输入命令的列表，这一列表被称为命令历史表。按向上箭头键，便可以在命令行上逐次显示各条命令。同样，按向下箭头键可以在命令列表中向下移动，这样可以将以前的各条命令显示在命令行上，用户可以修改并执行这些命令，这样就不用重复输入以前执行的命令了。

3. 常用的 Shell 命令介绍

Shell 命令种类很多，功能也很复杂，下面主要介绍几种常用的 Shell 命令。

（1）输入命令行自动补齐（automatic command line completion）功能。

在 Linux 下有时在对文件操作的时候，有的文件名或文件夹的名称可能会很长，完全逐字输入比较麻烦，在输入命令的任何时刻，可以按 Tab 键，系统会试图补齐此时已输入的命令。例如，假设当前目录下有一个文件，名为 Busybox-1.24.0.tar.gz，现在想要解压该文件，而该文件是当前目录下唯一以 B 开头的文件名，此时就可以进行如下操作。

```
# tar zxvf  B<Tab>usybox-1.24.0.tar.gz
```

此时，系统会自动补齐该文件名后面的部分，这样用起来会非常方便。

使用命令行自动补齐功能，对于使用长命令或操作较长名字的文件或文件夹都是非常有用的。

（2）对目录和文件的操作。

- 改变当前目录。

其语法格式如下。

```
# cd  [目的目录名]
```

这里的目的目录名既可用相对路径来表示，也可以用绝对路径来表示。如果要切换到上一级目录，可以采用下面的命令。

```
# cd ..
```

- 显示当前所在目录。

嵌入式 Linux 系统开发教程

Linux 下 pwd 命令是最常用的命令之一，用于显示用户当前所在的目录。例如：

```
# pwd
/home/TH
```

执行 pwd 指令后，系统提示当前所在的目录是/home/TH。

● 创建目录。

在 Linux 下可以使用 mkdir 指令来创建一个目录。其语法格式如下。

```
# mkdir [新目录名]
```

例如：mkdir /home/TH 表示在/home/目录下创建 TH 子目录。

● 删除一个目录/文件。

```
rm [选项]
```

上面的命令表示被删除的文件/目录。

对于选项的说明如下。

-r：完全删除目录，其下的目录和文件也一并删除。

-i：在删除目录之前需要经过使用者的确认才能被删除。

-f：不需要确认就可以删除，也不会产生任何错误信息。

例如：rm –rf /home/TH/tmp，表示不必经过确认将/home/TH/tmp/下的目录和文件全部删除。

● 复制文件/目录。

其语法格式如下。

```
# cp [选项] [源文件/目录] [指定文件/目录]
```

对于选项的说明如下。

-i：当指定目录下已存在被复制的文件时，会在复制之前要求确认是否要覆盖，如果使用者的回答是 y（yes），则执行复制操作。

-p：用来保留权限模式和更改时间。

-r：用来将某一目录下的所有文件都复制到另一个指定目录中。

例如：cp /etc/ld.conf ～/，表示复制/etc/目录下的 ld.conf 文件到系统的主目录中；cp -r dir1 dir2，表示将目录 dir1 的全部内容全部复制到目录 dir2 中。

● 建立文件的符号链接。

建立文件的符号链接是 Linux 中一个很重要的命令，它的基本功能是为某一个文件在另外一个位置建立一个不同的链接，这个命令最常用的选项是-s，具体用法如下。

```
# ln [-s] [源文件] [目标文件]
```

在实际的操作过程当中，有时在不同的目录中要用到相同的文件，我们不需要在每一个需要的目录下都放一个相同的文件，而是使用 ln 命令链接（link）它就可以（相当于建立了一个快捷方式），这样可以避免重复地占用磁盘空间。例如：ln –s /bin/test /usr/local/bin/test，表示为/bin 下的 test 文件在/usr/local/bin 目录下建立了一个符号链接。

注意:

（1）ln 命令会保持每一处链接文件的同步性，也就是说如果改动了某一文件，其他的符号链接文件都会发生相应的变化。

（2）ln 命令的链接方式又分软链接和硬链接两种，上文提到的用法就是软链接，它只会在用户选定的位置上生成一个文件的镜像，不会占用磁盘空间；硬链接没有选项-s，它会在指定的位置上生成一个和源文件大小相同的文件。无论是软链接还是硬链接，文件都保持同步变化。

● 改变文件/目录访问权限。

在 Linux 系统中，一个文件有可读（r）、可写（w）、可执行（x）3 种模式。chmod 可以用数字来表示该文件的使用权限。

其语法格式如下。

```
# chmod [XYZ] 文件
```

其中 X、Y、Z 各为一个数字，分别表示 User（用户）、Group（同组用户）及 Other（其他用户）对于该文件的使用权限。对于文件的属性，r（可读）=4，w（可写）=2，x（可执行）=1。对于每一位用户来说，若要具有 rwx 属性，则对应的位应为 4+2+1=7；若要具有 rw-属性，则为 4+2=6；若要具有 r-x 属性，则为 4+1=5。比如下面的例子：

```
# chmod 751 /home/TH/test
```

其执行结果就是使程序 test 对于用户可读、可写、可执行；对于同组用户，可读、可执行，对于其他用户可执行。

chmod 还有一种用法就是使用包含字母和操作符表达式的字符设定法（相对权限设定），通过参数-r、-w、-x 来设定权限，这里不再详细介绍。

● 改变文件/目录的所有权。

其语法格式如下。

```
chown [-R] 用户名 文件/目录
```

例如：

```
# chown TH File1
```

将当前目录下的文件 File1 改为用户 TH 所有。

```
# chown -R TH Dir1
```

将当前目录 Dir1 改为用户 TH 所有。

（3）用户管理。

● 添加/删除用户。

adduser user1，表示由具有 root 权限的用户添加用户 user1。

userdel user2，表示由具有 root 权限的用户删除用户 user2。

● 设置用户口令。

为了更好地保护用户账号的安全，Linux 允许用户随时修改自己的口令。修改口令的命令是passwd，它将提示用户输入旧口令和新口令，之后还要求用户再次确认新口令，以避免用户无意中按错键。

（4）文件的打包和压缩。

Linux 下最常用的打包程序就是 tar（tape archive-磁带存档），使用 tar 程序打出来的包都是以.tar 结尾的。tar 命令可以为文件和目录创建档案（备份文件），也可以在档案中改变文件，或者向档案中加入新的文件。使用 tar 命令，可以把一大堆的文件和目录全部打包成一个文件，这对于备份文件或将几个文件组合成为一个文件，以便于传输。

其语法格式如下。

```
# tar  [选项]f  targetfile.tar   文件/目录
```

注意：

选项后面的 f 是必须的，通常用来指定包的文件名。

选项说明如下。

-c：创建新的档案文件。如果用户想备份一个目录或者一些文件，就要选择这个选项。例如：

```
# tar -cf test.tar /home/tmp        ---
```

上面的命令表示将/home/tmp 目录下的文件打包为 test.tar。

-r：增加文件到已有的包，如果发现还有一个目录或者一些文件忘记备份了，这时可以使用该选项，将还需要的目录或文件添加到包文件中。例如：

```
# tar -rf test.tar *.jpg
```

该命令表示将所有后缀为 jpg 的文件添加到 test.tar 包中，其中，-r 表示增加文件的意思。

-t：表示列出包文件的所有内容，查看已经备份了哪些文件。例如：

```
# tar -tf test.tar
```

-x：表示从 tar 包文件中恢复所有文件，事实上是一个解包的过程。例如：

```
# tar -xf test.tar
```

-k：表示保存已经存在的文件。例如把某个文件还原，在还原的过程中，遇到相同的文件，不会进行覆盖。

-w：每一步都要求确认。

tar 命令还有一个非常重要的用法，这就是 tar 可以在打包或解包的同时调用其他的压缩程序（如 gzip、bzip2）来压缩文件。

注意：

打包和压缩是两个不同的概念。

Linux 下的压缩文件主要有以下几种格式。

.Z-compress 程序的压缩格式。

.bz2-bzip2 程序的压缩格式。

.gz-gzip 程序的压缩格式。

.tar.gz-由 tar 程序打包，并且经过 gzip 程序的压缩，是 Linux 下常见的压缩文件格式。

.tar.bz2-由 tar 程序打包，并且经过 bzip2 程序的压缩。

以下就几种常用的情况进行说明。

- 调用 gzip 程序来压缩文件。

gzip 是 GNU 组织开发的一个压缩程序，gzip 压缩文件的后缀是.gz，与 gzip 相对的解压程序是 gunzip。tar 中使用-z 参数来调用 gzip。下面举例说明。

```
# tar -czf test.tar.gz *.jpg
```

这条命令是将当前目录下的所有后缀为 jpg 文件打成一个 tar 包，并且将其用 gzip 程序压缩，生成一个 gzip 压缩过的包，压缩包名为 test.tar.gz，解开该压缩包的用法如下。

```
# tar -xzf test.tar.gz
```

- 调用 bzip2 程序来压缩文件。

bzip2 是 Linux 下的一个压缩能力更强的压缩程序，bzip2 压缩文件的后缀是.bz2，与 bzip2 相对应的解压程序是 bunzip2。tar 中使用-j 参数来调用 gzip 压缩程序。例如：

```
# tar -cjf test.tar.bz2 *.jpg
```

该命令是将当前目录下所有后缀为 jpg 的文件打成一个 tar 包，并且将其用 bzip2 程序压缩，生成一个 bzip2 压缩过的包，压缩包名为 test.tar.bz2，解开该压缩包的用法如下。

```
# tar -xjf test.tar.bz2
```

（5）rpm 软件包的安装。

在使用任何操作系统的过程中，安装和卸载软件是必需的操作。Linux 中有一套软件包管理器，最初由 Red Hat 公司推出，称为 rpm（Red Hat Package Manager），是可以用来安装、查询、校验、删除、更新 rpm 格式的软件包。rpm 软件包包含可执行的二进制程序和该程序运行时所需要的文件，rpm 格式的软件包文件使用.rpm 为后缀名。与直接从源代码安装相比，软件包管理既易于安装、更新和卸载软件，也易于保护配置文和跟踪已安装文件。

安装 rpm 软件包的主要格式如下：

```
#rpm -i[options] software.rpm
```

rpm 命令主要有以下参数。

- -i：表示安装 rpm 软件包。

- -t：表示测试安装。
- -h：表示安装时输出 hash 记号（#），可以显示安装进度。
- -f：表示忽略安装过程中的任何错误。
- -U：表示升级安装 rpm 软件包。
- -e：表示卸载已安装的软件包。
- -V：表示检测软件包件是否正确安装。

下面以安装 develop-devel-0.9.2-2.4.5.i386.rpm 软件包为例，图 3.4 显示了它的安装过程。

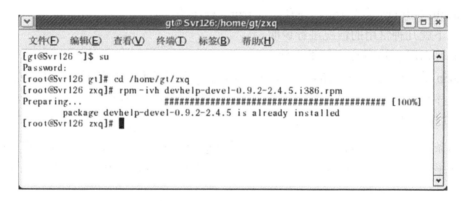

图 3.4　rpm 软件包安装示例

如图 3.4 所示，系统提示的"#"号表示软件安装进度，当后面的百分比为 100%时表示软件安装完成。

（6）源码维护基本命令。

diff 命令是生成源代码补丁的必备工具，其命令格式如下。

```
diff  [命令行选项]  源文件  新文件
```

diff 命令常用的选项如下。

- -r：表示递归处理相应目录。
- -N：表示包含新文件到 patch。
- -u：表示输出统一格式（unified format），这种格式比默认格式更紧凑些。
- -a：表示可以包含二进制文件到 patch。

通常可以使用 diff 命令加选项-ruN 来比较两个文件并生成一个补丁文件。这个补丁文件会列出这两个不同版本文件的差异。比如有两个文本文件：text1 和 text2，二者的内容不尽相同，现在来创建补丁文件。

```
[root@localhost]# diff -ruN test1.txt  test2.txt > test.patch
```

这样就创建好了补丁文件 test.patch，补丁创建好以后需要给相应文件/程序打好补丁，这里就要用到 patch 命令。其语法格式如下。

```
patch  [命令行选项]  [patch 文件 ]
```

patch 命令的详细使用方法可参见 patch 的 man help，常用的命令行选项是-pn（n 是自然数），例如采用下面的指令来打好补丁。

```
[root@localhost]patch -p1 <test.patch
```

-p1 选项代表 patch 文件名左边目录的层数，考虑到顶层目录在不同的系统上可能有所不同。要使用-p1 选项，就要把 patch 文件放在要被打补丁的目录下，然后在这个目录中运行 path -p1 <[patchfile]命令。

（7）配置、编译、安装源码包软件。

所谓源码包软件，顾名思义，就是源代码的可见的软件包，在 Linux 系统下也经常需要用到源码包软件。

大多数的源码软件包是以 tar.gz 或 tar.bz2 的形式得到的，所以在配置和编译之前需要将软件包解压缩，具体的做法已经在前面提到过。配置、编译、安装的过程大多如下所示。

```
#./configure
# make
# make install
```

./configure 用来配置软件的功能，./configure 比较重要的一个参数是--prefix，通过使用--prefix 参数，可以指定软件的安装目录。比如可以指定软件安装到/homet/tmp 目录中，可以执行如下的指令。

```
#./configure --prefix=/home/tmp
# make
# make install
```

（8）中断 Shell 命令执行的方法。

在 Linux 系统下，一旦出现了 Shell 提示符，就可以输入命令名称及命令所需要的参数。Shell 将执行这些命令。如果在执行过程当中想终止命令执行，可以从键盘上按<Ctrl+C>快捷键发出中断信号来中断它。

（9）模块管理指令。

Linux 内核采用模块化管理方式，这是 Linux 内核的一大特点，这也使得 Linux 整体结构非常灵活，便于精简。

● insmod（添加模块）指令。

Linux 有许多功能是通过模块的方式，在需要时才载入 kernel。如此可使 kernel 较为精简，进而提高效率，以及保有较大的弹性。这些可动态加载的模块，通常是系统的设备驱动程序。加载模块采用 insmod 指令，其常用的语法格式如下。

```
insmod [-fkmpsvxX] [-o<模块名称>] [模块文件]
```

其中的参数解释如下。

-f：表示不检查目前 kernel 版本与模块编译时的 kernel 版本是否一致，强制将模块载入。

-k：表示将模块设置为自动卸载。

-m：表示输出模块的载入信息。

-p：表示测试模块是否能正确地载入 kernel。

-s：表示将所有信息记录在系统记录文件中。

-v：表示执行时显示详细的信息。

-x：表示要汇出模块的外部符号。

-X：表示汇出模块所有的外部符号，此为预设置。

● rmmod（卸载模块）指令。

Linux 把系统的许多功能编译成一个个单独的模块，待有需要时再分别加载它们，如果不再需要这些模块的时候，就可以使用 rmmod 命令来卸载这些模块。其语法格式如下。

```
rmmod [-as] [模块名称…]
```

其使用参数说明如下。

-a：表示删除所有目前不需要的模块。

-s：表示把信息输出至 syslog 常驻服务，而非终端机界面。

3.1.3　编写 Shell 脚本

在 Linux 系统中，虽然有各种各样的图形化接口工具，但是 Shell 仍然是一个非常灵活的工具。Shell 不仅仅是命令的执行，而且是一种编程语言，它提供了定义变量和参数的手段以及丰富的程序控制结构。由于 Shell 特别擅长系统管理任务，尤其适合那些易用性、可维护性和便携性比效率更重要的任务，所以用户可以通过使用 Shell 使大量的任务自动化，就像使用 DOS 操作系统的过程当中，会执行一些重复性的命令。因此常将这些大量的重复性命令写成批处理命令，通过执行这个批处理命令来代替执行重复性的命令。在 Linux 系统中也有类似的批处理命令，被称作是 Shell 脚本（Script）。前面已经提到 Shell 也是一种解释性的语言，而解释性的语言与编译型语言（如 C 语言）的最大不同就在于它们编写起来很方便，也很快捷，可以说，使用 Shell 脚本来完成一些特定的、常用的任务是一个不错的选择。

1．建立脚本

编辑 Shell 脚本文件使用 Linux 下的普通编辑器如 vi、Emacs 等即可。Linux 下的 Shell 默认采用 Bash，所以本书也主要以 Bash 脚本为例介绍，在建立 Shell 脚本程序的开始，首先应指明使用哪种 Shell 来解释所写的脚本，一般来说 Bash 脚本以 "#!" 开头（文件的首行），而 "#!" 后面要将所使用 Shell 的路径明确指出，比如 Bourne Shell 的路径为/bin/sh，而 C Shell 的路径则为/bin/csh。下面的语句就是指定 Bash 来解释脚本。

```
#! /bin/sh
```

上面的语句说明该脚本文件是一个 Bash 程序，需要由/bin 目录下的 Bash 程序来解释执行。除了在脚本内指定所使用的 Shell 类型以外，使用过程中也可以在命令行中强制指定。比如想用 C Shell 执行某个脚本，就可以使用以下命令。

```
# csh Myscript
```

为了增加程序的可读性，Shell 脚本语句也可以像高级语言那样添加注释，在 Bash 脚本语句中从"#"号开始到行尾的部分均被看做是程序的注释语句。

2. Shell 变量

Shell 编程中可以使用变量，这充分体现了它的灵活性。对 Shell 来讲，所有变量的取值都是一个字符串。Shell 中主要有以下几种变量：系统变量、环境变量和用户变量。其中，用户变量在编程过程中使用频繁；系统变量在对参数判断和命令返回值判断时会使用；环境变量主要是在程序运行的时候需要设置。此外，Shell 脚本的执行并不需要编译，所以也就不需用检查脚本中变量的类型，因此在 Shell 脚本中使用变量不必像高级语言那样事先对变量进行定义。

（1）Shell 系统变量：以下是一些常用到的 Shell 系统变量及其含义。

- $#：表示保存程序命令行参数的数目。
- $?：表示保存前一个命令的返回值。

注意：

在 Linux 中，命令退出状态为 0 表示该命令正确执行，任何非 0 值表示命令出错。

- $0：表示列出当前程序名。
- $*：表示以"$1 $2…"的形式保存所有输入的命令行参数。
- $@：表示以"$1""$2"…"的形式保存所有输入的命令行参数。
- $n：$1 为命令行的第一个参数，$2 为命令行的第二个参数，依次类推。

举一个针对以上系统变量使用的例子，使用 vi 编辑一个脚本文件，文件名为 Example Script，其内容如下。

```
#! /bin/sh
# Script name: Example Script
echo "The No. of parameter is:  $#";
echo "The script name is: $0";
echo "The parameters in the script are: $*";
```

在命令行中执行以下脚本：

```
# ./Example Script  Hello Linux
```

其中的 Hello Linux 是参数，该脚本执行结果如下。

```
The No. of parameter is: 2
The script name is: ./ Example Script
The parameters in the script are: Hello Linux
```

（2）Shell 环境变量：Shell 环境变量是所有 Shell 程序都会接受的参数。Shell 程序运行时，都会接收一组变量，这组变量就是环境变量。常用的 Shell 环境变量如下。

- PATH：决定了 Shell 将到哪些目录中寻找命令或程序。
- HOME：表示当前用户主目录的完全路径名。
- HISTSIZE：表示历史记录数。
- LOGNAME：表示当前用户的登录名。
- HOSTNAME：表示主机的名称。
- SHELL：表示 Shell 路径名。
- LANGUGE：表示语言相关的环境变量，多语言可以修改此环境变量。
- MAIL：表示当前用户的邮件存放目录。
- PS1：主提示符，对于 root 用户是"#"，对于普通用户是"$"。
- PS2：辅助提示符，默认是">"。
- TERM：表示终端的类型。
- PWD：表示当前工作目录的绝对路径名。

（3）Shell 用户变量：Shell 用户变量是最常使用的变量，可以使用任何不包含空格字符的字串来当做变量名称，在 Linux 支持的所有 Shell 中，都可以用赋值符号（=）为变量赋值。在使用 Shell 用户变量的时候，通常是按照下面的语法规则来定义用户变量。

变量名=变量值

例如：

```
A=9
B="Hello World"
```

注意：

在定义变量时，变量名前不应加符号"$"，等号两边一定不能留空格。

变量的引用，要在变量前加"$"，例如：

```
S="string"
echo $S
```

下面举一个非常简单的例子来进行说明。

```
#! /bin/bash
# This is a example
SR="Hello World"
echo $SR
```

上面的例子定义了一个变量 SR，并且赋值给 SR，然后在终端输出 SR 的值。

3. 流程控制

同传统的编程语言一样，Shell 提供了很多特性，如数据变量、参数传递、判断、流程控制、数据输入和输出、子程序及以中断处理等。

（1）条件语句。

同其他高级语言程序一样，复杂的 Shell 程序中经常使用到分支和循环控制结构，主要有两种不同形式的条件语句：if 语句和 case 语句。

- if 语句。

if 语句的语法格式如下。

```
if    [expression]
then
commands1        // expression 为 True 时的动作
else
commands2        // expression 为 False 时的动作
fi
.
.
```

- case 语句。

case 语句的语法格式如下。

```
case 字符串 in
 模式 1) command;;
 模式 2) command;;
……
esac
```

case 语句是多分支语句，它按")"左边的模式对字符串值的匹配来执行相应的命令，匹配是由上而下地进行，总是执行首先匹配到的模式对应的命令表，如果模式中的每个都匹配不到，则什么也不执行，所以一般会在最后放一个*)，代表以上都不匹配的任意字符串。";;"表示该模式对应的命令部分程序。

（2）循环语句。

- while 循环语句。

在 while 循环语句中，当某一条件为真时，执行指定的命令。其语句的语法结构如下。

```
while expression
do
command
……
done
```

- for 循环语句。

for 循环语句对一个变量的可能的值都执行一个命令序列。赋给变量的几个数值既可以在程序内以数值列表的形式提供，也可以在程序以外以位置参数的形式提供。for 循环语句的一般格式如下。

```
for    变量名 [in 列表]
do
    command1
    command2
  ……
done
```

4．Shell 脚本的执行

Shell 脚本是以文本方式存储的，而非二进制文件。所以 Shell 脚本必须在 Linux 系统的 Shell 下解释执行。如果已经写好 Shell 脚本，运行该脚本可以有以下的几种方法。

（1）设置好脚本的执行权限之后再执行脚本。

用户可以使用下列方式设置脚本的执行权限。

- chmod u+x Scriptname：表示只有自己可以执行，其他人不能执行。
- chmod ug+x Scriptname：表示只有自己以及同一群可以执行，其他人不能执行。
- chmod +x Scriptname ：表示所有人都可以执行。

设置好执行权限之后就可以执行脚本程序了。例如，编辑好一个脚本程序 MyScript 之后，可按下面的方式来执行。

```
[localhost@zxq]# chmod  +x  MyScript
[localhost@zxq]# ./Myscript
```

（2）使用 Bash 内部指令 source。

例如：

```
[localhost@zxq]# source  Myscript
```

（3）直接使用 sh 命令来执行。

例如：

```
[localhost@zxq]# sh  Myscript
```

注意：

后面的两种情况不必设置权限即可执行。

3.1.4 正则表达式

正则表达式源于人类神经系统如何工作的早期研究。19 世纪 60 年代，一位叫 Stephen Kleene 的数学家发表了一篇标题为《神经网事件的表示法》的论文，正式引入了正则表达式的概念。正则表达式就是用来描述他称为“正则集的代数”的表达式，因此采用“正则表达式”这个术语，此后，正则表达式的第一个实用应用程序就是 UNIX 中的 qed 编辑器。

在 Shell 编程中经常会用到正则表达式（regular expression），简单地讲，正则表达式是一种可以用于模式匹配和替换的有效工具。正则表达式描述了一种字符串匹配的模式，可以用来检查一个串是否含有某种子串、将匹配的子串做替换或者从某个串中取出符合某个条件的子串等。使用 Shell 时，从一个文件中抽取多于一个字符串有时会很不方便，而使用正则表达式可以方便、快捷地解决这一问题。

正则表达式由普通字符（例如字符 a～z）以及特殊字符（例如$、*等）组成特定文字模式。当从一个文件或命令中抽取或者过滤文本时，使用正则表达式可以简化命令中的匹配表达。Linux 系统自带的所有文本过滤工具在某种模式下都支持正则表达式，正则表达式可以匹配行首与行尾、数据集、字母和数字以及一定范围内的字符串集合，在进行匹配时，正则表达式有一组基本特殊字符，其基本的特殊字符及其含义如表 3.1 所示。

表 3.1　正则表达式特殊字符及其含义

特殊字符	含　义
^	只匹配行首
$	只匹配行尾
*	单字符后跟*将匹配 0 个或者多个此字符
[ ]	匹配[ ]内的字符，既可以是单个字符也可以是字符序列
\	转义字符，用来屏蔽一个字符的特殊含义
.	用来匹配任意的单字符
Pattern\{\n}	用来匹配 pattern 在前面出现的次数，n 即为次数
Pattern\{n,\}	用来匹配前面 pattern 出现的次数，次数最少为 n
Pattern\{n,m\}	用来匹配前面 pattern 出现的次数，次数在 n 和 m 之间

下面举几个简单的例子来说明。

1．行首和行尾的匹配

在 Bash 中使用正则表达式时，可以使用^和$来分别匹配行首和行尾的字符或字符串，比如下面的正则表达式。

^....abc..

该表达式的含义是在每行开始任意匹配 4 个字符，之后必须是字符 abc，行尾匹配任意的 3 个字符，那么该表达式与下面各个字符串的匹配结果如下。

Gyftabc12345　　　　　不匹配（行尾不匹配）

7853abcpoi　　　　　　匹配

85fabc0k8　　　　　　不匹配（行首不匹配）

2．[ ]和指定次数的匹配

方括号[ ]用来匹配特定字符串和字符串集合，可以用逗号将要匹配的不同字符串分开，用 "-" 符号表示匹配字符串的范围，例如，想要匹配任意的字母和数字，可以使用正则表达式[A-Z，a-z，0-9]。

*号可以匹配单字符 0 次或多次，例如下面的字符串都可以与表达式 Des*k 匹配。

Desk

Dessk

Dessskl

使用*可匹配所有匹配结果任意次，如果要指定匹配的次数，就应使用\{\}用法。用户可使用以下 3 种模式。

- pattern\{n\}：表示匹配模式出现 n 次。
- pattern\{n,\}：表示匹配模式出现至少 n 次。
- pattern\{n, m}：表示匹配模式出现次数为 n～m 次，n 和 m 为 0～255 中的任意整数。

例如：表达式 G\{2\}H、G\{2,\}H、G\{2,3}的匹配结果分别如下。

GGH

GG（...,多个 G）H

GGH,GGGH

3. 使用反斜杠\来屏蔽一个特殊字符的含义

有时在进行文本过滤或抽取的时候，所要匹配的字符本身就是特殊字符，但并没有特殊的含义。为了将两者区分开来，就需要用到反斜杠来转义该字符（也称为转义符）。比如要匹配包含"*"的字符串，而"*"是一个特殊字符，因此需要屏蔽它的特殊含义，就可以如下操作。

*

这样的表示方式就认为"*"是一个特殊的字符，再比如要匹配包含"^"的语句，可以如下表示。

\^

反斜杠\将^的特殊含义屏蔽，在这里只是代表一个普通字符^。

构造正则表达式的方法和创建数学表达式的方法一样，采用多种元字符与操作符将一些基本的表达式组合成为功能更复杂的正则表达式，其组成元素可以是单个的字符、字符集、字符或数字的范围、字符间的选择或者所有这些元素的任意组合。表 3.2 是常用的一些正则表达式。

表 3.2 常用的正则表达式及其含义

表 达 式	代 表 含 义
^	仅匹配行首
$	仅匹配行尾
^[STR]	匹配以 STR 作为行的开头
[Ss]igna[lL]	匹配单词 signal、Signal、signaL、SignaL
^USER$	匹配只包含 USER 的行
^d..x..x..x	匹配对用户、用户组和其他用户组成员都有可执行权限的目录
[.*0]	匹配 0 之前或之后加任意字符
[^$]	匹配空行
[^.*$]	匹配行中任意字符串

表 达 式	代表含义
[a-z][a-z]*	至少有一个小写字母
[^0-0A-Za-z]	匹配非数字或字母（大小写均可）
[i I] [n N]	匹配大写或小写的 i/n
\.	匹配带句点的行
[0 0 0 *]	匹配 0 0 0 或更多个 0
^.*	匹配只有一个字符的行

3.1.5 程序编辑器

编辑器是系统的重要工具之一。在各种操作系统中，编辑器都是必不可少的部件。Linux 系统提供了一个完整的编辑器家族系列，如 Ed、Ex、Vi 和 Emacs 等，按功能可以分为两大类。

- 行编辑器（如 Ed、Ex）。
- 全屏幕编辑器（如 Vi、Emacs）。

行编辑器每次只能对一行进行操作，使用起来不是很方便。而全屏幕编辑器可以对整个屏幕进行编辑，用户编辑的文件直接显示在屏幕上，修改的结果可以立即看出来，克服了行编辑方式存在的一些缺点，便于用户学习和使用。Vi（Visual Interface）和 Emacs（Editing with MACroS）是 Linux 下主要的两个编辑器，下面主要对 Vi 的使用做详细的介绍。

Vi 编辑器最初是由 Sun Microsystems 公司的 Bill Joy 在 1976 年开发的。一开始 Bill 开发了 Ex 编辑器，后来开发了 Vi 作为 Ex 的 visual interface，也就是说 Vi 允许一次能看到一屏的文本而非一行，Vi 也因此得名。随之技术的不断进步，基于 Vi 的各种变种版本不断出现，其中，移植特性最好，使用最广泛的当属 Vim 编辑器。相比早期的 Vi，Vim 编辑器增加的一项最重要的功能便是多级撤销，Vi 只支持一级撤销。

目前，Vi/Vim 已经是 Linux 下用得最普遍的文本处理器之一。Vi 也是 Linux 下的第一个全屏幕交互式编辑程序，使用非常普遍。Vi 没有菜单，只有命令，且命令繁多，但是一旦掌握了 Vi 的用法，就可以体会到它的强大功能。它可以执行输出、删除、查找、替换、块操作等众多文本操作，而且用户可以根据自己的需要对其进行定制，这是其他编辑程序所没有的。在终端下输入 Vim 命令就可以看到 Vi 的界面了，如图 3.5 所示。

图 3.5　Vi 界面

Vi 有 3 种基本工作模式：指令行模式、文本输入模式和末行模式，它们的相互关系如图 3.6 所示。

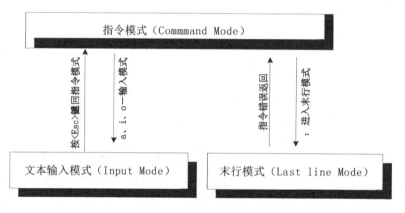

图 3.6　Vi 的模式切换关系

下面分别来介绍这 3 种模式。

1. 指令模式（command mode）

指令模式主要使用方向键移动光标位置以进行文字的编辑，在输入模式下按<Esc>键或是在末行模式下输入了错误命令，都会回到指令模式。表 3.3 列出了其常用操作命令及含义。

表 3.3　vi 指令模式常用的操作命令及其含义

操作命令	实现功能
0	光标移至行首
h	光标左移一格
l	光标右移一格

操作命令	实现功能
j	光标向下移一行
k	光标向上移一行
$ + A	将光标移到该行最后
PageDn	向下滚动一页
PageUp	向上滚动一页
d+方向键	删除文字
dd	删除整行
pp	整行复制
r	修改光标所在字符
S	删除光标所在的列，并进入输入模式

2. 文本输入模式

在 vim 下编辑文字，不能直接插入、替代或删除文字，而必须先进入输入模式。要进入输入模式，可以在指令模式下按<a/A>键、<i/I>键或<o/O>键，它们的常用命令及其含义如表 3.4 所示。

表 3.4　文本输入模式的常用命令及其含义

操作命令	实现功能
a	在光标后开始插入
A	在行尾开始插入
i	从光标所在位置前面开始插入
I	从光标所在列的第一个非空白字元前面开始插入
o	在光标所在列下方新增一列并进入输入模式
O	在光标所在列上方新增一列并进入输入模式
Esc	返回命令行模式

注意：

结束文本输入模式必须用<Esc>键。

3. 末行模式

末行模式主要用来进行一些文字编辑辅助功能，比如字串搜寻、替代、保存文件等。表 3.5 中列出了一些常用命令及其含义。

表 3.5　末行模式的常用命令及其含义

操作命令	实现功能
：q	结束 Vi 程序，如果文件有过修改，先保存文件
：q!	强制退出 Vi 程序
：wq	保存修改并退出程序
：set nu	设置行号

大多数时候，可用命令如"：Vi filename"来打开文件 filename，Vim 以编辑或打开某个文件。下面以编辑一个简单脚本程序为例介绍 Vi 的简单使用方法，其主要流程如下。

（1）在终端输入命令用 Vi 建立文件（可以是文本文件、C\C++程序等）

```
# vi  Script_edit
```

输入该命令之后就进入了 Vi 的编辑界面，如图 3.7 所示。

图 3.7　Vi 编辑界面

此时的 Vi 是指令模式，输入"：set nu"来设置行号，此时属于末行模式，末行模式不能直接切换到文本输入模式，需要先切换到指令模式，按<Esc>键进入指令模式。

（2）输入"i"进入输入模式。

在指令模式下输入"i"进入文本输入模式，并编辑文本内容，如图 3.8 所示。

图 3.8　Vi 文本输入模式界面

（3）保存、修改编辑内容并退出 Vi 程序。

在输入模式下编辑并修改相应内容，编辑好之后需要再返回到指令模式（按<Esc>键），之后输入"：wq"就可以保存并且退出刚才的编辑程序了。

 Makefile

3.2.1　GNU make

GNU make 最初是 UNIX 系统下的一个工具，设计之初是为了维护 C 程序文件不必要的重新编译，它是一个自动生成和维护目标程序的工具。在使用 GNU 的编译工具进行开发时，经常要用到 GNU make 工具。使用 make 工具，我们可以将大型的开发项目分解成为多个更易于管理的模块。对于一个包括几百个源文件的应用程序，使用 make 和 Makefile 工具就可以高效地处理各个源文件之间复杂的相互关系，进而取代了复杂的命令行操作，也大大提高了应用程序的开发效率。可以想象，如果一个工程具有上百个源文件，但是采用命令行逐个编译，那将是多么大的工作量。

使用 make 工具管理具有多个源文件的工程，其优势是显而易见的。举一个简单的例子，如果多个源文件中的某个文件被修改，而有其他多个源文件依赖该文件，采用手工编译的方法需要对所有与该文件有关的源文件进行重新编译，这显然是一件费时费力的事情，而如果采用 make 工具，则可以避免这种繁杂的重复编译工作，大大地提高了工作效率。

make 是一个解释 Makefile 文件中指令的命令工具，其最基本的功能就是通过 Makefile 文件来描述源程序之间的相互关系并自动维护编译工作，它会告知系统以何种方式编译和链接程序。一旦正确完成 Makefile 文件，剩下的工作就只是在 Linux 终端下输入 make 这样的一个命令，就可以自动完成所有编译任务，并且生成目标程序。通常状况之下，GNU make 的工作流程如下。

① 查找当前目录下的 Makefile 文件。

② 初始化文件中的变量。

③ 分析 Makefile 中的所有规则。

④ 为所有的目标文件创建依赖关系。

⑤ 根据依赖关系，决定哪些目标文件要重新生成。

⑥ 执行生成命令。

为了比较形象地说明 make 工具的工作原理，举一个简单的例子来介绍。假定一个项目中有以下一些文件。

- 源程序：Main.c、test1.c 和 test.c。

- 包含的头文件：head1.h、head2.h 和 head3.h。
- 由源程序和头文件编译生成的目标文件：Main.o、test1.o 和 test2.o。
- 由目标文件链接生成的可执行文件：test。

这些不同组成部分的相互依赖关系如图 3.9 所示。

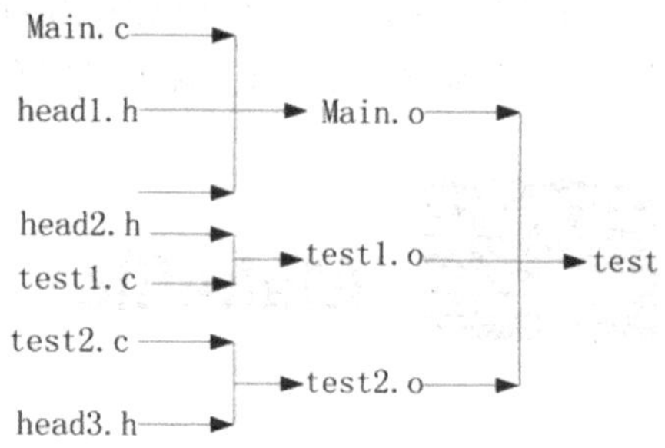

图 3.9　依赖关系

在该项目的所有文件当中，目标文件 Main.o 的依赖文件是 Main.c、head1.h 和 head2.h；test1.o 的依赖文件是 head2.h 和 test1.c；目标文件 test2.o 的依赖文件是 head3.h 和 test2.c；最终的可执行文件的依赖文件是 Main.o、test1.o 和 test2.o。执行 make 命令时，会首先处理 test 程序的所有依赖文件（.o 文件）的更新规则。对于.o 文件，会检查每个依赖程序（.c 和.h 文件）是否有更新。判断有无更新的依据主要看依赖文件的建立时间是否比所生成的目标文件要晚，如果是，那么会按规则重新编译生成相应的目标文件。接下来对于最终的可执行程序，同样会检查其依赖文件（.o 文件）是否有更新。如果有任何一个目标文件要比最终可执行的目标程序新，则重新链接生成新的可执行程序，所以，make 工具管理项目的过程是从最底层开始的，是一个逆序遍历的过程。从以上的说明就能够比较容易理解使用 make 工具的优势了。事实上，任何一个源文件的改变都会导致重新编译、链接生成可执行程序，使用者不必关心哪个程序改变，或者依赖哪个文件，make 工具会自动完成程序的重新编译和链接工作。

执行 make 命令时，只需在 Makefile 文件所在目录输入 make 指令即可。事实上，make 命令本身可带有这样的一些参数。其标准形式如下。

```
make [选项] [宏定义] [目标文件]
```

make 命令的一些常用选项及其含义如下。

- -f file：表示指定 Makefile 的文件名。
- -n：表示打印出所有执行命令，但事实上并不执行这些命令。
- -s：表示在执行时不打印命令名。
- -w：表示如果在 make 执行时要改变目录，则打印当前的执行目录。
- -d：表示打印调试信息。
- -I<dirname>：表示指定所用 Makefile 所在的目录。
- -h：help 文档，显示 Makefile 的 help 信息。

举例来讲，在使用 make 工具的时候，习惯把 makefile 文件命名为 Makefile，当然也可以采用其他的名字来命名 makefile 文件。如果要使用其他文件作为 Makefile，则可利用带-f 选项的 make 命令来指定 Makefile 文件。

```
# make -f Makefilename
```

参数[目标文件]对于 make 命令来说也是一个可选项。如果在执行 make 命令时带有该参数，可以输入如下的命令。

```
# make target
```

target 是用户 Makefile 文件中定义的目标文件之一，如果省略参数 target，make 就将生成 Makefile 文件中定义的第一个目标文件。因此，常见的用法就是经常把用户最终想要的目标文件（可执行程序）放在 Makefile 文件中首要的位置，这样用户直接执行 make 命令即可。

3.2.2　Makefile 规则语法

简单地讲，Makefile 的作用就是让编译器知道要编译一个文件需要依赖哪些文件，同时当那些依赖文件有了改变，编译器会自动地发现最终的生成文件已经过时，而重新编译相应的模块。Makefile 的内容规定了整个工程的编译规则。一个工程中的许多源文件按其类型、功能、模块可能分别被放在不同的目录中。Makefile 定义了一系列的规则来指定，比如哪些文件是有依赖性的，哪些文件需要先编译，哪些文件需要后编译，哪些文件需要重新编译等。

Makefile 有其自身特定的编写格式，并且遵循一定的语法规则。其语法格式如下。

```
#注释
目标文件：依赖文件列表
······
<Tab>命令列表
······
```

格式的说明如下。

- 注释：和 Shell 脚本一样，Makefile 语句行的注释采用"#"符号。
- 目标：表示目标文件的列表，通常是指程序编译过程中生成的目标文件（.o 文件）或最终的可执行程序，有时也可以是要执行的动作，如"clean"这样的目标。
- 依赖文件：表示目标文件所依赖的文件，一个目标文件可以依赖一个或多个文件。
- "："符号：分隔符，介于目标文件和依赖文件之间。
- 命令列表：make 程序执行的动作，也是创建目标文件的命令。一个规则可以有多条命令，每一行只能有一条命令。

注意：

每一个命令行必须以<Tab>键开始，<Tab>键告诉 make 程序该行是一个命令行，make 按照命令完成相应的动作。

从上面的分析可以看出，Makefile 文件的规则其实主要有两个方面，一个是说明文件之间的依赖关系，另一个是告诉 make 工具如何生成目标文件的命令。下面是一个简单的 Makefile 文件例子。

```
#Makefile Example
test: main.o test1.o test2.o
    gcc -o test main.o test1.o test2.o
main.o: main.c head1.h head2.h
    gcc -c main.c
test1.o: test1.c  head2.h
    gcc -c test1.c
test2.o: test2.c head3.h
    gcc -c test2.c
install:
    cp  test  /home/tmp
clean:
    rm -f *.o
```

在这个 Makefile 文件中，目标文件（target）即为最终的可执行文件 test 和中间目标文件 main.o、test1.o 和 test2.o，每个目标文件和它的依赖文件中间用 "："隔开，依赖文件的列表之间用空格隔开。每一个.o 文件都有一组依赖文件，而这些.o 文件又是最终的可执行文件 test 的依赖文件。依赖关系实质上就是说明了目标文件是由哪些文件生成的。

在定义好依赖关系后，在命令列表中定义了如何生成目标文件的命令，命令行以<Tab>键开始，make 工具会比较目标文件和其依赖文件的创建日期或修改日期。如果所依赖文件比目标文件要新，或者目标文件不存在的话，那么，make 就会执行命令行列表中的命令来生成目标文件。

3.2.3　Makefile 文件中变量的使用

Makefile 文件中除了一系列的规则，对于变量的使用也是一个很重要的内容。Linux 下的 Makefile 文件中可能会使用很多的变量，定义一个变量（也常称为宏定义），只要在一行的开始定义这个变量（一般使用大写，而且放在 Makefile 文件的顶部来定义），后面跟一个 "=" 号，"=" 号后面即为设定的变量值。如果要引用该变量，用一个 "$" 符号来引用变量，变量名需要放在 "$" 符号后的括号里。

make 工具还有一些特殊的内部变量，它们根据每一个规则内容定义。

- $@：指代当前规则下的目标文件列表。
- $<：指代依赖文件列表中的第一个依赖文件。
- $^：指代依赖文件列表中的所有依赖文件。
- $?：指代依赖文件列表中新于对应目标文件的文件列表。

变量的定义可以简化 Makefile 的书写，方便对程序的维护。例如前面的 Makefile 例程就可以如下书写。

```
#Makefile Example
OBJ=main.o test1.o test2.o
```

```
CC=gcc
test: $(OBJ)
       $(CC) -o test  $(OBJ)
main.o: main.c head1.h head2.h
     $(CC) -c main.c
test1.o: test1.c  head2.h
     $(CC) -c test1.c
test2.o: test2.c head3.h
     $(CC) -c test2.c
install:
     cp  test  /home/tmp
clean:
     rm  -f  *.o
```

从上面修改的例子可以看到，引入了变量 OBJ 和 CC，这样可以简化 Makefile 文件的编写，增加了文件的可读性，而且便于修改。举个例子来说，假定项目文件中还需要加入另外一个新的目标文件 test3.o，那么在该 Makefile 中有两处需要分别添加 test3.o；而如果使用变量的话只需在 OBJ 变量的列表中添加一次即可，这对于复杂程度更高的 Makefile 程序来说，会是一个不小的工作量，但是，这样可以降低因为编辑过程中的疏漏而导致出错的可能。

一般来说，Makefile 文件中变量的应用主要有以下几个方面。

1. 代表一个文件列表

Makefile 文件中的变量常常存储一些目标文件，甚至是目标文件的依赖文件，引用这些文件的时候引用存储这些文件的变量即可，这给 Makefile 的编写者和维护者带来了很大的方便。

2. 代表编译命令选项

当所有编译命令都带有相同编译选项时（比如-Wall、-O2 等），可以将该编译选项赋给一个变量，这样方便引用。同时，如果想改变编译选项的时候，只需改变该变量值即可，而不必在每处用到编译选项的地方都做改动。

在上面的 Makefile 例子中，还定义了一个伪目标 clean。它规定了 make 应该执行的命令，即删除所有编译过程中产生的中间目标文件。当 make 处理到伪目标 clean 时，会先查看其对应的依赖对象。由于伪目标 clean 没有任何依赖文件，所以 make 命令会认为该目标是最新的而不会执行任何操作。为了编译这个目标体，必须手工执行如下命令。

```
# make clean
```

此时，系统会有以如下提示信息。

```
rm -f *.o
```

另一个经常用到的伪目标是 install。它通常是将编译完成的可执行文件或程序运行所需的其他文件复制到指定的安装目录中，并设置相应的保护。例如在上面的例子中，如果用户执行以下命令：

```
# make install
```

系统会有以下提示信息：

```
cp test1 /home    /tmp
```

即将可执行程序 test1 复制到系统/home/tmp 下。事实上，许多应用程序的 Makefile 文件也正是这样编写的，这样便于程序在正确编译后可以被安装到正确的目录下。

3.3 二进制代码工具的使用

3.3.1 GNU Binutils 工具介绍

在 Linux 下建立嵌入式交叉编译环境要用到一系列的工具链（tool-chain），主要有 GNU Binutils、GCC、Glibc 和 Gdb 等，它们都属于 GNU 的工具集。其中，GNU Binutils 是一套用来构造和使用二进制所需的工具集。建立嵌入式交叉编译环境，Binutils 工具包 是必不可少的，而且 Binutils 与 GNU 的 C 编译器 GCC 是紧密相集成的，没有 Binutils，Gcc 也不能正常工作。Binutils 的官方下载地址是 ftp://ftp.gnu.org/gnu/binutils/，在这里可 以下载到不同版本的 Binutils 工具包。目前比较新的版本是 Binutils-2.26。GNU Binutils 工具集里主要有以下一系列的部件。

- as：GNU 的汇编器。

作为 GNU Binutils 工具集中最重要的工具之一。as 工具主要用来将汇编语言编写的 源程序转换成二进制形式的目标代码。Linux 平台的标准汇编器是 GAS，它是 GNU GCC 编译器所依赖的后台汇编工具，通常包含在 Binutils 软件包中。

- ld：GNU 的链接器。

同 as 工具一样，ld 也是 GNU Binutils 工具集中重要的工具。Linux 使用 ld 作为标准 的链接程序，由汇编器产生的目标代码是不能直接在计算机上运行的，它必须经过链接 器的处理才能生成可执行代码，链接是创建一个可执行程序的最后一个步骤。ld 可以将 多个目标文件链接成为可执行程序，同时指定程序在运行时是如何执行的。

- add2line：将地址转换成文件名或行号对，以便调试程序。
- ar：从文件中创建、修改和扩展文件。
- gasp：汇编宏处理器。
- nm：从目标代码文件中列举所有变量（包括变量值和变量类型），如果没有指 定目标文件，则默认是 a.out 文件。
- objcopy：objcopy 工具使用 GNU BSD 库，它可以把目标文件的内容从一种文件 格式复制到另一种格式的目标文件中。

在默认的情况下，GNU 编译器生成的目标文件格式为 elf 格式。elf 文件由若干段

（section）组成，如果不作特殊指明，由 C 源程序生成的目标代码中包含如下段：.text（正文段）包含程序的指令代码；.data（数据段）包含固定的数据，如常量、字符串；.bss（未初始化数据段）包含未初始化的变量、数组等。C++源程序生成的目标代码中还包括.fini（析构函数代码）和.init（构造函数代码）等。链接生成的 elf 格式文件还不能直接下载到目标平台来运行，需要通过 objcopy 工具生成最终的二进制文件。连接器的任务就是将多个目标文件的.text、.data 和.bss 等段连接在一起，而连接脚本文件是告诉连接器从什么地址开始放置这些段。

- add2line：把程序地址转换为文件名和行号。

在命令行中带一个地址和一个可执行文件名，它就会使用这个可执行文件的调试信息指出在给出的地址上是哪个文件以及行号。

- objdump：显示目标文件信息。

  objdump 工具既可以反编译二进制文件，也可以对对象文件进行反汇编，并查看机器代码。

- readelf：显示 elf 文件信息。

  readelf 命令可以显示符号、段信息、二进制文件格式的信息等，这在分析编译器如何从源代码创建二进制文件时非常有用。

- ranlib：生成索引以加快对归档文件的访问，并将其保存到这个归档文件中。

  在索引中列出了归档文件各成员所定义的可重分配目标文件。

- size：列出目标模块或文件的代码尺寸。

  size 命令可以列出目标文件每一段的大小以及总体的大小。默认情况下，对于每个目标文件或者一个归档文件中的每个模块只产生一行输出。

- strings：打印可打印的目标代码字符（至少 4 个字符），可以控制打印字符的数量。

  对于其他格式的文件，打印字符串。打印某个文件的可打印字符串，这些字符串最少 4 个字符长，也可以使用选项"-n"设置字符串的最小长度。默认情况下，它只打印目标文件初始化和可加载段中的可打印字符；对于其他类型的文件，它打印整个文件的可打印字符，这个程序对于了解非文本文件的内容很有帮助。

- strip：放弃所有符号连接。

  删除目标文件中的全部或者特定符号。

- c++filt：链接器 ld 使用该命令可以过滤 C++符号和 Java 符号，防止重载函数冲突。

- gprof：显示程序调用段的各种数据。

3.3.2　Binutils 工具软件使用

下面以 Binutils 工具包中两个常用工具的使用为例，对 Binutils 工具软件的使用进行简单的说明。

1. 汇编器

Linux 平台的标准汇编器是 GAS，它是 GCC 所依赖的后台汇编工具，通常包含在 Binutils 软件包中。GAS 使用标准的 AT&T 汇编语法，可以用来汇编用 AT&T 格式编写的程序，例如可以这样来编译用汇编语言编写的源程序 test.s。

```
[root@localhost]# as -o test.o test.s
```

2. 链接器

GNU 链接器使用一个命令语言脚本来控制链接过程。默认情况下，ld 是由一组内部命令进行控制的，这些命令可以进行扩展或覆盖。强调可移植性和灵活性在 GCC 的功能中是非常明显的一条，它可以为很多不同的编译环境生成链接脚本，并向 ld 传递定制过的链接脚本，而不用手工进行干预。

需要注意的是，在 Linux 下编写应用程序（假定采用 GCC 编译器）时，GCC 编译器内置默认的连接脚本。如果采用默认的脚本，则生成的目标代码需要操作系统才能加载运行。

就像前面讲到的，由汇编器产生的目标代码是不能直接在计算机上运行的，它必须经过链接器的处理才能生成可执行代码。Linux 使用 ld 作为标准的链接程序，比如我们可以用下面的方法来链接上述编译的程序。

```
[root@localhost]# ld -s -o test test.o
```

这样就生成了最终的可执行程序 test。

 GCC 编译器的使用

3.4.1 GCC 编译器简介

GCC 是 GNU 项目的编译器组件之一，也是 GNU 软件产品家族具有代表性的作品。在 GCC 设计之初，仅仅是作为一个 C 语言的编译器。可是经过十多年的发展，GCC 已经不仅仅能支持 C 语言，而且还支持 Ada 语言、C++语言、Java 语言、Objective C 语言、Pascal 语言和 COBOL 语言，以及支持函数式编程和逻辑编程的 Mercury 语言，等等。而 GCC 也不再单只是 GNU C Compiler 的意思了，而是变成了 GNU Compiler Collection，即 GNU 编译器家族的意思了，目前已成为 Linux 下最重要的软件开发工具之一。GCC 的发展大体经历了以下几个阶段。

- 1987 年，第 1 版的 GCC 发布。
- 2001 年 6 月 18 日，GCC 3.0 正式发布。

- 2004 年 4 月 20 日，GCC 3.4.0 版本发布。
- 2005 年 4 月 22 日，GCC 4.0 发布。
- 2012 年 6 月 14 日，GCC 4.7.1 发布。
- 2013 年 3 月 22 日，GCC 4.8.0 发布，进一步加强了对 C++11 的支持。
- 2014 年 4 月 22 日，GCC 发布了 4.9.0 版本。最新版本参见官方网站：http://gcc.gnu.org。

GCC 是一个交叉平台的编译器，目前支持几乎所有主流 CPU 处理器平台，它可以完成从 C、C++、Objective-C 等源文件向运行在特定 CPU 硬件上的目标代码的转换。GCC 不仅功能非常强大，结构也异常灵活，便携性（portable）与跨平台支持（cross-platform support）特性是 GCC 的显著优点。目前，GCC 编译器所能够支持的源程序的格式如表 3.6 所示。

表 3.6　GCC 编译器所支持的源程序格式

后缀格式	说　明
.c	C 语言源程序
.a	由目标文件构成的档案库文件
.C、.cc、.cxx	C++源程序
.h	源程序包含的头文件
.i	经过预处理的 C 程序
.ii	经过预处理的 C++程序
.m	Objective-C 源程序
.o	编译后的目标文件
.s	汇编语言源程序
.S	经过预编译的汇编程序

GCC 是一组编译工具的总称，其软件包里包含众多的工具，按其类型主要分为以下几类。

（1）C 编译器：CC、CCL、CCL Plus、GCC。

（2）C++编译器：C++、CCL Plus、G++。

（3）源码预处理程序：CPP、CPP0。

（4）库文件：libgcc.a、libgcc_eh.a、libgcc_s.so、libiberty.a、libstdc++.[a,so]、libsupc++.a。

用 GCC 编译程序生成可执行文件有时候看起来似乎仅通过编译一步就完成了，但事实上，使用 GCC 编译工具由 C 语言源程序生成可执行文件的过程并不单单是一个编译的过程，而要经过下面的几个过程。

- 预处理（Pre-Processing）。
- 编译（Compiling）。
- 汇编（Assembling）。

- 链接（Linking）。

在实际编译的时候，GCC 首先调用 cpp 命令进行预处理，主要实现对源代码编译前的预处理，比如将源代码中指定的头文件包含进来。接着调用 cc1 命令进行编译，作为整个编译过程的一个中间步骤，该过程会将源代码翻译生成汇编代码。汇编过程是针对汇编语言的步骤，调用 as 命令进行工作，生成后缀名为.o 的目标文件。当所有的目标文件都生成之后，GCC 就调用链接器 ld 来完成最后的关键性工作——链接。

3.4.2 GCC 编译选项解析

GCC 是 Linux 下基于命令行的 C 语言编译器，其基本的使用语法如下。

```
gcc [option | filename ]…
```

对于编译 C++的源程序，其基本的语法如下。

```
g++ [ option | filename ]…
```

其中，option 为 GCC 使用时的选项（后面章节中会详细讲述），而 filename 为需要用 GCC 作编译处理的文件名。就 GCC 来说，其本身是一个十分复杂的命令，合理地使用其命令选项可以有效提高程序的编译效率、优化代码。GCC 拥有众多的命令选项，有超过 100 个的编译选项可用，按其应用可分为以下几类。

1．常用编译选项

- -c：这是 GCC 命令的常用选项。-c 选项告诉 GCC 仅把源程序编译为目标代码而并不做链接的工作，所以采用该选项的编译指令不会生成最终的可执行程序，而是生成一个与源程序文件名相同的以.o 为后缀名的目标文件。例如，一个 Test1.c 的源程序经过下面的编译之后会生成一个 Test1.o 的文件。

```
# gcc  -c  Test1.c
```

- -S：使用该选项会生成一个后缀名为.s 的汇编语言文件，但是同样不会生成可执行的程序。
- -e：-e 选项只对文件进行预处理，预处理的输出结果被送到标准输出（比如显示器）。
- -v：在 Shell 的提示符号下输入 gcc -v，屏幕上就会显示出目前正在使用的 GCC 的版本信息。例如：

```
# gcc  -v
   gcc version 4.9.3
```

上面的系统信息指出了 GCC 的版本：GCC 4.9.3。

- -x language：强制编译器用指定的语言编译器来编译某个源程序。

例如下面的指令：

```
# gcc  -x  c++  P1.c
```

该指令表示强制采用 C++编译器来编译 C 程序 P1.c。

- -I<DIR>：库依赖选项，用来指定库及头文件路径。

在 Linux 下开发程序的时候，通常来讲都需要借助一个或多个函数库的支持才能够完成相应的功能。一般情况下，Linux 下的大多数函数都将头文件放到系统/usr/include/目录下，而库文件则放到/usr/lib/目录下。但在有些情况下并不是这样的，在这些情况下，使用 GCC 编译时必须指定所需要的头文件和库文件所在的路径。-I 选项可以向 GCC 的头文件搜索路径中添加新的目录<DIR>。例如，一个源程序所依赖的头文件在用户/home/include/目录下，此时就应该使用-I 选项来指定。

```
# gcc -I /home/include -o Test Test.c
```

- -L<DIR>：类似上面的情况，用来特别指定所依赖库所在的路径。

如果使用了不在标准位置的库，那么可以通过-L 选项向 GCC 的库文件搜索路径中添加新的目录。例如，一个程序要用到的库 libapp.so 在/home/zxq/lib/目录下，为了能让 GCC 能够顺利地链接该库，可以使用下面的命令。

```
#gcc -Test.c -L /home/zxq/lib -lapp -o Test
```

这里的-L 选项表示 GCC 去连接库文件 libapp.so。Linux 下的库文件在命名时有一个约定，那就是应该以 lib 三个字母开头，由于所有的库文件都遵循了同样的规范，因此在用-L 选项指定链接的库文件名时可以省去 lib 三个字母，也就是说 GCC 在对-lapp 进行处理时，会自动去链接名为 libapp.so 的文件。

- -static：GCC 在默认情况下链接的是动态库，有时为了把一些函数静态编译到程序中，而无需链接动态库就采用-static 选项，它会强制程序链接静态库。
- -o：在默认的状态下，如果 GCC 指令没有指定编译选项的情况下会在当前目录下生成一个名位 a.out 的可执行程序，例如：执行# gcc Test.c 命令之后会生成一个 a.out 的可执行程序。因此，为了指定生成的可执行程序的文件名，就可以采用-o 选项，比如下面的指令：

```
# gcc -o Test Test.c
```

执行该指令会在当前目录下生成一个名为 Test 的可执行文件。

注意：

使用-o 选项时，-o 后面必须带有可执行文件的文件名（可以任意指定）。

2. 出错检查和警告提示选项

GCC 编译器包含完整的出错检查和警告提示功能，比如 GCC 提供了 30 多条警告信息和三个警告级别，使用这些选项有助于增强程序的稳定性和更加完善程序代码的设计，此类选项常用的如下几种。

- -pedantic：以 ANSI/ISO C 标准列出的所有警告。

当 GCC 在编译不符合 ANSI/ISO C 语言标准的源代码时，如果在编译指令中加上了 -pedantic 选项，那么源程序中使用了扩展语法的地方将产生相应的警告信息。

- -w：禁止输出警告消息。
- -Werror：将所有警告转换为错误。

-Werror 选项要求 GCC 将所有的警告当成错误进行处理，这在使用自动编译工具（如 Make 等）时非常有用。如果编译时带上-Werror 选项，那么 GCC 会在所有产生警告的地方停止编译。只有程序员对源代码进行修改并且相应的警告信息消除时，才可能继续完成后续的编译工作。

- -Wall：显示所有的警告消息。

-Wall 选项可以打开所有类型的语法警告，以便确定程序源代码是否是正确的，并且尽可能实现可移植性。

对 Linux 程序开发人员来讲，GCC 给出的警告信息是很有价值的，它们不仅可以帮助程序员写出更加健壮的程序，而且还是跟踪和调试程序的有力工具。建议在用 GCC 编译源代码时始终带上-Wall 选项，养成良好的习惯。

3．代码优化选项

代码优化指的是编译器通过分析源代码找出其中尚未达到最优的部分，然后对其重新进行组合，进而改善代码的执行性能。GCC 通过提供编译-On 选项来控制优化代码的生成，对于大型程序来说，使用代码优化选项可以大幅度提高代码的运行速度。

- -O：编译时使用-O 选项可以告诉 GCC 同时减小代码的长度和执行时间，其效果等价于-O1。
- -O2：-O2 选项告诉 GCC 除了完成所有-O1 级别的优化之外，同时还要进行一些额外的调整工作，如处理器指令调度等。

4．调试分析选项

调试分析有以下几种常用的选项。

- -g ：生成调试信息，GNU 调试器可利用该信息。GCC 编译器使用该选项进行编译时，将调试信息加入到目标文件当中，这样 GDB 调试器就可以根据这些调试信息来跟踪程序的执行状态。
- -pg：编译完成之后，额外产生一个性能分析所需的信息。

注意：

需要注意的是，使用调试选项都会使最终生成的二进制文件的大小急剧增加，同时增加程序在执行时的开销，因此调试选项通常推荐仅在程序的开发和调试阶段中使用。

下面举一个简单的例子来说明 GCC 的编译过程。首先用 vi 编辑器来编辑一个简单的 C 程序 test.c，程序清单如下。

```
#include <stdio.h>
int main()
{
 printf("Hello,this is a test!\n");
 return 0;
}
```

根据前面讲到的内容，使用 GCC 命令来编译该程序。

```
[root@localhost]# gcc -o test test.c
[root@localhost]#./test
Hello,this is a test!
```

可以从上面的编译过程看到，编译一个这样的程序非常简单，一条指令即可完成。事实上，这一条指令掩盖了很多细节。我们可以从编译器的角度来看上述的编译过程，这对于更好理解 GCC 编译工作原理有很好的帮助。

GCC 编译器首先做的工作是预处理：调用-E 选项可以让 GCC 在预处理结束后停止编译过程。

```
# gcc -E test.c -o test.i
```

编译器在这一步调用 CPP 工具来对源程序进行预处理，此时会生成 test.i 文件。下面部分列出了 test.i 文件中的内容。

```
# 1 "test.c"
# 1 "<built-in>"
# 1 "<command line>"
# 1 "test.c"
# 1 "/usr/include/stdio.h" 1 3 4
# 28 "/usr/include/stdio.h" 3 4
# 1 "/usr/include/features.h" 1 3 4
# 314 "/usr/include/features.h" 3 4
# 1 "/usr/include/sys/cdefs.h" 1 3 4
# 315 "/usr/include/features.h" 2 3 4
# 337 "/usr/include/features.h" 3 4
# 1 "/usr/include/gnu/stubs.h" 1 3 4
# 338 "/usr/include/features.h" 2 3 4
# 29 "/usr/include/stdio.h" 2 3 4
......
__extension__ typedef signed long long int __int64_t;
__extension__ typedef unsigned long long int __uint64_t;
```

查看代码会发现 stdio.h 的内容都被加入到该文件中了，而且被预处理的宏定义也都做了相应的处理。

下一步是将 test.i 编译为目标代码，这可以通过使用-c 选项来完成。

```
#gcc -c test.i -o test.o
```

GCC 默认将.i 文件看成是预处理后的 C 语言源代码，因此上述命令将自动跳过预处理步骤而开始执行编译过程，也可以使用-x 选项让 GCC 从指定的步骤开始编译。编译的最后一步是将上一步所生成的目标文件链接成最终的可执行文件。

```
# gcc test.o -o test
```

3.5 调试器 GDB 的使用技巧

3.5.1 GDB 调试器介绍

应用程序的调试是开发过程中必不可少的环节之一。Linux 下的 GNU 的调试器称为 GDB（GNU Debugger）。GDB 最早由 Richard Stallman 编写，是一个用来调试 C 和 C++程序的调试器（Debugger）。使用者能在程序运行时观察程序的内部结构和内存的使用情况。GDB 是一种基于命令行工作模式下的程序，工作在字符模式，由多个不同的图形用户界面前端予以支持，每个前端都能以多种方式提供调试控制功能。它的功能非常丰富，适用于修复程序代码中的问题，在 X Window 系统中，基于图形界面的调试工具称为 xxgdb。目前比较新的版本是 GDB 7.10（2015 年 8 月 28 日发布），其官方网站是 http://www.gnu.org/software/gdb/。以下是 GDB 所提供的一些功能。

- 启动程序，并且可以设置运行环境和参数来运行指定程序。
- 让程序在指定断点处停止执行。
- 对程序做出相应的调整，这样就能纠正一个错误后继续调试。

需要注意的是，GDB 调试的是可执行文件，而不是源程序。如果想让 GDB 调试编译后生成的可执行文件，在使用 GDB 工具调试程序之前，必须使用带有-g 或-gdb 编译选项的 GCC 命令来编译源程序，例如：

```
# gcc –g –o test test.c
```

只有这样会在目标文件中产生相应的调试信息。调试信息包含源程序的每个变量的类型和在可执行文件里的地址映射以及源代码的行号，GDB 利用这些信息使源代码和机器码相关联。

使用 GDB 命令的语法如下。

```
# gdb  [参数]  Filename
```

下面列举一些常用的参数。

- -help：列出所有参数，并作简要说明。
- -symbols=file
  -s file：读出文件（file）的所有符号。
- -core。
  -c：这里的 core 是程序非法执行后 core dump 后产生的文件。
- -directory。
  -d：加入一个源文件的搜索路径。默认搜索路径是环境变量中 PATH 所定义的路径。

- -quiet。

-q：使用该选项不显示 GDB 的介绍和版权信息等。

3.5.2　GDB 调试命令

运行 GDB 调试程序通常使用如下的命令。

```
# gdb Filename
Copyright 2015 Free Software Foundation, Inc.
......
(gdb)
```

之后就可以在系统的（gdb）提示符后面输入相应的调试命令了，如果不希望出现 gdb 的系统信息提示，可以输入下面的指令。

```
# gdb  -q Filename
```

表 3.7 列举了一些常用到的 GDB 调试命令。

表 3.7　常用 GDB 命令

命　　令	说　　明
file	指定要调试的可执行程序
kill	终止正在调试的可执行程序
next	执行一行源代码但并不进入函数内部
list	部分列出源代码
step	执行一行源代码并不进入函数内部
run	执行当前的可执行程序
quit	结束 GDB 调试任务
watch	可以检查一个变量的值而不管它何时被改变
print	打印表达式的值到标准输出
break N	在指定的第 N 行源代码设置断点
info break	显示当前断点清单，包括到达断点处的次数等
info files	显示被调试文件的详细信息
info func	显示所有的函数名
info local	显示当函数中的局部变量信息
info prog	显示被调试程序的执行状态
info var	显示所有的全局和静态变量名称
make	在不退出 GDB 的情况下运行 make 工具
shell	在不退出 GDB 的情况下运行 shell 命令
continue	继续执行正在调试的程序

下面举一个简单的例子来说明 GDB 调试命令的使用方法。下面的程序很简单，即通过用户输入一个圆的半径值来求圆面积，其源代码如下。

```
#include<stdio.h>
#include<math.h>
int main(void)
{
  float Pi=3.1415926;
  float R;
  float S=0;
  printf("Please input your Ridus:\n");
  scanf("%f",&R);
  if (R>=0)
    {
      S=Pi*R*R;
      printf("The value of S is:%f\n",S);
    }
  else
    printf("Sorry,Wrong input!!\n");
  return 0;
}
```

为了方便调试可执行程序，可以用下面的语句来编译该程序。

```
# gcc -g -o new new.c
```

开始调试。

```
# gdb -q new
Using host libthread_db library "/lib/tls/libthread_db.so.1"
(gdb)
```

出现了（gdb）提示符以后，就可以输入相应的调试命令了。

1. 查看源代码，使用 list 命令

```
(gdb) list
1    #include<stdio.h>
2    int main(void)
3    {
4    float Pi=3.1415926;
5    float R;
6    float S=0;
7    printf("Please input your Ridus:\n");
(gdb)
```

如上所示，使用 list 命令之后列出了部分源代码，而且每行都有相应的标号，如果想列出更多的源代码，可以继续输入 list 命令（或者直接按回车键即可）。

2. 运行该程序，使用 run 命令

```
(gdb) run
Starting program ......
(gdb)
```

如上所示，使用 run 命令会执行编译后生成的可执行程序 new。

3. 设置断点

GDB 可以使用 break N 命令来设置断点，N 表示在源代码的第 N 行处设置断点，例如：

```
(gdb) break 13
Breakpoint 1 at 0x804840a: file new.c,line 13.
```

这样程序执行到第 13 行语句处就会停止执行。

```
(gdb) run
Starting program:
......
Breakpoint 1, main () at new.c:13     /*指出程序执行停止的位置*/
13    printf("The value of S is:%f\n",S);
(gdb)
```

如果想看到程序中设置断点的数量或断点位置，可以使用 info break 命令来查看。

```
(gdb) info break
Num     Type       Disp Enb Address    What
1   breakpoint        keep y 0x0804839c in main at new.c:4
2   breakpoint        keep y 0x08048426  in main at new.c:14
(gdb)
```

从上面的信息可以看到程序分别在第 4、14 行处设置了断点。

4. 清除断点

clear 是一条用来清除断点的命令，在程序调试过程中，如果确定设置断点的语句处没有
必要再暂停运行，就可以用 clear 命令来清除设置的断点。它的使用格式如下。

```
(gdb) clear n
```

在上述例子中，清除第 6 行处的断点的做法如下。

```
(gdb) clear 13
Deleted breakpoint 1
```

事实上，比删除更好的一种方法是使用 disable 命令，关闭了断点，它并不会被删除，
只是让所设断点暂时失效，当还需要改断点时，使用 enable 命令即可。

5. 查看变量的值

当程序执行到断点处停止以后，往往要查看某些变量的值，进而观察程序的执行状
态，GDB 采用 print 命令来查看指定变量的值，例如：

```
(gdb) break 13
Breakpoint 1 at 0x804840a: file new.c, line 13.
(gdb) run
Starting program:
......
Breakpoint 1, main () at new.c:13
13    printf("The value of S is:%f\n",S);
```

```
(gdb) print S              /*查看变量 S 的值*/
$1 = 283.528717
(gdb)
```

如果想看到变量的类型，可使用 whatis 命令，例如：

```
(gdb) whatis S
type = float                /*变量 S 类型为 float*/
(gdb)
```

6. 单步执行

GDB 提供以下两种方式。

- step 指令：单步进入，可以跟踪到函数内部，命令是 step 或 s。
- next 指令：单步进入，只是简单的单步执行，不会进入函数内部。

以上只是部分地列出了一些 GDB 调试指令的用法，事实上 GDB 具有非常强大的调试指令，具体详细的使用可参见 GNU GDB 使用手册。

7. 搜索源代码

GDB 还提供了源代码搜索的命令。

向前搜索格式如下。

```
(gdb) forward-search <regexp>
(gdb) search <regexp>
```

全部搜索格式如下。

```
(gdb) reverse-search <regexp>
```

其中，<regexp>就是正则表达式。

8. 指定源文件的路径

某些时候，用-g 编译过后的执行程序中只是包括了源文件的名字，没有路径名。GDB 提供了可以指定源文件的路径的命令，以便 GDB 进行搜索要调试的源程序。

```
(gdb) dir <dirname ... >
```

9. 结束当前程序的调试

kill 命令用来结束当前程序的调试。在 GDB 下直接输入下面这条命令即可结束程序的调试过程。

```
(gdb) kill
Kill  programm being  debugged(y or n)
```

确认即可结束调试。

Linux 编程库

3.6.1 Linux 编程库介绍

所谓编程库就是指始终可以被多个 Linux 软件项目重复使用的代码集。以 C 语言为例，它包含了几百个可以重复使用的例程和调试程序的工具代码，其中包括函数。如果每次编写新程序都要重新写这些函数会非常不方便。使用编程库有两个主要的优点。

- 可以简化编程，实现代码重复使用，进而减小应用程序的大小。
- 可以直接使用比较稳定的代码。

Linux 下的库文件分为共享库和静态库两大类，它们两者的差别仅在程序执行时所需的代码是在运行时动态加载的，还是在编译时静态加载的。此外，通常共享库以.so(Shared Object)结尾，静态链接库通常以.a 结尾（Archive）。在终端下查看库的内容，通常共享库为绿色，而静态库为黑色。

Linux 的库一般在/lib 或/usr/lib 目录下。它主要存放系统的链接库文件，没有该目录则系统无法正常运行。/lib 目录中存储着程序运行时使用的共享库。通过共享库，许多程序可以重复使用相同的代码，因此可以有效减小应用程序的大小。表 3.8 部分列出了一些 Linux 下常用的编程库。

表 3.8　常用的 Linux 编程库

库 名 称	说　　明
libc.so	标准的 C 库
libdl.so	可以使用库的源代码而无需静态编译库
libglib.so	Glib 库
libm.so	标准数学库
libGL.so	OpenGL 的接口
libcom_err.so	常用的出错例程集合
libdb.so	创建和操作数据库
libgthread.so	Glib 线程支持
libgtk.so	GIMP 下的 X 库
libz.so	压缩例程库
libvga.so	Linux 的 VGA 和 SVGA 图形库
libresolve.so	提供使用因特网域名服务器接口
libpthread.so	Linux 多线程库
libgdm.so	GNU 数据库管理器

3.6.2 Linux 系统调用

从字面意思上理解，系统调用说的是操作系统提供给用户程序调用的一组"特殊"接口。Linux 中用于创建进程的 fork()函数本身就是一个系统调用，使用系统主要目的是使得用户可以使用操作系统提供的有关设备管理、输入/输出系统、文件系统和进程控制、通信以及存储管理等方面的功能，而不必了解系统程序的内部结构和有关硬件细节，从而起到减轻用户负担和保护系统，以及提高资源利用率的作用。

Linux 的运行空间划分为用户空间和内核空间，它们各自运行在不同的级别中，所以用户进程在通常情况下不允许访问内核，也无法使用内核函数，它们只能在用户空间操作用户数据，调用用户空间函数。这样做的目的是为了对系统作必要的"保护"措施，但是使用系统调用可以最大程度地解决这一问题。其具体的措施是进程先用适当的值填充寄存器，然后调用一个特殊的指令，这个指令会跳到一个事先定义的内核中的一个位置（当然，这个位置是用户进程可读但是不可写的）。硬件知道一旦用户进程跳到这个位置，则认为该用户就不是在限制模式下运行的用户，而是作为操作系统的内核。当然，用户访问内核的路径是事先规定好的，只能从规定位置进入内核，而不允许任意跳入内核。

Linux 系统有 200 多个系统调用，这些系统调用按照功能分类大致可分为以下几类。

- 进程控制。
- 文件系统控制。
- 系统控制。
- 内存管理。
- 网络管理。
- socket 控制。
- 用户管理。
- 进程间通信。

类似于在 Windows 下进行 Win32 编程，windows 会提供 API（Application Programming Interface）接口函数作为 windows 操作系统提供给程序员的系统调用接口。同样的，Linux 作为一个操作系统也有它自己的系统调用，用户可以根据特定的方法来添加需要的系统调用。Linux 的 API 接口遵循 POSIX 标准，这套标准定义了一系列 API。在 Linux 中，这些 API 主要是通过 C 库（libc）实现的。下面通过举例来说明在 Linux 下添加新的系统调用的步骤。

（1）修改 kernel/sys.c，增加服务例程代码。首先编写添加到内核中的源程序，即要添加的服务，所用函数的名称应该是新的系统调用名称前面加上 sys_标志。例如，新加的系统调用为 mysyscall（int number），那么就应该在系统的/usr/src/linux/kernel/sys.c 文件中添加相应的源代码，如下所示。

```
asmlinkage int sys_mysyscall(int number)
{
```

```
    printk ("This is a example of systemcall \n ");
  return number;
}
```

为了说明问题，仅仅是一个返回一个值的简单例子。

注意：

系统调用函数通常在成功时返回 0 值，不成功时返回非零值。

（2）添加新的系统调用后，为了从已有的内核程序中增加到新的函数的连接，需要编辑以下两个文件。

① /usr/src/linux/include/asm-i386/unistd.h。

② /usr/src/linux/arch/i386/kernel/syscall_table.S。

第 1 个文件中定义了每个系统调用的中断号，可以打开文件 /usr/src/linux/include/asm-i386/unistd.h 来查看。该文件中包含了系统调用清单，用来给每个系统调用分配一个唯一的号码，部分内容如下。

```
..........
#define  __NR_add_key           286
#define  __NR_request_key       287
#define  __NR_keyctl               288
#define  __NR_ioprio_set         289
#define  __NR_ioprio_get         290
#define  __NR_inotify_init       291
#define  __NR_inotify_add_watch  292
#define  __NR_inotify_rm_watch   293
#define   NR_syscalls              294
..........
```

文件中每一行的格式如下。

```
# define __NR_syscallname N
```

syscallname 为系统调用名，而 N 则是该系统调用对应的中断号，每个系统调用都有唯一的中断号。用户应该将新的系统调用名称加到清单的最后，并给它分配号码序列中下一个可用的系统调用号。在该文件中的最后一句：#define NR_syscalls 294 中，NR_syscalls 表示系统调用的个数，294 表示有 294 个系统调用，标号从 0 开始，所以最后一个系统调用号是 293，那么如果新添加一个系统调用，则其中断号就应该是 294。例如可以在该文件中这样定义一个系统调用。

```
# define __NR __mysyscall 294
```

如果还需要添加另外的系统调用，可以类推将中断号依次递增。此外需要注意的是，重新添加系统调用之后，应该在 /usr/src/linux/include/asm-i386/unistd.h 文件中的 #define NR_syscalls 语句中重新指定编号 n，例如在上面添加一个新的系统调用之后，该语句应该为：

```
# define  NR_syscalls 295
```

第 2 个要编辑的文件是/usr/src/linux/arch/i386/kernel/syscall_table.S。该文件中定义了系统调用列表。在该文件中有以下类似的内容。

```
.data
ENTRY(sys_call_table)
    .long sys_restart_syscall  /* 0 - old "setup()" system call, used for restarting */
    .long sys_exit
    .long sys_fork
    .long sys_read
    .long sys_write
    .long sys_open      /* 5 */
    .long sys_close
    .long sys_waitpid
    .long sys_creat
    .long sys_link
    .long sys_unlink   /* 10 */
............
```

在该文件中添加新的系统调用。

```
.long sys_mysyscall
```

（3）重新编译内核。添加好系统调用之后，需要重新编译内核，并且用新的内核来启动，此时，系统调用就添加好了，重新编译内核的过程在这里不做详细介绍。

（4）测试新的系统调用，编辑程序 test_call.c 如下。

```
#include <linux/unistd.h>
#include <stdio.h>
#include <errno.h>
_syscall1(int, mysyscall, int, num);  /*系统调用宏定义*/
int main(void)
{
        int n;
        n=mysyscall(10);      /*执行系统调用*/
        printf("n=%d\n",n);
        return 0;
}
```

编译并执行该程序。

```
# gcc -o test_call  -I/usr/src/linux/include  test_call.c
# ./test_call
n=10
```

输出值正确，说明添加系统调用就成功了。

3.6.3　Linux 线程库

简单地讲，进程是资源管理的最小单位，线程是程序执行的最小单位。一个进程至少需要一个线程作为它的指令执行体，进程管理着资源（比如 CPU、内存、文件等），而将线程分配到某个 CPU 上执行。一个进程当然可以拥有多个线程。

Linux 是一个多用户多任务的操作系统。多用户是指多个用户可以在同一时间使用计算机系统；多任务是指 Linux 可以同时执行几个任务，它可以在还未执行完一个任务时又执行另一项任务。在操作系统设计上，从进程演化出线程，最主要的目的就是更好地支持多处理器以及减小（进程/线程）上下文切换开销。

现在，多线程技术已经被许多操作系统所支持，包括 Windows/Linux。现在有 3 种不同标准的线程库：WIN32，OS/2 和 POSIX。其中前两种只能用在它们各自的平台上（WIN32 线程仅能运行于 Windows 平台上，OS/2 线程运行于 OS/2 平台上）。POSIX（Portable Operating System Interface Standard，可移植操作系统接口标准）规范则是适用于各种平台，而且已经或正在所有主要的 UNIX/Linux 系统上实现。

Linux 系统下的多线程遵循 POSIX 接口，称为 pthread。POSIX 标准由 IEEE 制定，并由国际标准化组织接受为国际标准。在 Linux 2.6 内核版本之前，LinuxThreads 是现有 Linux 平台上使用较为广泛的线程库，它由 Xavier Leroy 负责开发完成，并已绑定在 Glibc 中发行。LinuxThreads 是一种面向 Linux 的 POSIX 1003.1c-pthread 标准接口。它所实现的就是基于核心轻量级进程的"一对一"线程模型，一个线程实体对应一个核心轻量级进程，而线程之间的管理在核外函数库中实现。使用 LinuxThreads 线程库创建和管理线程常用到下面几个函数。

- pthread_create()函数：创建新的线程。

    pthread_create()函数类似 fork()函数，完整的函数形式如下。

```
int pthread_create(pthread_t thread,const pthread_attr_t*attr,void*(*func)(void*),
void *arg)
```

第 1 个参数是一个 pthread_t 型的指针用于保存线程 ID，以后对该线程的操作都要用 ID 来标识。每个 LinuxThreads 线程都同时具有线程 ID 和进程 ID，其中进程 ID 就是内核所维护的进程号，而线程 ID 则由 LinuxThreads 分配和维护。

第 2 个参数是一个 pthread_attr_t 的指针用于说明要创建的线程的属性，使用 NULL 表示要使用默认的属性。

第 3 个参数指明线程运行函数的起始地址，是一个只有一个（void *）参数的函数。

第 4 个参数指明运行函数的参数，参数 arg 一般指向一个结构。

函数返回值类型为整数，当创建线程成功时，函数返回 0；若不为 0，则说明创建线程失败。创建线程成功后，新创建的线程则运行参数 3 和参数 4 确定的函数，原来的线程则继续运行下一行代码。

- pthread_join()函数：等待线程结束。

    pthread_join()函数用来挂起当前线程直到由参数 thread 指定的线程终止为止，完整的函数形式如下。

```
int pthread_join (pthread_t thread, void* *status )
```

第 1 个参数为被等待的线程标识符，第 2 个参数为一个用户定义的指针，它可以用来存储被等待线程的返回值。

函数返回值类型为整数，成功返回 0，错误返回非零值。

- pthread_self()函数：获取线程 ID。

函数原型如下。

```
pthread_t pthread_self(void)
```

该函数返回本线程的 ID。

- pthread_detach()函数：用于让线程脱离。

pthread_detach()函数用于将处于连接状态的线程变为脱离状态，函数完整的形式如下。

```
int pthread_detach (pthread_t thread)
```

函数返回值类型为整数，如果成功将线程转换为脱离态时返回 0，否则返回非零值。

- pthread_exit()函数：终止线程。

pthread_exit()函数用来终止线程，函数完整形式如下。

```
pthread_exit (void *status)
```

参数 status 是指向线程返回值的指针。

下面通过一个简单的例子来介绍基于 POSIX 线程接口的 Linux 多线程编程，编写 Linux 下的多线程程序，需要使用头文件 pthread.h，连接时需要使用库 libpthread.a。下面是一个简单的例子。

```c
/*mypthread.c*/
#include <pthread.h>
#include <stdlib.h>
#include <unistd.h>
void *thread_function(void *arg)
{
  int i;
  for ( i=0; i<20; i++)
  {
    printf("This is a thread!\n");
  }
  return NULL;
}
int main(void)
{
  pthread_t mythread;
  if ( pthread_create( &mythread, NULL, thread_function, NULL) )
  {
    printf("error creating thread.");
    abort();
  }

  printf("This is main process!\n");
  if ( pthread_join ( mythread, NULL ) )
  {
```

```
    printf("error joining thread.");
    abort();
  }
  exit(0);
}
```

编译并执行该程序。

```
#gcc -lpthread -o mypthread mypthread.c
./mypthread
This is main process!
This is a thread!
```

一个线程实际上就是一个函数，创建后，修改线程立即被执行。在上面的例程中，系统创建了一个主线程，又用 pthread_create 创建了一个新的子线程。

事实上，在 Linux 2.6 内核以前，Linux 把进程当做其调度实体，内核并不真正支持线程（轻量线程实现）。它提供了一个 clone()系统调用来创建一个调用进程的副本，这个副本与调用者共享地址空间。LinuxThreads 项目就是利用这个系统调用，完全在用户级模拟了线程。Linuxthread 线程库目前存在一些不足之处，比如在信号处理、任务调度，以及进程间同步原语等方面。在 Linux 2.6.x 内核中，Linux 内核的调度性能得到了很大改进。Linux 重写了其线程库，使用 NPTL（Native Posix Thread Library）来取代受争议的 LinuxThreads 线程库，成为 glibc 的首选线程库。

3.7 习题

1. 用于解压文件的命令是（　　）。

A．tar　　　　　　B．cd　　　　　　C．pwd　　　　　　D．cp

2. 决定 Shell 将到哪些目录中寻找命令的环境变量是（　　）。

A．HOME　　　　B．PATH　　　　C．PWD　　　　D．DIR

3. 决定 bash 中通过（　　）命令来运行脚本。

A．run　　　　　B．go　　　　　　C．source　　　　D．cd

4. Vi 中（　　）命令可插入字符。

A．i　　　　　　B．b　　　　　　C．C　　　　　　D．d

5. 用于反编译文件的命令是（　　）。

A．objdump　　　B．source　　　C．objcopy　　　D．cd

6. GDB 调试用于单步执行，但不跳入函数中的命令是（　　）。

A．n　　　　　　B．s　　　　　　C．G　　　　　　D．d

本章内容包括嵌入式交叉开发环境的概念和配置、应用
程序交叉开发和调试的方法，以及 FS4412 开发板的环境搭
建实例。交叉开发环境是嵌入式 Linux 开发的基础，后续的
开发过程几乎都是基于交叉开发环境的。因此，理解和掌握
本章的内容会大大方便嵌入式 Linux 开发。

本章目标

❑ 交叉开发环境介绍
❑ 建立交叉开发环境
❑ 交叉调试应用程序
❑ 实例 FS4412 环境搭建

第4章

交叉开发环境

交叉开发环境介绍

本节将介绍交叉开发模型以及相关概念，为后面的具体配置交叉开发环境做好概念上的准备。

4.1.1 交叉开发概念模型

嵌入式系统是专用计算机系统，它对系统的功能、可靠性、成本、体积、功耗等某些方面有严格的要求。例如：PDA 需要通过电池供电，需要尽可能降低功耗；网络交换机不需要键盘显示等外围设备；大部分嵌入式设备没有磁盘等大容量存储设备。

电信服务器也属于嵌入式系统范畴，尽管配置了显示器、键盘、鼠标等计算机外设，但是它更注重系统的可靠性，而不是用户界面的可操作性。

由于嵌入式系统硬件上的特殊性，一般不能安装发行版的 Linux 系统。例如 Flash 存储空间很小，没有足够的空间安装；或者处理器很特殊，也没有发行版的 Linux 系统可用。所以需要专门为特定的目标板定制 Linux 操作系统，这必然需要相应的开发环境。于是人们想到了交叉开发模式。交叉开发模型如图 4.1 所示。

图 4.1 所示中，TARGET 就是目标板，HOST 是开发主机。在开发主机上，可以安装开发工具，编辑、编译目标板的 Linux 引导程序、内核和文件系统，然后在目标板上运行。通常这

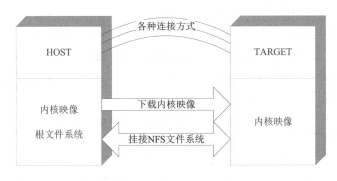

图 4.1 交叉开发模型

种在主机环境下开发，在目标板上运行的开发模式叫做交叉开发。

在交叉开发环境下，开发主机也是工作站，可以给开发者提供开发工具；同时也是一台服务器，可以配置启动各种网络服务。

在 PC 主机上，Linux 已经成为优秀的计算机操作系统。各种 Linux 发行版本，可以直接在 PC 上安装，功能十分强大。它不仅能够支持各种处理器和外围设备接口，而且

提供了图形化的用户交互界面和丰富的开发环境，更重要的是 Linux 系统性能稳定。它为开发者提供了以下功能。

- 非常稳定的多任务操作系统。
- 丰富的设备驱动程序支持和网络工具。
- 强大的 Shell。
- 本地编译器。
- 编辑器。
- 图形化的用户界面。

采用目前主流的计算机配置，完全能够满足推荐配置。无论 Linux 图形界面响应，还是程序编译，速度都很快，操作起来就很流畅。这对于嵌入式 Linux 开发者来说，可以大大提高开发效率。

对于交叉开发方式，一方面开发者可以在熟悉的主机环境下进行程序开发；另一方面又可以真实地在目标板系统上运行调试程序，从而避免了受到目标板硬件的限制。这种开发方式贯穿嵌入式 Linux 系统开发的全过程。

要建立交叉开发方式，需要主机与目标板之间建立连接，才能实现远程通信、传输文件等功能。这依赖于不同的连接方式。

4.1.2 目标板与主机之间的连接

目标板和主机之间通常可以使用串口、以太网接口、USB 接口以及 JTAG 接口等连接方式。下面分别介绍这些通信接口的特点。

（1）串行通信接口。

串行通信接口常用的有 9 针串口（DB9）和 25 针串口（DB25），通信距离较近时（<12m），可以用电缆线直接连接标准 RS-232C 端口；如果距离较远，就采用 RS-422 或者 RS-485 接口，需附加调制解调器（Modem）。其中最常用的是三线制接法，即地、接收数据和发送数据三脚相连，直接用 RS-232C 相连，PC 上一般带有两个 9 针串口。串口常用信号引脚如表 4.1 所示。

表 4.1　串口常用信号引脚

引脚功能	缩　　写	DB9 引脚号	DB25 引脚号
数据载波检测	DCD	1	8
接收数据	RXD	2	3
发送数据	TXD	3	2
数据终端准备	DTR	4	20
信号地	GND	5	7
数据设备准备好	DSR	6	6
请求发送	RTS	7	4

引脚功能	缩　　写	DB9 引脚号	DB25 引脚号
清除发送	CTS	8	5
振铃指示	DELL	9	22

　　通过串口既可以作为控制台，向目标板发送命令，显示信息；也可以通过串口传送文件；还可以通过串口调试内核及程序。串口的设备驱动实现也比较简单。

　　其缺点是通信速率慢，不适合大数据量传输。

　　（2）以太网接口。

　　以太网以其高度灵活，相对简单，易于实现的特点，成为当今最重要的一种局域网建网技术。虽然其他网络技术也曾经被认为可以取代以太网的地位，但是绝大多数的网络管理人员仍然把以太网作为首选的网络解决方案。

　　以太网 IEEE 802.3 通常使用专门的网络接口卡或通过系统主电路板上的电路实现。以太网使用收发器与网络媒体进行连接。收发器可以完成多种物理层功能，其中包括对网络碰撞进行检测。收发器既可以作为独立的设备通过电缆与终端站连接，也可以直接被集成到终端站的网卡当中。

　　以太网采用广播机制，所有与网络连接的工作站都可以看到网络上传递的数据。通过查看包含在帧中的目标地址，确定是否进行接收或放弃。如果证明数据确实是发给自己的，工作站将会接收数据并传递给高层协议进行处理。

　　以太网采用 CSMA/CD 媒体访问机制，任何工作站都可以在任何时间访问网络。在发送数据之前，工作站首先需要侦听网络是否空闲。如果网络上没有任何数据传送，工作站就会把所要发送的信息投放到网络当中。否则，工作站只能等待网络下一次出现空闲的时候再进行数据的发送。

　　作为一种基于竞争机制的网络环境，以太网允许任何一台网络设备在网络空闲时发送信息。因为没有任何集中式的管理措施，所以非常有可能出现多台工作站同时检测到网络处于空闲状态，进而同时向网络发送数据的情况。这时，发出的信息会相互碰撞而导致损坏。工作站必须等待一段时间之后，重新发送数据。补偿算法用来决定发生碰撞后，工作站应当在何时重新发送数据帧。

　　网络接口一般采用 RJ-45 标准插头，PC 上一般都配置 10M/100Mbit/s 以太网卡，实现局域网连接。通过以太网连接和网络协议，可以实现快速的数据通信和文件传输。

　　其缺点是驱动程序实现比较麻烦，好在以太网接口的设备驱动也很多。

　　（3）USB 接口。

　　USB（Universal Serial Bus）接口支持热插拔，具有即插即用的优点，最多可连接 127 台外设，所以 USB 接口已经成为 PC 外设的标准接口。USB2 有多个规范。

　　USB 1.1 是较早的 USB 规范，其高速方式的传输速率为 12Mbit/s，低速方式的传输速率为 1.5Mbit/s。

　　USB 2.的最大传输速率达到 480Mbit/s，USB 3.0 的最大传输速率高达 50G bit/s。

USB 的设备支持热插拔，通讯速率也很快。

其缺点是 USB 设备区分主从端，两端分别要有不同的驱动程序支持。

（4）JTAG 等接口。

JTAG 技术是一种嵌入式调试技术，它在芯片内部封装了专门的测试电路测试接口（Test Access Port，TAP），通过 JTAG 测试工具对芯片的核进行测试。它是联合测试行动小组（Joint Test Action Group，JTAG）定义的一种国际标准测试协议，主要用于芯片内部测试及对系统进行仿真、调试。

目前大多数比较复杂的器件都支持 JTAG 协议，如 ARM、DSP、FPGA 器件等。标准的 JTAG 接口是 4 线：TMS、TCK、TDI、TDO，分别为测试模式选择、测试时钟、测试数据输入和测试数据输出。

JTAG 接口的时钟一般为 1～16MHz，所以传输速率可以很快。但是实际的数据传输速度要取决于仿真器与主机端的通信速度和传输软件。

另外还有 EJTAG（Extended JTAG）和 BDM（Background Debug Mode）接口定义，分别在 MIPS 芯片和 PowerPC 5xx/8xx 芯片上设计应用。这些接口的电气性能不同，但是功能大体上是相似的。

4.1.3　文件传输

主机端编译的 Linux 内核影像必须有至少一种方式下载到目标板上执行。通常是目标板的引导程序负责把主机端的影像文件下载到内存中。根据不同的连接方式，可以有多种文件传输方式，每一种方式都需要相应的传输软件和协议。

（1）串口传输方式。

主机端通过 Kermit、Minicom 或者 Windows 超级终端等工具都可以通过串口发送文件。当然发送之前需要配置好数据传输率和传输协议，目标板端也要做好接收准备。通常波特率可以配置成 115200bit/s，8 位数据位，不带校验位。传输协议可以是 Kermit、Xmodem、Ymodem 和 Zmodem 等。

（2）网络传输方式。

网络传输方式一般采用 TFTP（Trivial File Transport Protocol）协议。TFTP 协议是一种简单的网络传输协议，是基于 UDP 传输的，没有传输控制，所以对于大文件的传输是不可靠的。不过正好适合目标板的引导程序，因为协议简单，功能容易实现。当然，使用 TFTP 传输之前，需要驱动目标板以太网接口并且配置 IP 地址。

（3）USB 接口传输方式。

通常分主从设备端，主机端为主设备端，目标板端为从设备端。主机端需要安装驱动程序，识别从设备后，可以传输数据。USB 2.0 标准的数据传输速率非常快。

（4）JTAG 接口传输方式。

JTAG 仿真器跟主机之间的连接通常是串口、并口、以太网接口或者 USB 接口。传输速率也受到主机连接方式的限制，这取决于仿真器硬件的接口配置。

采用并口连接方式的仿真器最简单，叫做 JTAG 电缆（CABLE），价格也最便宜。性能好的仿真器一般会采用以太网接口或者 USB 接口通信。

（5）移动存储设备。

如果目标板上有软盘、CDROM、USB 等移动存储介质，就可以制作启动盘或者复制到目标板上，从而引导启动。移动存储设备一般在 x86 平台上比较普遍。

4.1.4 网络文件系统

网络文件系统（Network File System，NFS）最早是 Sun 公司开发的一种文件系统。NFS 允许一个系统在网络上共享目录和文件。通过使用 NFS，用户和程序可以像访问本地文件一样访问远端系统上的文件，这极大地简化了信息共享。

Linux 系统支持 NFS，并且可以配置启动 NFS 网络服务。

NFS 文件系统的优点如下。

（1）本地工作站使用更少的磁盘空间，因为通常的数据可以存放在一台机器上，而且可以通过网络访问到。

（2）用户可以通过网络访问共享目录，而不必在计算机上为每个用户都创建工作目录。

（3）软驱、CDROM 等存储设备可以在网络上共享使用。这可以减少整个网络上的移动介质设备的数量。

（4）NFS 至少有一台服务器和一台（或者更多）客户机两个主要部分。客户机远程访问存放在服务器上的数据，需要配置启动 NFS 等相关服务。

网络文件系统的优点正好适合嵌入式 Linux 系统开发。目标板没有足够的存储空间，Linux 内核挂接网络根文件系统可以避免使用本地存储介质，快速建立 Linux 系统。这样可以方便地运行和调试应用程序。

4.2 安装交叉编译工具

基于上述硬件环境配置的需求，接下来逐步构建这个交叉开发环境。首先要安装交叉编译工具链。

4.2.1 获取交叉开发工具链

Linux 使用 GNU 的工具，社区的开发者已经编译出了常用体系结构的工具链，从因特网上可以下载。我们可以下载这些工具，建立交叉开发环境。

例如，网站 https://launchpad.net/gcc-arm-embedded/+download。目前最新的是 2015

年 12 月 23 号的，可选择 Linux、Mac 和 Window 不同系统的版本。这里选择 Linux 系统的如 gcc-arm-none-eabi-5_2-2015q4-20151219-linux.tar.bz2。

> 注：
> 交叉编译工具链不建议自己制作，因为工具链的制作繁琐，多个工具软件之间常有版本匹配问题，且就算制作成功后，未经过严格认证，可能存在一些隐患。在实际开发中，许多公司都是二次开发，方案提供商提供的 SDK 包中就包含交叉编译工具链，我们直接采用即可。 如果我们需要移植到新版本的 Bootloader 或内核，原交叉编译工具链不支持时，也可以登录 GNU 工具的官网，或在一些开源的社区中获取。

4.2.2 主机安装工具链

```
$ tar -xvf gcc-arm-none-eabi-5_2-2015q4-20151219-linux.tar.bz2
```

具体安装可参考后面的实例 4.6.1 节中的"交叉编译工具链的安装"。

4.3 主机开发环境配置

4.3.1 主机环境配置

主机端要选择合适的 Linux 操作系统。主流的 Linux 发行版有 Red Hat、Fedora、CentOS 和 Ubuntu 等。

Red Hat 是由 Red Hat 公司提供收费技术支持和更新的 Red Hat Enterprise Linux，而 Fedora Core、CentOS 都是 Red Hat 的免费版。

Ubuntu（乌班图）是一个以桌面应用为主的 Linux 操作系统，其名称来自非洲南部祖鲁语或豪萨语的 ubuntu 一词，意思是"人性""我的存在是因为大家的存在"，是非洲传统的一种价值观，类似华人社会的"仁爱"思想。Ubuntu 基于 Debian 发行版和 Gnome 桌面环境，而从 11.04 版起，Ubuntu 发行版放弃了 Gnome 桌面环境，改为 Unity，与 Debian 的不同在于它每 6 个月会发布一个新版本。Ubuntu 的目标在于为一般用户提供一个最新的、同时又相当稳定的主要由自由软件构建而成的操作系统。Ubuntu 具有庞大的社区力量，用户可以方便地从社区获得帮助。2013 年 1 月 3 日，Ubuntu 正式发布面向智能手机的移动操作系统。

Ubuntu 基于 Linux 的免费开源桌面 PC 操作系统，十分契合英特尔的超极本定位，支持 x86、64 位和 ppc 架构。Ubuntu 系统比较精简，apt-get install 在线安装软件很方便，这里我们使用的是 Ubuntu。

主机端安装 Linux 操作系统的时候，只要磁盘有足够空间，最好是完全安装。因为漏装了有些软件工具，会使得开发很不方便。当然，安装完了以后再来安装需要的软件包也可以，对应 Ubuntu 系统我们使用 apt-get install 来安装对应的包。

接下来就是主机 Linux 环境配置。首先要确认主机的网络接口驱动成功，并且配置网络接口的 IP 地址。用户可以通过 ifconfig 命令查看所有网络接口，还可以配置网口的 IP 地址。

```
$ ifconfig -a
eth0      Link encap:Ethernet  HWaddr 00:0E:A6:B4:56:E6
          inet addr: 192.168.254.1 Bcast: 192.168.254.255  Mask:255.255.255.0
          ......
$ ifconfig eth0 192.168.9.120
```

也可以通过 Ubuntu 的图形配置界面来配置。图 4.2 所示就是网络设备配置的图形窗口。

然后把交叉开发工具链的路径添加到环境变量 PATH 中，这样可以方便地在 Bash 或者 Makefile 中使用这些工具。通常可以在环境变量的配置文件有 3 个，分别在不同的范围生效。

/etc/profile 是系统启动过程执行的一个脚本，对所有用户都生效。

~/.bash_profile 是用户的脚本，在用户登录时生效。

~/.bashrc 也是用户的脚本，在~/.bash_profile 中调用生效。

把环境变量配置的命令添加到其中一个文件中即可。

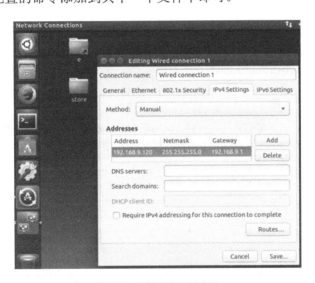

图 4.2　网络设备配置窗口

4.3.2　串口控制台工具

串行通信接口很适合作为控制台，在各种操作系统上一般都有现成的控制台程序可以使用。Windows 操作系统有超级终端（Hyperterminal）工具；Linux/UNIX 操作系统有 Minicom 等工具。

无论什么操作系统和通信工具，都可以作为串口控制台。如果在 Windows 平台上运行 Linux 虚拟机，这个串口通信软件可以任选一种。

超级终端是 Windows 系统的串口通信工具，完全图形化的界面，操作非常简单。使用超级终端也要配置相应的连接。

建立一个超级终端的连接，需要为其配置如图 4.3 所示的参数，主要是串口号、通信速率和是否流控。每建立一个配置就可以保存下来。

图 4.3　超级终端配置界面

也可用第三方软件如 Putty，通常默认串口是 com1，也可能是 com2、com3 等，如图 4.4 和图 4.5 所示通过查看 Window 里的设备管理器来了解。波特率常用的有 115 200Bd，有的板子可能是 9600Bd。

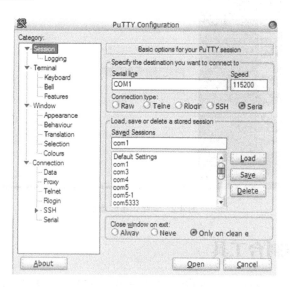

图 4.4　Putty 终端配置界面

图 4.5　Putty 终端串口配置界面

　　Linux 系统通常使用 minicom 串口通信工具。由于 minicom 不是图形窗口的工具，操作起来要麻烦一些。使用 minicom 串口终端之前，需要先配置参数。

　　Minicom 的配置界面是菜单方式。在 Shell 下执行"minicom –s"命令，出现如图 4.6 所示的配置菜单。注意 minicom 程序要访问串口设备，需要以 root 的权限操作。

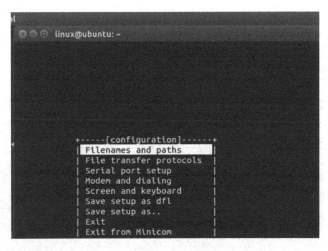

图 4.6　minicom 配置界面

　　在菜单中，可以先通过光标移动键选中菜单项，再按回车键进入子菜单项。

　　选择"Serial port setup"菜单项，根据目标板的串口通信参数设置。这些配置项都有快捷键（用大写字母显示），可以通过相应的按键选择进入子项。串口配置参数如图 4.7 所示。

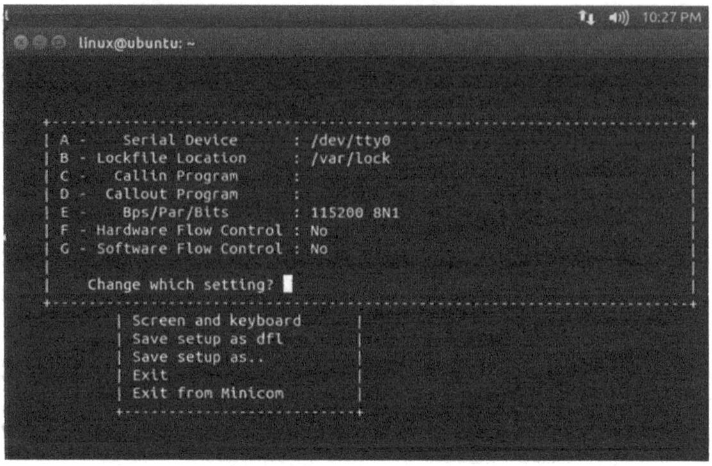

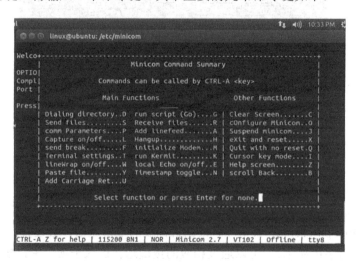

图 4.7　minicom 串口参数配置界面

按字母 A 键，可以进入并且修改要使用的串口设备，例如：/dev/ttyS0 是串口 1，/dev/ttyS1 是串口 2。修改完一项，按 Esc 键返回再选择其他配置项。通常串口通信速率和硬件流控也要进行设置，这些项在配置时提供可选的参数值。

参数设置完成后，按回车键返回如图 4.6 所示的主配置菜单。这时可以保存配置参数。移动光标选择"Save setup as dfl"菜单项，按回车键保存为默认设置。

最后移动光标选择"Exit from Minicom"选项退出。再启动 minicom 的时候，直接在 Shell 下执行 minicom 命令，就可以进入 minicom 控制台。当运行在 minicom 控制台下面时，通过组合键可以进入 minicom 主菜单，如图 4.8 所示。组合键的用法是：先按 Ctrl+A 组合键，再输入一个命令键。其中主要的几个命令键如下。

图 4.8　minicom 命令主菜单

- Z 键：显示所有的命令并进入命令主菜单。

- X 键：退出 minicom，会提示确认退出。
- Esc 键：退出命令主菜单，返回到控制台。

4.3.3 TFTP 服务

TFTP 协议是简单的文件传输协议，所以实现简单，使用方便，正好适合目标板 Bootloader 使用。但是文件传输是基于 UDP 的，文件传输（特别是大文件）是不可靠的。TFTP 服务在 Linux 系统上有客户端和服务器两个软件包。配置 TFTP 服务，必须先安装。

TFTP 服务也可以通过图形化的配置窗口来启动。当然操作过程需要 root 权限。默认情况下，把/tftpboot 目录作为输出文件的根目录。

另外，还可以手工修改 TFTP 配置文件，定制 TFTP 服务。通过命令行的方式启动 TFTP 服务。具体安装可参考后面实例 4.6.1 节中的"3.TFTP 服务的安装"。

4.3.4 NFS 服务

NFS 服务的主要任务是把本地的一个目录通过网络输出，其他计算机可以远程地挂接这个目录并且访问文件。

NFS 服务有自己的协议和端口号，但是在文件传输或者其他相关信息传递的时候，NFS 则使用远程过程调用（Remote Procedure Call，RPC）协议。

RPC 负责管理端口号的对应与服务相关的工作。NFS 本身的服务并没有提供文件传递的协议，它通过 RPC 的功能负责。因此，还需要系统启动 portmap 服务。

NFS 服务通过一系列工具来配置文件输出，配置文件是/etc/exports。配置文件的语法格式如下。

共享目录 主机名称 1 或 IP1(参数 1，参数 2) 主机名称 2 或 IP2(参数 3，参数 4)

- 共享目录：是主机上要向外输出的一个目录。
- 主机名称或者 IP：是允许按照指定权限访问这个共享目录的远程主机。
- 参数：定义各种访问权限。

exports 配置文件参数说明如表 4.2 所示。

表 4.2 exports 配置文件参数说明

参　　数	含　　义
rw	具有可擦写的权限
ro	具有只读的权限
no_root_squash	如果登录共享目录的使用者是 root 的话，那么他对于这个目录具有 root 的权限
root_squash	如果登录共享目录的使用者是 root 的话，那么他的权限将被限制为匿名使用者，通常他的 UID 与 GID 都会变成 nobody
all_squash	不论登录共享目录的使用者是什么身份，他的权限将被限制为匿名使用者

参　　数	含　　义
anonuid	前面关于*_squash 提到的匿名使用者的 UID 设定值，通常为 nobody。这里可以设定 UID 值，并且 UID 也必须/etc/passwd 中设置
anongid	与上面的 anonuid 类似，只是 GID 变成 group ID
sync	文件同步写入到内存和硬盘当中
async	文件会先暂存在内存，而不是直接写入硬盘

举例说明如下。

（1）/usr/local/arm/3.3.2/rootfs *(rw, no_root_squash)：表示输出 /usr/local/arm/3.3.2/rootfs 目录，并且所有的 IP 都可以访问。

（2）/home/public 192.168.0.*(rw)：表示输出/home/public 目录，只允许 192.168.0.* 网段的 IP 访问。

（3）/home/test 192.168.1.100(rw)：表示输出/home/test 目录，并且只允许 192.168.1.100 访问。

（4）/home/linux *.linux.org（rw, all_squash, anonuid=40, anongid=40）：表示输出 /home/linux 目录，并且允许*.linux.org 主机登录。在/home/linux 下面写文件时，文件的用户变成 UID 为 40 的使用者。

编辑修改好/etc/exports 这个配置文件，就可以启动服务 Portmap 和 NFS 服务了。常用系统启动脚本来启动服务。

```
$ /etc/rc.d/init.d/portmap start
$ /etc/rc.d/init.d/nfs start
```

也可以通过 service 命令来启动。

```
$ service nfs start
$ service portmap start
```

启动完成后，可以查看/var/log/messages，确认是否正确激活服务。

如果只修改了/etc/exports 文件，并不总是要重启 NFS 服务。用户可以使用 exportfs 工具重新读取/etc/exports，这样就可以加载输出的目录。

exportfs 工具的使用语法如下。

```
exportfs [-aruv]
```

- -a：全部挂载（或卸载）/etc/exports 的设置。
- -r：重新挂载/etc/exports 的设置，更新/etc/exports 和/var/lib/nfs/xtab 里面的内容。
- -u：卸载某一个目录。
- -v：在输出的时候，把共享目录显示出来。

在 NFS 服务已经启动的情况下，如果又修改了/etc/exports 文件，可以执行以下命令。

```
$ exportfs -ra
```

系统日志文件/var/lib/nfs/xtab 中可以查看共享目录访问权限，不过只有已经被挂接的目录才会出现在日志文件中。

远程计算机作为 NFS 客户端，可以简单通过 mount 命令挂接这个目录使用。例如：

```
$ mount -t nfs 192.168.1.1:/home/test /mnt
```

这条命令就是把 192.168.1.1 主机上的/home/test 目录作为 NFS 文件系统挂接到/mnt 目录下。如果系统每次启动的时候都要挂接，可以在 fstab 中添加相应一行配置。

如果希望NFS服务在每次系统引导时都要启动，可以通过 chkconfig 打开这个选项。

```
$ /sbin/chkconfig nfs on
```

 ## 启动目标板

4.4.1　系统引导过程

在各种体系结构平台上，多数内核映像都采用压缩格式（MIPS 平台例外，它的映像采用非压缩格式）。Linux 系统的一般启动过程通常划分为内核引导、内核启动和应用程序启动 3 个阶段，如图 4.9 所示。

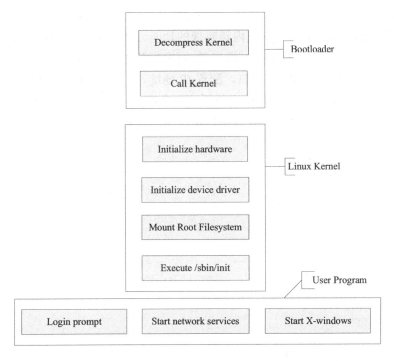

图 4.9　Linux 系统启动过程

第一阶段是目标板硬件初始化，解压内核映像，再跳转到内核映像入口。这部分的工作一般由目标板的引导程序和内核映像的自引导程序完成。不同体系结构的目标板引导的方式和程序都有差异。

　　第二阶段是内核的初始化，初始化设备驱动，挂接根文件系统。这里是 Linux 内核通用的启动函数入口。所有体系结构的目标板都顺序调用统一的函数，尽管有些函数的代码实现是跟体系结构相关的。

　　第三阶段是执行用户空间的 init 程序，完成系统初始化、启动相关服务和管理用户登录等工作。这个阶段可以提供给用户交互界面，例如：Shell 命令行或者图形化的窗口界面。用户也可以自动执行应用程序。

　　在 Linux 系统启动过程中，有两个关键点。一个是内核映像的解压启动，另一个是根文件系统的挂接。

4.4.2　内核解压启动

　　目标板处理器上电或者复位后，首先执行引导程序（Bootloader），初始化内存等硬件，然后把压缩的内核映像加载到内存中，最后跳转到内核映像入口执行。这样就把控制权完全交给内核映像了。

　　接下来内核映像继续执行，完成自解压或者重定位，然后跳转到解压后的内核代码入口。这部分主要是 Linux 内核的自引导程序，又叫做 Linux Bootloader，包含在内核源代码中。这部分引导代码相对简单，不可能替代目标板上的 Bootloader。

　　目标板的 Bootloader 具有加载内核映像的功能。在嵌入式 Linux 开发中，经常用到网络加载的方式，就是通过 TFTP 协议把内核映像加载到目标板内存。那么目标板的 Bootloader 还应该能够驱动网络接口，配置 IP 地址。不同的 Bootloader 还有一系列命令进行配置。对于 U-boot 的使用和代码分析请参考第 5 章。

　　这里以 ARM 开发板的 U-boot 为例说明网络加载启动内核映像。

```
U-Boot 2013.01 (Aug 24 2014 - 12:01:19) for FS4412
CPU: Exynos4412@1000MHz
Board: FS4412
DRAM:  1 GiB
WARNING: Caches not enabled
MMC:   MMC0: 3728 MB
In:    serial
Out:   serial
Err:   serial
MMC read: dev # 0, block # 48, count 16 ...16 blocks read: OK
eMMC CLOSE Success.!!
Checking Boot Mode ... EMMC4.41
Net:   dm9000
Hit any key to stop autoboot: 3  2  1  0

dm9000 i/o: 0x5000000, id: 0x90000a46
DM9000: running in 16 bit mode
```

```
    MAC: 11:22:33:44:55:66
    operating at 100M full duplex mode
    Using dm9000 device
    TFTP from server 192.168.9.120; our IP address is 192.168.9.9  //对应 bootcmd 的 tftp
0x41000000 uImage
    Filename 'uImage'.
    Load address: 0x41000000
    Loading: *##################################################################
        ###########################################################
        ###########################################################
        ###########################################################
        #######
        69.3 KiB/s
    done
    Bytes transferred = 3028040 (2e3448 hex)
    dm9000 i/o: 0x5000000, id: 0x90000a46
    DM9000: running in 16 bit mode
    MAC: 11:22:33:44:55:66
    operating at 100M full duplex mode
    Using dm9000 device
    TFTP from server 192.168.9.120; our IP address is 192.168.9.9  //对应 bootcmd 的 tftp
42000000 exynos4412-fs4412.dtb
    Filename 'exynos4412-fs4412.dtb'.
    Load address: 0x42000000
    Loading: *#######
        393.6 KiB/s
    done
    Bytes transferred = 33876 (8454 hex)
    Booting kernel from Legacy Image at 41000000 ...
    Image Name:   Linux-3.14.0
    Image Type:   ARM Linux Kernel Image (uncompressed)
    Data Size:    3027976 Bytes = 2.9 MiB
    Load Address: 40008000
    Entry Point:  40008000
    Verifying Checksum ... OK
    Flattened Device Tree blob at 42000000
    Booting using the fdt blob at 0x42000000
    Loading Kernel Image ... OK
    Loading Device Tree to 4fff4000, end 4ffff453 ... OK


Starting kernel ... ……
        Linux version 3.14.0 (david@ubuntu) (gcc version 4.6.4 (crosstool-NG
hg+default-2685dfa9de14 - tc0002) ) #23 SMP PREEMPT Fri Aug 15 11:30:16 CST 2014

        CPU: ARMv7 Processor [413fc090] revision 0 (ARMv7), cr=10c5387d

        CPU: PIPT / VIPT nonaliasing data cache, VIPT aliasing instruction cache

        Machine model: Insignal Origen evaluation board based on Exynos4412

        Memory policy: Data cache writealloc

        CPU EXYNOS4412 (id 0xe4412011)
```

```
Running under secure firmware.

PERCPU: Embedded 7 pages/cpu @eefb6000 s7424 r8192 d13056 u32768

Built 1 zonelists in Zone order, mobility grouping on.  Total pages: 256528

Kernel command line: root=/dev/nfs nfsroot=192.168.9.120:/nfs/rootfs rw
console=ttySAC2,115200 init=/linuxrc ip=192.168.9.9
............
          dm9000 5000000.ethernet eth0: link up, 100Mbps, full-duplex, lpa 0x45E1

IP-Config: Guessing netmask 255.255.255.0

IP-Config: Complete:

        device=eth0,        hwaddr=00:0a:2d:a6:55:a2,        ipaddr=192.168.9.9,
mask=255.255.255.0, gw=255.255.255.255

        host=192.168.9.9, domain=, nis-domain=(none)

        bootserver=255.255.255.255, rootserver=192.168.9.120, rootpath=

clk: Not disabling unused clocks

VFS: Mounted root (nfs filesystem) on device 0:10.

devtmpfs: mounted

Freeing unused kernel memory: 228K (c0530000 - c0569000)
```

这样内核就在目标板上启动起来了。

4.4.3 挂接根文件系统

因为文件和应用程序都要存储在文件系统中，所以 Linux 离不开文件系统。在内核
启动到最后，必须挂接一个根文件系统。从文件系统的目录下找到 init 程序，启动 init
进程。

在交叉开发环境中，通常采用 NFS 文件系统。在内核启动过程可以挂接 NFS 根文
件系统。这种方式将极大地方便嵌入式 Linux 交叉开发，在第 4.5 节可以很好地体会到
这一点。

要使目标板挂接 NFS 根文件系统，需要做两方面的工作。一方面是在主机端配置相
应的网络服务；另一个方面就是配置目标板的内核选项。

这里看一看还需要配置哪些内核选项。

Linux 内核要挂接 NFS 根文件系统，必须具备以下条件。

（1）以太网接口驱动正常。

这需要配置相应的网络驱动程序。10/100M 以太网接口的驱动一般在菜单项

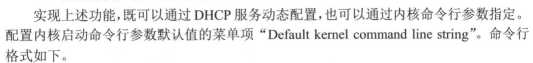

"Network device support"下。

（2）配置内核启动命令行参数。

实现上述功能,既可以通过 DHCP 服务动态配置,也可以通过内核命令行参数指定。配置内核启动命令行参数默认值的菜单项"Default kernel command line string"。命令行格式如下。

```
root=/dev/nfs rw nfsroot=<nfs_server>:<root_path> ip=<target_ip>
```

- <target_ip>：为目标板指定的 IP 地址。
- <nfs_server>：指定 NFS 服务器的 IP
- <root_path>：要挂接的 NFS 服务器的目录
- root=/dev/nfs：指定要挂接 NFS 根文件系统
- rw：表示按照可读/写属性挂接。

（3）配置内核挂接 NFS 根文件系统。

要使内核挂接 NFS 根文件系统,首先要支持网络协议配置选项,再选择 NFS 文件系统的支持,然后选择 NFS 为根文件系统。

配置编译完内核,下载到目标板上启动。注意要先把开发主机端的服务启动起来。网络根文件系统挂接成功以后,目标板就可以登录到 Shell,如下所示 ,执行应用程序了。这样,交叉开发环境就建立起来了。

```
[root@farsight ]# ls
dev     lib      mnt       root    sys     usr
bin     etc      linuxrc   proc    sbin    tmp     var
```

4.5 应用程序的远程交叉调试

4.5.1 交叉调试的模型

Linux 下 GCC 编译的程序都是采用 GDB 调试的。对于本地调试,要调试的程序和 GDB 运行在同一台主机上。如果目标板没有 GDB 的调试程序,或者没有 GDB 前端的图形化调试界面,像以前那样本地调试就不大可能。对于本地调试,交叉调试的 GDB 运行在开发主机上,而应用程序运行在目标板上。

在目标板上,通过 gdbserver 控制要调试的程序执行,同时与主机的 GDB 远程通信,可以实现交叉调试的功能。这样,GDB 交叉调试运行在主机端,应用程序运行在目标板端。交叉调试模型如图 4.10 所示。

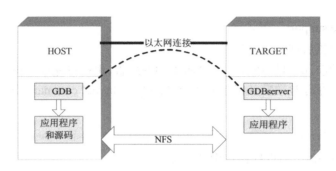

图 4.10　交叉调试模型

4.5.2　交叉调试程序实例

下面通过一个简单的例子，来说明交叉调试的过程。

1．交叉编译

在开发主机上编辑一个 C 程序，再交叉编译，然后在目标板上执行。

（1）在主机上编辑 hello.c 程序。

```
# include <stdio.h>
main(int argc, char **argv)
{
    int i;
    for ( i=0; i<3; i++)
    {
            printf("Hello i=%d\n", i);
    }
    return 0;
}
```

（2）交叉编译。

```
$ arm-none-linux-gnueabi-gcc -o hello hello.c
注:
    arm-none-linux-gnueabi-gcc 表示的是安装的交叉编译工具链的 gcc ，名字视用户安装的情况而
定。
```

（3）把可执行程序复制到 NFS 输出的目录下。

```
$ cp hello /nfs/rootfs
```

（4）这时在目标板端也可以访问到同样的程序，执行程序。

```
# ./hello
hello i=1
hello i=2
hello i=3
```

这是一个简单的程序。如果工程包含多个文件，最好使用 Makefile 来管理编译。

2. 交叉调试

接下来，还用这个程序，说明交叉调试应用程序过程。交叉调试需要目标板文件系统中必须有 gdbserver 工具。gdbserver 负责与远程的 GDB 远程通信并且控制本地的应用程序执行。

（1）编译程序的时候，需要添加-g 编译选项，使程序包含调试信息。

```
$ arm-none-linux-gnueabi-gcc -g -o hello hello.c
```

在主机上要调试的程序必须是带调试信息可执行程序；在目标板上执行的程序则可以使用一个精简过的可执行程序。

（2）在目标板上，启动 gdbserver，控制程序执行。

```
# gdbserver <host>:2345 hello
```

- <host>：表示主机名称或者 IP 地址。
- 2345：是网络端口号，服务器在这个端口上等待客户端的连接，这个值可以是任何目标板上可用的端口号。
- hello：表示调试程序名，还可以添加程序运行的参数。

控制台输出类似下面的显示。

```
Process hello created; pid = 38
```

（3）在主机端，启动 DDD 和 GDB 调试程序。

```
$ ddd --debugger arm-none-linux-gnueabi-gdb hello
```

（4）在 DDD 下窗口的 GDB 控制台下，建立连接。

```
(gdb)target remote <target>:2345
```

- <target>：表示目标板 IP 地址。
- 2345：表示端口号，对应 gdbserver 启动时使用的端口号。

连接成功，就可以使用 GDB 的命令调试了。

```
Remote debugging using 192.168.1.1:2345
```

（5）设置断点，执行到断点。

在 main 函数设置断点。单击工具条上的 cont 执行到断点。按照下列命令行的方式同样可以进行调试。

```
(gdb)b main
(gdb)c
```

继续执行到断点，然后就可以单步执行或者设置更多断点调试了。

4.6 实例：FS4412 嵌入式开发环境搭建

搭建环境时，初学者常常不知如何下手。其实环境搭建相对比较简单，多借助网络搜索。例如**搜索关键字** "ubuntu 嵌入式 开发环境 搭建" "嵌入式 开发环境 笔记" "嵌入式开发环境 搭建 日志" "嵌入式 tftp 服务 安装" "ubuntu NFS 服务 安装"等。 按照搜索到的资料，照着尝试搭建环境，多尝试几次即可。

嵌入式交叉开发环境如图 4.11 所示，由三部分组成，即开发主机、目标机和连接介质。因目标机（即开发板）资源有限，我们是开发主机（计算机）上编译源码，然后通过连接介质（如网线）下载编译后的文件（如 u-boot.bin）到板子上运行。因我们是在**开发主机上**（计算机 x86 平台）**编译**，而在**目标机**（开发板 ARM 平台）**上运行**，故叫做交叉编译开发环境。

- 开发主机（Host）
- 目标机（Target）
- 连接介质

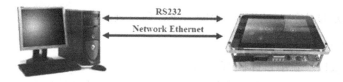

图 4.11 嵌入式 Linux 交叉开发环境硬件基本组成

4.6.1 开发主机安装

1．Linux 系统的安装

开发中我们常常先在开发主机上安装虚拟机 vmware（一般用 10.04 版本以上），再在 vmware 里安装 Linux 系统（如 Ubuntu_14.04_64），这样方便 Window 系统和 Linux 的切换。具体安装见相应的使用手册。

2．交叉编译工具的安装

交叉编译工具安装好后，才能通过 arm-none-linux-gnueabi-gcc main.c 方式去编译应用程序，放在 arm 芯片的开发板上运行。后面的章节中会介绍编译 U-Boot 和内核等。

（1）解压交叉编译工具。

```
$ tar xvf gcc-4.6.4.tar.xz
```

注：gcc-4.6.4.tar.xz 是交叉编译工具链，在我们提供的 SDK 包中，可能不同的版本，名字有所不同。

（2）把交叉编译工具链路径添加到环境变量 PATH 中。

```
$ cd gcc-4.6.4/bin/
$ pwd
 /home/linux/gcc-4.6.4/bin/
$ export PATH=XXX:$PATH
```

注：

XXX 是指交叉编译工具链路径要根据具体位置来改变，替换后命令应是

```
$ export PATH=/home/linux/gcc-4.6.4/bin/:$PATH
(3) 测试交叉编译工具是否可用。
$ cd ~
$ arm-n 后按 Tab 键补全，如果能补全为 arm-none-linux-gnueabi- 表示成功
(4) 添加前面 export 命令到启动脚本中。
```

因前面手动运行的 export 命令，只是当前有效，如果重启了系统，需要重新运行该命令.为避免重复设置，这里把该命令追加到启动脚本的末尾，让系统每次启动都会自动运行。

```
$ vim ~/.bashrc
```

打开该脚本后，把 export PATH=/home/linux/gcc-4.6.4/bin/:$PATH 追加在最后一行。

```
$ source ~/.bashrc
```

运行该脚本或重启系统生效。

3．TFTP 服务的安装

（1）检查是否安装 tftp server

```
$ sudo dpkg  -s  tftpd-hpa
如果已安装会显示：
    Status: install ok installed
```

（2）如果未安装，则安装 tftp-server

```
$ sudo apt-get  install  tftpd-hpa
```

（3）修改 tftp 服务器配置文件

```
$ sudo vi  /etc/default/tftpd-hpa
修改内容为
    TFTP_USERNAME="tftp"
    TFTP_DIRECTORY="/tftpboot"
    TFTP_ADDRESS="0.0.0.0:69"
    TFTP_OPTIONS="-c  -s  -l"
$ mkdir  /tftpboot
$ sudo chmod  a+w  /tftpboot
```

注:

TFTP_DIRECTORY=/tftpboot 表示指定待传输文件的存放目录为/tftpboot。如果想通过 tftp 服务传输某文件,需要把文件放在该目录下。

(4)重启 TPTF 服务,使得修改的配置生效。

```
$ sudo service  tftpd-hpa  restart
```

(5)自环测试 TFTP 服务是否安装成功。

```
$ cd /tftpboot
$ vi test  在里面添加一些字符后,保存退出
$ cd /tmp
$ tftp 127.0.0.1
$ tftp> get test
$ tftp> q
$ cat  test  如果看到test里字符和前面输入字符一致,表示该TFTP服务是OK的
```

4. NFS 服务安装

(1)检查 NFS 服务是否安装,没有则安装。

```
$ service nfs-kernel-server
```

如果显示下面信息,则表示已有 NFS 服务,不需要再安装了。

```
Usage: nfs-kernel-server {start|stop|status|reload|force-reload|restart}
```

如果没有,则需安装。

```
$ sudo apt-get install nfs-kernel-server
```

(2)修改 NFS 服务的配置文件,指定共享目录位置。

```
$ sudo vi /etc/exports
```

在末尾追加

```
/nfs/rootfs *(rw,sync,no_root_squash)
```

其中,/nfs/rootfs 就是共享目录位置。

```
$ sudo mkdir /nfs
$ sudo chmod 777 /nfs
```

(3)重启 NFS 服务,使得配置文件的修改生效。

```
$ sudo /etc/init.d/nfs-kernel-server restart
```

(4)解压根文件系统内容到共享目录。

```
$ cp  rootfs.tar.xz  /nfs
```

其中,rootfs.tar.xz 是已制作好的根文件系统。

```
$ tar -xvf  rootfs.tar.xz
$ sudo chmod 777 rootfs
```

(5)自环测试 NFS 服务是否安装成功。

```
$ sudo mount -t nfs localhost:/nfs/rootfs/  /mnt/
$ ls /mnt/
```

如果其中的内容和/nfs/rootfs 中一致，则表示有挂载成功。

如显示下面内容，则表示成功。

```
   bin dev etc lib linuxrc mnt proc root sbin sys tmp usr var
$ sudo umount /mnt    取消挂载
```

5．USB 转串口驱动的安装

（1）双击"案例源码\第一天\驱动程序\ CH341SER.EXE"，弹出如图 4.12 所示的窗口，单击"安装"按钮即可安装 CH341 的 USB 转串口驱动程序。

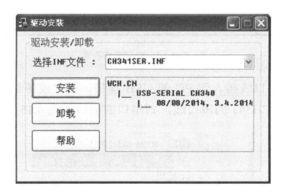

图 4.12　驱动电装界面

（2）双击"案例源码\第一天\驱动程序\ PL2303_Prolific_DriverInstaller_v1.12.0.exe"，弹出如图 4.13 所示的窗口，单击"下一步"按钮，即可安装 PL2303 的 USB 转串口驱动程序，如下图 4.14 所示。

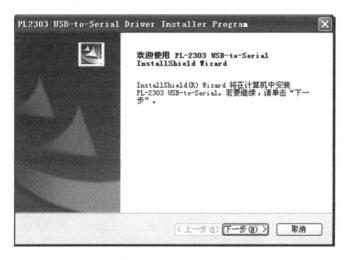

图 4.13　电装 USB 转串口驱动程序

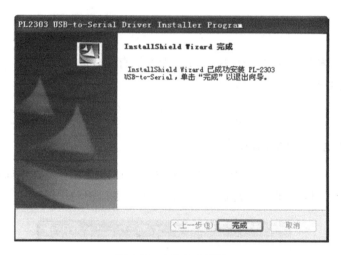

图 4.14　电装完成界面

（3）将 USB 转串口线插入到 PC 的 USB 接口，在"设备管理器"中会看到相应的
串口端口号。如果是 CH341 的串口线，则串口的端口如图 4.15 所示。

图 4.15　显示串口的端口 SH314

如果是 PL2303 的串口线，则串口的端口如图 4.16 所示。

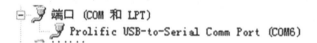

图 4.16　显示 PL2303 串口的端口

具体的串口号根据系统和接入的 USB 接口而定。

6．串口终端工具的安装

（1）将"案例源码\第一天\工具软件\ putty.exe"复制到桌面，或复制至任一文件夹，
然后发送快捷方式到桌面。

（2）双击桌面上的 putty.exe 图标，弹出如图 4.17 所示的对话框。

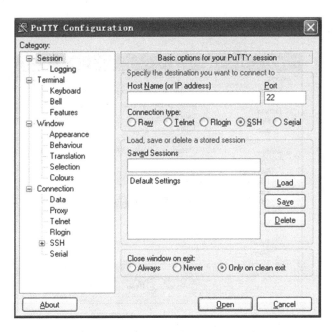

图 4.17　PUTTY Configuration 对话框

（3）单击左侧的 Serial 列表选项，按图 4.18 进行设置，注意串口号按照在"设备管理器"中查看的设定。

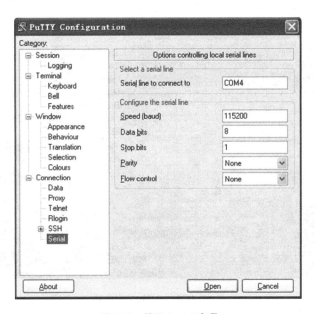

图 4.18　设置 Serial 选项

（4）单击左侧的 Session 列表选项，按图 4.19 进行设置。注意"Saved Sessions"文本框中的名字是该会话的名字，可随意指定。然后单击 Save 按钮保存该会话设置。最后

入式 Linux 系统开发教程

单击 Open 按钮，打开该会话。

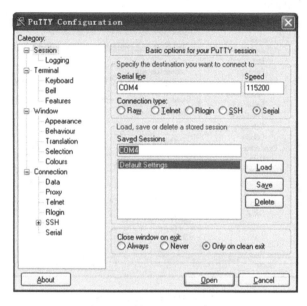

图 4.19　设置 Session 选项

（5）将 USB 转串口线接至 FS4412 开发板的 CON7 DB9 串口插座上，设置好启动方式。按照如下拨码为 eMMC 启动，如图 4.20 所示。

图 4.20　eMMc 启动方式

按照如图 4.21 拨码，则为 SD 卡启动。

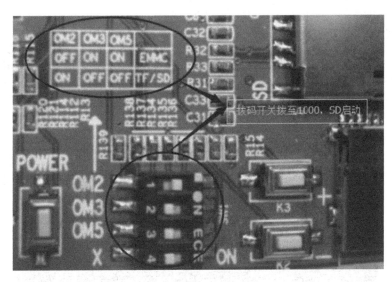

图 4.21　SD 卡启动方式

（6）将开发板接上电源，可看到串口信息。

7. SD 启动盘制作

（1）将"案例源码\第一天\程序源码\sdtool"整个文件夹复制到 Ubuntu 虚拟机中的一个目录中。

注：sdtool 工具是通过脚本的方式把镜像 u-boot.bin 同 bl1、bl2 合并生成最终的镜像文件 u-boot-fs4412.bin 烧写到 SD 卡中。

（2）在 Ubuntu 中打开一个终端，并进入到 sdtool 目录。

```
$ cd sdtool/
```

（3）将 SD 卡插入 USB 读卡器中，将读卡器插入 PC，使用前面的方法将 SD 卡连接到虚拟机中。

（4）在终端中执行下面的命令烧写 SD 卡

```
$ sudo ./sdtool.sh fuse /dev/sdb u-boot-fs4412.bin
----------------------------------------
U-Boot fusing
766+1 records in
766+1 records out
392244 bytes (392 kB) copied, 4.70365 s, 83.4 kB/s
----------------------------------------
Image is fused successfully.
Eject SD card and insert it again.
```

上面的/dev/sdb 是 SD 卡设备，用户要根据自己的实际情况决定，最好不要连接 U 盘等其他 USB 外设，否则可能会将镜像烧写在 U 盘上！

（5）将制作好的启动 SD 卡插入 FS4412 开发板的 SD 卡插槽中，选择从 SD 卡启动。然后开发板上电，看到如图 4.22 所示的信息说明成功。倒计时到零前，按任意键可停在

U-Boot 阶段。

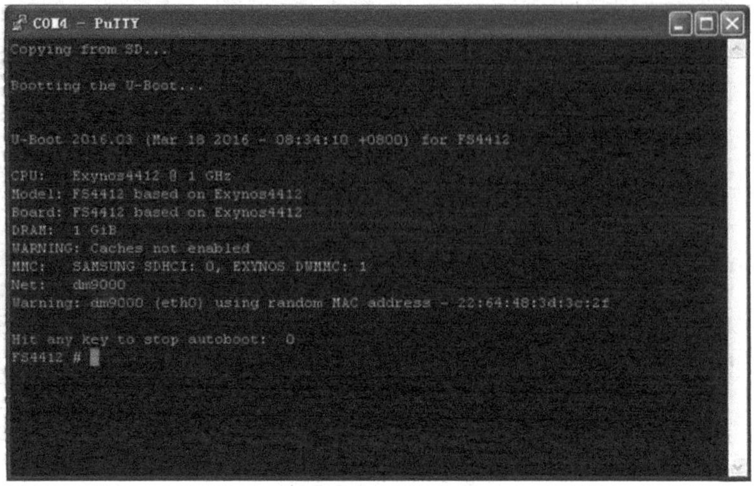

图 4.22　显示成功的信息界面

4.6.2　联调测试

1. 板子能 ping 通虚拟机

前面开发主机安装好后,可用交叉编译工具编译程序生成的二进制文件,然后通过网线传输到目标机(板子)上运行。这时需要测试开发主机和目标机间网线是联通好的。这里我们通过 ping 命令进行测试。

测试之前要保证网线有插好,且虚拟机、计算机和板子在同一网段但 IP 不一样。例如:

（1）将虚拟机里 Linux 系统的 IP 地址设为 192.168.9.120,如图 4.23 所示。

图 4.23　ubuntu 网络设置

（2）将计算机网卡的 IP 地址设为 192.168.9.222，如图 4.24 所示。

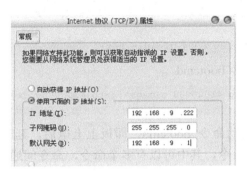

图 4.24　设置 IP 地址

（3）将板子网卡的 IP 地址设为 192.168.9.9。

启动板子，快速按任意键停在 boot 处，设置 U-Boot 的环境变量。

```
# setenv serverip 192.168.9.120
```

注：它需与 TFTP 服务所在的虚拟机里 Linux 系统 ubuntu 的 IP 要一致

```
# setenv ipaddr 192.168.9.9
# setenv gatewayip  192.168.9.1
# setenv netmask  255.255.255.0
# saveenv  报错环境变量
# pri 后显示下面环境变量显示设置成功
    FS4412 # pri
    gatewayip=192.168.9.1
    ipaddr=192.168.9.9
    netmask=255.255.255.0
    serverip=192.168.9.120
```

（4）ping 命令测试网络是否联通。

```
    # ping 192.168.9.120    注：u-boot 阶段,板子能 ping 计算机,但计算机不能 ping 板子
host 192.168.9.120 is alive    显示 is alive 表示通信 OK ,失败会显示 not alive
```

2. 板子自动通过 TFTP 加载内核运行

网络 ping 通后，接下来要通过 TFTP 服务下载文件到板子上的内存中运行。首先将内核镜像复制到/tftpboot 目录下。

（1）输入下面命令，验证 tftp 是否成功。

```
 # tftp uImage
```

如果显示下面信息，则表示 tftp 成功。

```
FS4412 # tftp uImage
Using dm9000 device
TFTP from server 192.168.9.120; our IP address is 192.168.9.9
Filename 'uImage'.
Load address: 0x43e00000
Loading: #################################################################
```

```
######################################################################
######
529.3 KiB/s
done
Bytes transferred = 3020904 (2e1868 hex)
```

（2）设置自启动命令 bootcmd。

```
#setenv bootcmd tftp 41000000 uImage\;tftp 42000000 exynos4412-fs4412.dtb\;bootm
41000000 - 42000000
```

上面命令设置自启动命令 bootcmd，即板上上电后，延时倒数到 0 后会制动运行 bootcmd 环境变量里的命令，其中可以有多个命令，命令间通过 \; 进行分割。这里有 3 个命令

```
tftp 41000000 uImage\;
```

表示通过 tftp 从虚拟机/tftpboot 目录下下载内核 uImage 到板子的内存 41000000 处。

```
tftp 42000000 exynos4412-fs4412.dtb
```

表示通过 tftp 下载设备树文件 exynos4412-fs4412.dtb 到板子的内存 42000000 处

```
bootm 41000000 - 42000000
```

表示运行内核（41000000 处放的是内核 uImage, 42000000 处放的是设备树文件）

这样通过 bootcmd 的设置，实现了自动下载内核 uImage 运行。

3. 板子能通过 NFS 服务挂载 rootfs 成功

运行内核后，要挂载根文件系统 rootfs 后，才能运行应用程序。这里我们通过 NFS 服务远程挂载 rootfs。通过 NFS 服务挂载的好处是，用户可以在远程 rootfs 目录下改某个文件，板子上会同步变化，开发会比较方便。

（1）设置启动参数 bootargs。

u-boot 在启动内核时，通过启动参数 bootargs 传一些信息给内核 uImage .其中主要是告诉内核通过什么方式去挂载 rootf。后面的章节中还会详细讲述。

```
#    setenv    bootargs    root=/dev/nfs    nfsroot=192.168.9.120:/nfs/rootfs    rw
console=ttySAC2,115200 init=/linuxrc ip=192.168.9.9
```

其中 root=/dev/nfs 指定采用的 rootfs 类型是 nfs 方式。

```
nfsroot=192.168.9.120:/nfs/rootfs 必须要和前面开发主机安装中 nfs 服务配置信息的路径一致。
#   saveenv   保存环境变量
```

（2）重启板子挂载 nfs rootfs。

能看到下面信息表示成功

```
[root@farsight ]# ls
etc    linuxrc  proc    sbin    tmp    var
bin    dev      lib     mnt     root   sys     usr
```

在里面创建文件，计算机的/nfs/rootfs 上同步变化，反之亦然。

4.7 习题

1. 交叉编译的原因是（ ）。

A. 不同编译和运行的 CPU 不一样

B. 嵌入式产品性能不够

C. 编译和运行分开，利用嵌入式产品定制，提升性价比

2. 交叉编译环境的必要组成包括（ ）。

A. 目标机 TARGET

B. 主机 HOST

C. 主机和目标机间连接线

D. 虚拟机

3. NFS 文件系统的好处是（ ）。

A. HOST 端改变数据，TARGET 端自动同步变化

B. 可在 HOST 端和 TARGET 端间传输文件夹

C. 不用频繁擦写 Flash

4. 板子不能 ping 通虚拟机可能原因是（ ）。

A. 内核有问题

B. 接触不良或网线有问题

C. 板子和电脑的 IP 设置不在同一网段

D. 防火墙未关闭

5. 挂载 rootfs 失败的可能原因是（ ）。

A. Bootloader 启动参数 bootargs 和自启动命令 bootcmd 设置错误

B. 内核与 Bootloader 不匹配

C. 根文件系统内容不完整

D. 网络有问题

E. 应用程序有问题

本章介绍 Bootloader 的概念、调试和使用，重点讲解
U-Boot 的移植。通过对本章的学习，读者能充分理解
Bootloader 的工作原理，学会 U-Boot 的使用和移植。

本章目标

- ❑　Bootloader 简介
- ❑　U-Boot 简介
- ❑　U-Boot 分析
- ❑　U-Boot 移植

第5章
Bootloader

5.1 Bootloader 简介

对于计算机系统来说，从开机上电到操作系统启动需要一个引导过程。嵌入式 Linux 系统同样离不开引导程序，这个引导程序就叫做 Bootloader。

5.1.1 Bootloader 介绍

Bootloader 是在操作系统运行之前执行的一段小程序。通过这段小程序，用户可以初始化硬件设备、建立内存空间的映射表，从而建立适当的系统软硬件环境，为最终调用操作系统内核做好准备。

对于嵌入式系统，Bootloader 是基于特定硬件平台来实现的。因此，几乎不可能为所有的嵌入式系统建立一个通用的 Bootloader，不同的处理器架构都有不同的 Bootloader。Bootloader 不但依赖于 CPU 的体系结构，而且依赖于嵌入式系统板级设备的配置。对于两块不同的嵌入式板而言，即使它们使用同一种处理器，要想让运行在一块板子上的 Bootloader 程序也能运行在另一块板子上，一般也需要修改 Bootloader 的源程序。

反过来，大部分 Bootloader 仍然具有很多共性，某些 Bootloader 也能够支持多种体系结构的嵌入式系统。例如，U-Boot 就同时支持 PowerPC、ARM、MIPS 和 x86 等体系结构，支持的板子有上百种。通常，它们都能够自动从存储介质上启动，都能够引导操作系统启动，并且大部分都可以支持串口和以太网接口。

下面将对各种 Bootloader 进行总结分类，分析它们的共同特点。以 U-Boot 为例，详细讲解 Bootloader 的设计与实现。

5.1.2 Bootloader 的启动

Linux 系统是通过 Bootloader 引导启动的。一上电，就要执行 Bootloader 来初始化系统。可以通过第 4 章的 Linux 启动过程框图回顾一下。

系统加电或复位后，所有 CPU 都会从某个地址开始执行，这是由处理器设计决定的。比如，x86 的复位向量在高地址端，ARM 处理器在复位时从地址 0x00000000 取第一条指令。嵌入式系统的开发板都要把板上 ROM 或 Flash 映射到这个地址。因此，必须把 Bootloader 程序存储在相应的 Flash 位置。系统加电后，CPU 将首先执行它。

主机和目标机之间一般有串口可以连接，Bootloader 程序通常会通过串口来输入或输出。例如：输出出错或者执行结果信息到串口终端，从串口终端读取用户控制命令等。

Bootloader 启动过程通常是多阶段的，这样既能提供复杂的功能，又有很好的可移植性。例如：从 Flash 启动的 Bootloader 多数是两阶段的启动过程。从后面 U-Boot 的内容可以详细分析这个特性。

大多数 Bootloader 都包含两种不同的操作模式：本地加载模式和远程下载模式。这两种操作模式的区别仅对于开发人员才有意义，也就是不同启动方式的使用。从最终用户的角度来看，Bootloader 的作用就是用来加载操作系统，而并不存在所谓的本地加载模式与远程下载模式的区别。

因为 Bootloader 的主要功能是引导操作系统启动，所以我们详细讲解一下各种启动方式的特点。

1. 网络启动方式

这种方式开发板不需要配置较大的存储介质，跟无盘工作站有点类似。但是使用这种启动方式之前，需要把 Bootloader 安装到板上的 EPROM 或者 Flash 中。Bootloader 通过以太网接口远程下载 Linux 内核映像或者文件系统。第 4 章介绍的交叉开发环境就是以网络启动方式建立的。这种方式对于嵌入式系统开发来说非常重要。

使用这种方式也有前提条件，就是目标板有串口、以太网接口或者其他连接方式。串口一般可以作为控制台，同时可以用来下载内核影像和 RAMDISK 文件系统。串口通信传输速率过低，不适合用来挂接 NFS 文件系统。所以以太网接口成为通用的互联设备，一般的开发板都可以配置 10Mbit/s 以太网接口。

对于 PDA 等手持设备来说，以太网的 RJ-45 接口显得大了些，而 USB 接口，特别是 USB 的迷你接口，尺寸非常小。对于开发的嵌入式系统，可以把 USB 接口虚拟成以太网接口来通信。这种方式在开发主机和开发板两端都需要驱动程序。

另外，还要在服务器上配置启动相关网络服务。Bootloader 下载文件一般都使用 TFTP 网络协议，还可以通过 DHCP 的方式动态配置 IP 地址。

DHCP/BOOTP 服务为 Bootloader 分配 IP 地址，配置网络参数，然后才能够支持网络传输功能。如果 Bootloader 可以直接设置网络参数，就可以不使用 DHCP。

TFTP 服务为 Bootloader 客户端提供文件下载功能，把内核映像和其他文件放在 /tftpboot 目录下。这样 Bootloader 可以通过简单的 TFTP 协议远程下载内核映像到内存，如图 5.1 所示。

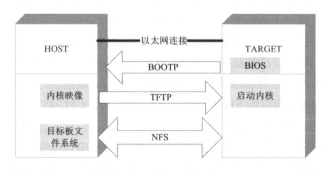

图 5.1　网络启动示意图

大部分引导程序都能够支持网络启动方式。例如：BIOS 的 PXE（Preboot Execution Environment）功能就是网络启动方式；U-Boot 也支持网络启动功能。

2. 磁盘启动方式

传统的 Linux 系统运行在台式机或者服务器上，这些计算机一般都使用 BIOS 引导，并且使用磁盘作为存储介质。如果进入 BIOS 设置菜单，可以探测处理器、内存、硬盘等设备，可以设置 BIOS 从软盘、光盘或者某块硬盘启动。也就是说，BIOS 并不直接引导操作系统。那么在硬盘的主引导区，还需要一个 Bootloader。这个 Bootloader 可以从磁盘文件系统中把操作系统引导起来。

Linux 传统上是通过 LILO(LInux LOader)引导的，后来又出现了 GNU 的软件 GRUB（GRand Unified Bootloader）。这两种 Bootloader 广泛应用在 x86 的 Linux 系统上。你的开发主机可能就使用了其中一种，熟悉它们有助于配置多种系统引导功能。

LILO 软件工程是由 Werner Almesberger 创建，专门为引导 Linux 开发的。现在 LILO 的维护者是 John Coffman，最新版本下载站点为 http://lilo.go.dyndns.org。LILO 有详细的文档，例如，LILO 套件中附带使用手册和参考手册。此外，还可以在 LDP 的 "LILO mini-HOWTO" 中找到 LILO 的使用指南。

GRUB 是 GNU 计划的主要 Bootloader。GRUB 最初是由 Erich Boleyn 为 GNU Mach 操作系统撰写的引导程序。后来有 Gordon Matzigkeit 和 Okuji Yoshinori 接替 Erich 的工作，继续维护和开发 GRUB。GRUB 的网站 http://www.gnu.org/software/grub/上有对套件使用的说明文件，叫做 GRUB manual。GRUB 能够使用 TFTP 和 BOOTP 或者 DHCP 通过网络启动，这种功能对于系统开发过程很有用。

除了传统的 Linux 系统上的引导程序以外，还有其他一些引导程序，也可以支持磁盘引导启动。例如：LoadLin 可以从 DOS 下启动 Linux；还有 ROLO、LinuxBIOS，U-Boot 也支持这种功能。

3. Flash 启动方式

大多数嵌入式系统上都使用 Flash 存储介质。Flash 有很多类型，包括 NOR Flash、NAND Flash 和其他半导体盘。其中，NOR Flash（也就是线性 Flash）使用最为普遍。

NOR Flash 可以支持随机访问，所以代码是可以直接在 Flash 上执行的。Bootloader 一般是存储在 Flash 芯片上的。另外，Linux 内核映像和 RAMDISK 也可以存储在 Flash 上。通常需要把 Flash 分区使用，每个区的大小应该是 Flash 擦除块大小的整数倍。图 5.2 是 Bootloader 和内核映像以及文件系统的分区表。

图 5.2　Flash 存储示意图

Bootloader 一般放在 Flash 的底端或者顶端，这要根据处理器的复位向量设置。要使 Bootloader 的入口位于处理器上电执行第一条指令的位置。

接下来分配参数区，这里可以作为 Bootloader 的参数保存区域。

然后内核映像区。Bootloader 引导 Linux 内核，就是要从这个地方把内核映像解压到 RAM 中去，然后跳转到内核映像入口执行。

然后是文件系统区。如果使用 Ramdisk 文件系统，则需要 Bootloader 把它解压到 RAM 中。如果使用 JFFS2 文件系统，将直接挂接为根文件系统。

最后还可以分出一些数据区，这要根据实际需要和 Flash 大小来考虑了。

这些分区是开发者定义的，Bootloader 一般直接读写对应的偏移地址。到了 Linux 内核空间，可以配置成 MTD 设备来访问 Flash 分区。但是，有的 Bootloader 也支持分区的功能，例如：Redboot 可以创建 Flash 分区表，并且内核 MTD 驱动可以解析出 redboot 的分区表。

除了 NOR Flash，还有 NAND Flash、Compact Flash、DiskOnChip 等。这些 Flash 具有芯片价格低、存储容量大的特点。但是这些芯片一般通过专用控制器的 I/O 方式来访问，不能随机访问，因此引导方式跟 NOR Flash 也不同。在这些芯片上，需要配置专用的引导程序。通常，这种引导程序起始的一段代码就把整个引导程序复制到 RAM 中运行，从而实现自举启动，这跟从磁盘上启动有些相似。

5.1.3　Bootloader 的种类

嵌入式系统世界已经有各种各样的 Bootloader，种类划分也有多种方式。除了按照处理器体系结构不同划分以外，还有功能复杂程度的不同。

首先区分一下"Bootloader"和"Monitor"的概念。严格来说，"Bootloader"只是引导设备并且执行主程序的固件；而"Monitor"还提供了更多的命令行接口，可以进行调试、读写内存、烧写 Flash、配置环境变量等。"Monitor"在嵌入式系统开发过程中可以提供很好的调试功能，开发完成以后，就完全设置成了一个"Bootloader"。所以，习惯上大家把它们统称为 Bootloader。

表 5.1 列出了 Linux 的开放源码引导程序及其支持的体系结构。表中给出了 x86、

ARM 和 PowerPC 体系结构的常用引导程序，并且注明了每一种引导程序是不是"Monitor"。

表 5.1　开放源码的 Linux 引导程序

Bootloader	Monitor	描　　述	x86	ARM	PowerPC
LILO	否	Linux 磁盘引导程序	是	否	否
GRUB	否	GNU 的 LILO 替代程序	是	否	否
Loadlin	否	从 DOS 引导 Linux	是	否	否
ROLO	否	从 ROM 引导 Linux 而不需要 BIOS	是	否	否
Etherboot	否	通过以太网卡启动 Linux 系统的固件	是	否	否
LinuxBIOS	否	完全替代 BUIS 的 Linux 引导程序	是	否	否
BLOB	否	LART 等硬件平台的引导程序	否	是	否
U-boot	是	通用引导程序	是	是	是
RedBoot	是	基于 eCos 的引导程序	是	是	是

对于每种体系结构，都有一系列开放源码 Bootloader 可以选用。

（1）x86。

x86 的工作站和服务器上一般使用 LILO 和 GRUB。LILO 是 Linux 发行版主流的 Bootloader。不过 Redhat Linux 发行版已经使用了 GRUB，GRUB 比 LILO 有更有好的显示界面，使用配置也更加灵活方便。

在某些 x86 嵌入式单板机或者特殊设备上，会采用其他 Bootloader，例如 ROLO。这些 Bootloader 可以取代 BIOS 的功能，能够从 Flash 中直接引导 Linux 启动。现在 ROLO 支持的开发板已经并入 U-Boot，所以 U-Boot 也可以支持 x86 平台。

（2）ARM。

ARM 处理器的芯片商很多，所以每种芯片的开发板都有自己的 Bootloader。结果 ARM Bootloader 也变得多种多样。最早有为 ARM720 处理器的开发板的固件，又有 armboot，StrongARM 平台的 blob，还有 S3C2410 处理器开发板上的 vivi 等。现在 armboot 已经并入了 U-Boot，所以 U-Boot 也支持 ARM/XSCALE 平台。U-Boot 已经成为 ARM 平台事实上的标准 Bootloader。

（3）PowerPC。

PowerPC 平台的处理器有标准的 Bootloader，就是 ppcboot。PPCBOOT 在合并 armboot 等之后，创建了 U-Boot，成为各种体系结构开发板的通用引导程序。U-Boot 仍然是 PowerPC 平台的主要 Bootloader。

（4）MIPS。

MIPS 公司开发的 YAMON 是标准的 Bootloader，也有许多 MIPS 芯片商为自己的开发板写了 Bootloader。现在，U-Boot 也已经支持 MIPS 平台。

（5）SH。

SH 平台的标准 Bootloader 是 sh-boot。Redboot 在这种平台上也很好用。

（6）M68K。

M68K 平台没有标准的 Bootloader。Redboot 能够支持 m68k 系列的系统。

值得说明的是 Redboot，它几乎能够支持所有的体系结构，包括 MIPS、SH、M68K 等体系结构。Redboot 是以 eCos 为基础，采用 GPL 许可的开源软件工程。现在由 core eCos 的开发人员维护，源码下载网站是 http://www.ecoscentric.com/snapshots。Redboot 的文档也相当完善，有详细的使用手册 *RedBoot User's Guide*。

5.2 U-Boot 简介

U-Boot 是目前 Bootloader 中使用率最高的一种，我们这里以 U-Boot 为主线进行讲解。U-Boot 可以方便地移植到其他硬件平台上，其源代码也值得开发者们研究学习。

5.2.1 U-Boot 介绍

最早，DENX 软件工程中心的 Wolfgang Denk 基于 8xxrom 的源码创建了 PPCBOOT 工程，并且不断添加处理器的支持。后来，Sysgo Gmbh 把 ppcboot 移植到 ARM 平台上，创建了 ARMboot 工程。然后以 ppcboot 工程和 armboot 工程为基础，创建了 U-Boot 工程。

现在 U-Boot 已经能够支持 PowerPC、ARM、x86、MIPS 体系结构的上百种开发板，已经成为功能最多、灵活性最强并且开发最积极的开放源码 Bootloader。目前仍然由 DENX 的 Wolfgang Denk 维护。

U-Boot 的源码包可从 ftp://ftp.denx.de/pub/u-boot/下载，也可以从 sourceforge 网站下载，还可以订阅该网站活跃的 U-Boot Users 邮件论坛，这个邮件论坛对于 U-Boot 的开发和使用都很有帮助。

5.2.2 U-Boot 的常用命令

U-Boot 上电启动后，按任意键可以退出自动启动状态，进入命令行。

```
U-Boot 2013.01 (Aug 24 2014 - 12:01:19) for FS4412
CPU: Exynos4412@1000MHz
Board: FS4412
DRAM: 1 GiB
WARNING: Caches not enabled
MMC:   MMC0: 3728 MB
In:    serial
Out:   serial
Err:   serial
```

```
MMC read: dev # 0, block # 48, count 16 ...16 blocks read: OK
eMMC CLOSE Success.!!
Checking Boot Mode ... EMMC4.41
U-Boot>
```

在命令行提示符下，可以输入 U-Boot 的命令并执行。U-Boot 可以支持几十个常用命令。通过这些命令，既可以对开发板进行调试，也可以引导 Linux 内核，还可以擦写 Flash 完成系统部署等功能。掌握这些命令的使用，能够顺利地进行嵌入式系统的开发。

（1）help 命令：用于查看当前 U-Boot 支持的命令。它会显示出命令列表，并且每一条命令后面都有简单的命令说明。

```
FS4412 # help
?        - alias for 'help'
base     - print or set address offset
bdinfo   - print Board Info structure
boot     - boot default, i.e., run 'bootcmd'
bootd    - boot default, i.e., run 'bootcmd'
bootelf  - Boot from an ELF image in memory
bootm    - boot application image from memory
bootp    - boot image via network using BOOTP/TFTP protocol
bootvx   - Boot vxWorks from an ELF image
cmp      - memory compare
coninfo  - print console devices and information
cp       - memory copy
crc32    - checksum calculation
dhcp     - boot image via network using DHCP/TFTP protocol
echo     - echo args to console
editenv  - edit environment variable
emmc     - Open/Close eMMC boot Partition
env      - environment handling commands
erase    - erase FLASH memory
exit     - exit script
false    - do nothing, unsuccessfully
fatinfo  - print information about filesystem
fatload  - load binary file from a dos filesystem
fatls    - list files in a directory (default /)
fdisk    - fdisk   - fdisk for sd/mmc.
fdt      - flattened device tree utility commands
flinfo   - print FLASH memory information
go       - start application at address 'addr'
help     - print command description/usage
iminfo   - print header information for application image
imxtract- extract a part of a multi-image
itest    - return true/false on integer compare
loadb    - load binary file over serial line (kermit mode)
loads    - load S-Record file over serial line
loady    - load binary file over serial line (ymodem mode)
loop     - infinite loop on address range
md       - memory display
mm       - memory modify (auto-incrementing address)
mmc      - MMC sub system
mmcinfo  - display MMC info
```

```
movi    - movi     - sd/mmc r/w sub system for SMDK board
mtest   - simple RAM read/write test
mw      - memory write (fill)
nm      - memory modify (constant address)
ping    - send ICMP ECHO_REQUEST to network host
printenv- print environment variables
protect - enable or disable FLASH write protection
reset   - Perform RESET of the CPU
run     - run commands in an environment variable
saveenv - save environment variables to persistent storage
setenv  - set environment variables
showvar - print local hushshell variables
sleep   - delay execution for some time
source  - run script from memory
test    - minimal test like /bin/sh
tftpboot- boot image via network using TFTP protocol
true    - do nothing, successfully
version - print monitor, compiler and linker version
FS4412 #
```

U-Boot 还提供了更加详细的命令帮助，通过 help 命令还可以查看每个命令的参数说明。例如，输入 help printenv，可查看 printenv 命令的详细帮助。

```
FS4412 # help printenv
printenv - print environment variables
Usage:
printenv [-a]
    - print [all] values of all environment variables
printenv name ...
    - print value of environment variable 'name'
```

U-boot 里命令较多，这里我们选择一些实际项目中常用的命令进行举例讲解。

（2）printenv 命令：用于查看 u-boot 的环境变量。

```
FS4412 # printenv
```

（3）setenv 命令：用于设置环境变量。

（4）saveenv 命令：用于保存环境变量。

```
FS4412 # setenv bootdelay 5
```

设置环境变量 bootdelay 为 5。

其中 bootdelay 为 u-boot 启动倒数计时时间。

```
FS4412 # saveenv
Saving Environment to MMC...
Writing to MMC(0)... .done
```

保存环境变量，如果不保存，重启设置就无效了。

重启板子后，你会发现启动时间由默认的 3 秒变为了 5 秒。

（5）loadb 命令：通过串口线下载二进制格式文件。

例：

打开超级终端，输入命令， loadb 0x43e00000（其中 0x43e00000 是指定下载文件到板子的内存的地址）。

```
FS4412 # loadb 0x43e00000
## Ready for binary (kermit) download to 0x43E00000 at 115200 bps...
```
单击超级终端的传送按钮，选择待传送文件(如某点灯的裸机程序 led.bin)，并选择协议 Kermit 传送，在运行 go 0x43e00000 运行该程序。

（6）go 命令：用于执行裸机程序。

```
FS4412 # go 0x43e00000
```

注：0x43e00000 是待运行的程序所在的内存地址。

（7）ping 命令：用于测试网络是否联通。

```
FS4412 # ping 192.168.2.120
dm9000 i/o: 0x5000000, id: 0x90000a46
DM9000: running in 16 bit mode
MAC: 11:22:33:44:55:66
operating at 100M full duplex mode
Using dm9000 device
host 192.168.2.120 is alive
```

注：显示 is alive 表示网络是连通的。

（8）tftp 命令：通过 TFTP 协议下载文件到板子内存里。

例：在计算机中打开 TFTP 服务端，选择好待传输文件的目录。

嵌入式 Linux 系统开发教程

打开串口终端输入下面的命令：

```
FS4412 # tftp uImage
dm9000 i/o: 0x5000000, id: 0x90000a46
DM9000: running in 16 bit mode
MAC: 11:22:33:44:55:66
operating at 100M full duplex mode
Using dm9000 device
TFTP from server 192.168.2.120; our IP address is 192.168.2.166
Filename 'uImage'.
Load address: 0x43e00000
Loading: #################################################################
         #################################################################
         ###########
         998 KiB/s
done
Bytes transferred = 3028040 (2e3448 hex)
```

注：如果下载失败，可能是网络不通，可能是 IP 不对，查看板子和计算机的网卡地址是否设置在同网段；查看板子 serverip 设置是否和 TFTP 服务端软件所在的计算机网卡 IP 一致。

（9）bootm 命令：用于运行内核 uImage。

```
FS4412 # bootm 0x43e00000
## Booting kernel from Legacy Image at 43e00000 ...
   Image Name:   Linux-3.14.0
   Image Type:   ARM Linux Kernel Image (uncompressed)
   Data Size:    3027976 Bytes = 2.9 MiB
   Load Address: 40008000
   Entry Point:  40008000
   Verifying Checksum ... OK
   Loading Kernel Image ... OK
OK
Starting kernel ...
```

注：0x43e00000 就是用于存放内核 uImage 的内存地址。

（10）movi 命令：用于操作 emmc（类似于 Flash）指令。

```
FS4412 # movi write kernel 0x43e00000
writing kernel.. 1120, 8192
MMC write: dev # 0, block # 1120, count 8192. 8192 blocks write finish
```

注：该把在内存 0x43e00000 处的内核烧写到 EMMC 上。

5.2.3 U–Boot 的环境变量

有点类似 Shell，U-Boot 也使用环境变量。用户可以通过 printenv 命令查看环境变量的设置。

```
FS4412 # printenv
baudrate=115200
bootargs=root=/dev/nfs               nfsroot=192.168.2.110:/nfs/rootfs                rw
```

```
console=ttySAC2,115200 init=/linuxrc ip=192.168.2.166
    bootcmd=tftp 41000000 uImage;tftp 42000000 exynos4412-fs4412.dtb;bootm 41000000
- 42000000
    bootdelay=3
    fileaddr=43E00000
        gatewayip=192.168.2.1
    ipaddr=192.168.2.166
    netmask=255.255.255.0
    serverip=192.168.2.120
    Environment size: 467/16380 bytes
```

表 5.2 是常用环境变量的解释说明。通过 printenv 命令可以打印出这些变量的值。

表 5.2　U-Boot 环境变量的解释说明

环境变量	解释说明
bootdelay	定义执行自动启动的等候秒数
baudrate	定义串口控制台的波特率
netmask	定义以太网接口的掩码
ethaddr	定义以太网接口的 MAC 地址
bootargs	定义传递给 Linux 内核的命令行参数
bootcmd	定义自动启动时执行的几条命令
serverip	定义 TFTP 服务器端的 IP 地址
ipaddr	定义本地的 IP 地址

U-Boot 的环境变量既可以有默认值，也可以修改并且保存在参数区。U-Boot 的参数区一般有 EEPROM 和 Flash 两种设备。

这里就关键的几个环境变量进行举例说明。

（1）网络相关环境变量：ipaddr、gatewayip 和 serverip。

```
#setenv ipaddr 192.168.2.166     设置本机 IP 地址
#setenv gatewayip  192.168.2.1   设置本机的网关
#setenv netmask    255.255.255.0 设置网关
#setenv serverip 192.168.2.120   设置 TFTP 服务端的 IP 地址
#pri    查看设置后效果
gatewayip=192.168.2.1
ipaddr=192.168.2.166
netmask=255.255.255.0
serverip=192.168.2.120
    #saveenv   保存设置
```

（2）自启动命令 bootcmd。

```
#setenv bootcmd tftp 41000000 uImage \;  tftp 42000000 exynos4412-fs4412.dtb \;
bootm 41000000 - 42000000
```

自启动命令 bootcmd 的作用是当板子上电后，bootdelay 倒数计时到零后，u-Boot 会自动执行 bootcmd 变量里的命令。bootcmd 里可以添加多个命令，命令通过 "\;" 进行分割。

该例子中包含了 3 个命令：tftp 41000000 uImage 意思是通过 TFTP 协议下载内核 uImage 到内存 0x41000000 处。tftp 42000000 exynos4412-fs4412.dtb 的意思是通过 tftp 协议下载设备树文件 exynos4412-fs4412.dtb 到内存 42000000 处。bootm 41000000-42000000 的意思是启动在 41000000 处的内核，其中 42000000 需和设备树文件存放位置一致。

其中设备树文件是描述 CPU 和外围设备连接的硬件信息的配置文件。内核启动时需要去解析它，才能知道操作硬件的地址在哪。后面在内核移植部分会有详细的描述。

```
#pri  查看设置后效果
bootcmd=tftp 41000000 uImage;tftp 42000000 exynos4412-fs4412.dtb;bootm 41000000
- 42000000
 #saveenv  保存设置
```

（3）启动参数 bootargs。

```
#setenv    bootargs    root=/dev/nfs    nfsroot=192.168.2.110:/nfs/rootfs    rw
console=ttySAC2,115200 init=/linuxrc ip=192.168.2.166
在 u-Boot 启动内核时，u-Boot 会把启动参数 bootargs 传给内核。内核运行后会解析该参数，决定从哪
里去挂载根文件系统 rootfs，串口信息从哪个 com 口输出，运行的第一个应用程序是哪个。
其中 root=/dev/nfs   指定了根文件系统的类型是 nfs rootfs
nfsroot=192.168.2.110:/nfs/rootfs rw 指定了 nfs rootfs 的网络路径
console=ttySAC2,115200 指定了内核串口信息从 COM2 输出，波特率是 115200
init=/linuxrc 指定了第一个应用程序名字 linuxrc
#pri  查看设置后效果
bootargs=root=/dev/nfs  nfsroot=192.168.2.110:/nfs/rootfs  rw  console=ttySAC2,
115200 init=/linuxrc ip=192.168.2.166
 #saveenv  保存设置
```

5.2.4 U–Boot 源码结构

从网站上下载得到 U-Boot 源码包，例如：u-boot-2013.01.tar.gz。

通过 tar –xvf u-boot-2013.01.tar.gz 解压后就可以看到全部 U-Boot 源程序。在顶层目录下有多个子目录，分别存放和管理不同的源程序。这些目录中所要存放的文件有其规则，可以分为 3 类。

- 第 1 类目录与处理器体系结构或者开发板硬件直接相关。
- 第 2 类目录是一些通用的函数或者驱动程序。
- 第 3 类目录是 U-Boot 的应用程序、工具或者文档。

表 5.3 列出了 U-Boot 顶层目录下各级目录存放原则。

U-Boot 的源代码包含对几十种处理器、数百种开发板的支持。可是对于特定的开发板，配置编译过程只需要其中部分程序。这里以 Exynos4412 处理器为例进行讲解。

表 5.3 U-Boot 的源码顶层目录说明

目　录	特　　性	解释说明
board	平台依赖	存放电路板相关的目录文件，例如：samsung /smdk2410(arm920t)、samsung/origen(Exynos4412) 等目录
arch	平台依赖	存放 CPU 体系结构相关的目录文件，例如：arm/cpu/arm920t

目　录	特　性	解释说明
		arm/cpu/armv7/exynos、powerpc/cpu/mpc8xx、x86 等目录
include	通用	头文件和开发板配置文件，所有开发板的配置文件都在 configs 目录下
common	通用	通用的多功能函数实现
lib	通用	通用库函数的实现
Net	通用	存放网络的程序
Fs	通用	存放文件系统的程序
Post	通用	存放上电自检程序
drivers	通用	通用的设备驱动程序
Disk	通用	硬盘接口程序
examples	应用例程	一些独立运行的应用程序的例子，例如 helloworld
tools	工具	存放制作 S-Record 或者 U-Boot 格式的映像等工具，例如 mkimage
Doc	文档	开发使用文档

5.3　U-Boot 源码分析

5.3.1　配置编译

进入 u-Boot 源码根目录，输入命令“$ **make　origen_config**”，用于指定产品配置为 origen。origen 是 ARM 官方发布的使用 Exynos4412 CPU 的一种开发板配置。

再输入命令“$ make”，表示编译生成最终可以烧录到板子上运行的二进制文件 u-boot.bin。

U-Boot 的源码是通过 GCC 和 Makefile 组织编译的。顶层目录下的 Makefile 先通过读入 boards.cfg 配置文件决定编译那些源码，然后调用各级子目录下的 Makefile 对源码进行编译，编译完成后，可以得到 U-Boot 各种格式的映像文件和符号表，如表 5.4 所示。

表 5.4　U-Boot 编译生成的映像文件

文件名称	说　　明	文件名称	说　　明
u-boot.map	U-Boot 映像的符号表	u-boot.bin	U-Boot 映像原始的二进制格式
u-boot	U-Boot 映像的 ELF 格式	u-boot.srec	U-Boot 映像的 S-Record 格式

U-Boot 的 3 种映像格式都可以烧写到 Flash 中，但需要看加载器能否识别这些格式。一般 u-boot.bin 最为常用，直接按照二进制格式下载，并且按照绝对地址烧写到 Flash 中就可以了。U-Boot 和 u-boot.srec 格式映像都自带定位信息。其中，u-boot.map 能辅助我

们跟踪源码运行过程。

下面以 Makefile 为切入点来分析 u-Boot 源码。

1. 顶层目录下的 Makefile

它负责 U-Boot 整体配置编译。当运行 make origen_config 时，会在 Makefile 中找到对应的入口。

```
%_config:: unconfig
        @$(MKCONFIG) -A $(@:_config=)
```

其中，MKCONFIG 的定义是 MKCONFIG:= $(SRCTREE)/mkconfig 对应顶层目录下的 mkconfig。

分析 mkconfig 知道，它会读入 boards.cfg 文件，设定变量 arch="" cpu="" board=" vendor="" " soc=""来指定要编译的产品目录。

U-Boot 中有许多的 board 配置，都由 boards.cfg 进行配置管理。这里通过 origen 可找到对应的配置行。origen arm armv7 origen samsung exynos 具体含义如下。

- Origen：用于配置名称 （方便指定配置，如前面的 make origen_config）。
- arm：用于指定 CPU 系列。
- armv7：用于指定体系结构。
- Origen：用于指定 board 目录，如 board/samsung/origen/。
- samsung：用于指定产品所属公司。
- ExynosExynos：用于指定具体的 CPU，如 arch/arm/cpu/armv7/exynos/。

读入 boards.cfg 文件后 arch="" cpu="" board=" vendor="" " soc=""变为了

Arch   arm

Cpu   armv7

Board   Origen

Vendor Samsung

Soc   exynos

上面的 include/config.mk 文件定义了 ARCH、CPU、BOARD、SOC 这些变量。这样硬件平台依赖的目录文件可以根据这些定义来确定。

再回到顶层目录的 Makefile 文件开始的部分,其中下列几行包含了这些变量的定义。

```
# load ARCH, BOARD, and CPU configuration
include include/config.mk
export       ARCH CPU BOARD VENDOR SOC
```

Makefile 的编译选项和规则在顶层目录的 config.mk 文件中定义。各种体系结构通用的规则直接在这个文件中定义。通过 ARCH、CPU、BOARD、SOC 等变量为不同硬件平台定义不同的选项。不同体系结构的规则分别包含在 ppc_config.mk、arm_config.mk、mips_config.mk 等文件中。

顶层目录的 Makefile 中还要定义交叉编译器,以及编译 U-Boot 所依赖的目标文件。

```
# set default to nothing for native builds
ifeq ($(HOSTARCH),$(ARCH))
CROSS_COMPILE ?=                    注：交叉编译器的前缀(当未指定时，指向默认的)
#endif
…
# U-Boot objects....order is important (i.e. start must be first)
OBJS = $(CPUDIR)/start.o    注：处理器相关的目标文件
```

然后还有 U-Boot 映像编译的依赖关系。

```
ALL-y += $(obj)u-boot.srec $(obj)u-boot.bin $(obj)System.map
            注：ALL-y 变量里指定最终编译后生成的文件
all:     $(ALL-y) $(SUBDIR_EXAMPLES)
u-boot.srec: u-boot
            $(OBJCOPY) ${OBJCFLAGS} -O srec $< $@
u-boot.bin:  u-boot
            $(OBJCOPY) ${OBJCFLAGS} -O binary $< $@
……
u-boot:          depend $(SUBDIRS) $(OBJS) $(LIBS) $(LDSCRIPT)
            UNDEF_SYM='$(OBJDUMP) -x $(LIBS) \
            |sed -n -e 's/.*\(__u_boot_cmd_.*\)/-u\1/p'|sort|uniq`;\
            $(LD) $(LDFLAGS) $$UNDEF_SYM $(OBJS) \
                --start-group $(LIBS) $(PLATFORM_LIBS) --end-group \
                -Map u-boot.map -o u-boot
```

Makefile 默认的编译目标为 all，包括 u-boot.srec、u-boot.bin 和 system.map。u-boot.srec 和 u-boot.bin 又依赖于 U-Boot。U-Boot 就是通过 ld 命令按照 u-boot.map 地址表把目标文件组装成 u-Boot。

其他 Makefile 内容就不再详细分析了，上述代码分析目的为阅读源码提供了一个线索。

最后我们得出结论，要指定产品配置，只要选择 boards.cfg 对应的配置即可，如 make Origen_config。

当选择配置完后，运行 make，编译生成对应的二进制文件 u-boot.bin。

2. 开发板配置头文件

除了编译过程 Makefile 以外，还要在程序中为开发板定义配置选项或者参数。这个头文件是 include/configs/<*board_name*>.h。<*board_name*>用相应的 BOARD 定义代替。

例如 include/configs/origen.h，内容如下：

```
#ifndef __CONFIG_H
#define __CONFIG_H
```

注：CONFIG_是配置选项的前缀，后面跟不同字符串，用来配置处理器、设备接口、命令、属性等。该配置是如何生效的呢？例如，用户设置 #define CONFIG_SYS_SDRAM_BASE 0x40000000 指定了内存的物理地址。

用户可以通过 soureinsight 工具去搜索源码里关键字 CONFIG_SYS_SDRAM_BASE，搜索后会发现有很多文件都用到该宏。我们通过观察目录进行过滤，因为我们用的是 Exynos4412 的 CPU 是 ARM 系列的，所以文件是 Board.c (arch\arm\lib):gd->bd->bi_dram[0].start =CONFIG_SYS_SDRAM_BASE;它通过该宏来达到设置内存物理地址目的。

```
/* High Level Configuration Options */
#define CONFIG_SAMSUNG              1    /* SAMSUNG core */
#define CONFIG_S5P                  1    /* S5P Family */
#define CONFIG_EXYNOS4210           1    /* which is a EXYNOS4210 SoC */
#define CONFIG_ORIGEN               1    /* working with ORIGEN*/

#include <asm/arch/cpu.h>           /* get chip and board defs */
```

导入了 arch\arm\include\asm\arch-exynos\cpu.h。该头文件里定义了一些宏用于描述 CPU 里许多的特殊功能寄存器的地址，如 GPIO 功能等。

```
#define CONFIG_ARCH_CPU_INIT
#define CONFIG_DISPLAY_CPUINFO
#define CONFIG_DISPLAY_BOARDINFO

/* Keep L2 Cache Disabled */
#define CONFIG_L2_OFF         1
#define CONFIG_SYS_DCACHE_OFF 1

#define CONFIG_SYS_SDRAM_BASE  0x40000000    指定内存的物理地址
#define CONFIG_SYS_TEXT_BASE   0x43E00000

/* input clock of PLL: ORIGEN has 24MHz input clock */
#define CONFIG_SYS_CLK_FREQ           24000000

#define CONFIG_SETUP_MEMORY_TAGS
#define CONFIG_CMDLINE_TAG
#define CONFIG_INITRD_TAG
#define CONFIG_CMDLINE_EDITING

#define CONFIG_MACH_TYPE          MACH_TYPE_ORIGEN

/* Power Down Modes */
#define S5P_CHECK_SLEEP           0x00000BAD
#define S5P_CHECK_DIDLE           0xBAD00000
#define S5P_CHECK_LPA             0xABAD0000

/* Size of malloc() pool */
#define CONFIG_SYS_MALLOC_LEN     (CONFIG_ENV_SIZE + (1 << 20))

/* select serial console configuration */
#define CONFIG_SERIAL2            1    串口信息输出用的是 COM2
#define CONFIG_BAUDRATE           115200    串口的波特率
#define EXYNOS4_DEFAULT_UART_OFFSET    0x020000

/* SD/MMC configuration */
#define CONFIG_GENERIC_MMC
#define CONFIG_MMC
#define CONFIG_SDHCI
#define CONFIG_S5P_SDHCI
```

```
/* PWM */
#define CONFIG_PWM                1

/* allow to overwrite serial and ethaddr */
#define CONFIG_ENV_OVERWRITE

/* Command definition*/
#include <config_cmd_default.h>

#undef CONFIG_CMD_PING      取消对 ping 命令的支持
#define CONFIG_CMD_ELF
#define CONFIG_CMD_DHCP
#define CONFIG_CMD_MMC
#define CONFIG_CMD_FAT
#undef CONFIG_CMD_NET
#undef CONFIG_CMD_NFS

#define CONFIG_BOOTDELAY   3        默认启动延时时间
#define CONFIG_ZERO_BOOTDELAY_CHECK
/* MMC SPL */
#define CONFIG_SPL
#define COPY_BL2_FNPTR_ADDR    0x02020030

#define CONFIG_BOOTCOMMAND"fatload mmc 0 40007000 uImage; bootm 40007000"

/* Miscellaneous configurable options */
#define CONFIG_SYS_LONGHELP          /* undef to save memory */
#define CONFIG_SYS_HUSH_PARSER       /* use "hush" command parser   */
#define CONFIG_SYS_PROMPT        "ORIGEN # "    串口终端输出的提示符
#define CONFIG_SYS_CBSIZE      256 /* Console I/O Buffer Size*/
#define CONFIG_SYS_PBSIZE      384 /* Print Buffer Size */
#define CONFIG_SYS_MAXARGS     16  /* max number of command args */
#define CONFIG_DEFAULT_CONSOLE       "console=ttySAC2,115200n8\0"
/* Boot Argument Buffer Size */
#define CONFIG_SYS_BARGSIZE        CONFIG_SYS_CBSIZE
/* memtest works on */
#define CONFIG_SYS_MEMTEST_START   CONFIG_SYS_SDRAM_BASE
#define CONFIG_SYS_MEMTEST_END     (CONFIG_SYS_SDRAM_BASE + 0x6000000)
#define CONFIG_SYS_LOAD_ADDR       (CONFIG_SYS_SDRAM_BASE + 0x3E00000)

#define CONFIG_SYS_HZ          1000

/* ORIGEN has 4 bank of DRAM */
#define CONFIG_NR_DRAM_BANKS   4
#define SDRAM_BANK_SIZE        (256UL << 20UL)    /* 256 MB */
#define PHYS_SDRAM_1        CONFIG_SYS_SDRAM_BASE
#define PHYS_SDRAM_1_SIZE SDRAM_BANK_SIZE
#define PHYS_SDRAM_2        (CONFIG_SYS_SDRAM_BASE + SDRAM_BANK_SIZE)
#define PHYS_SDRAM_2_SIZE SDRAM_BANK_SIZE
#define PHYS_SDRAM_3        (CONFIG_SYS_SDRAM_BASE + (2 * SDRAM_BANK_SIZE))
#define PHYS_SDRAM_3_SIZE SDRAM_BANK_SIZE
#define PHYS_SDRAM_4        (CONFIG_SYS_SDRAM_BASE + (3 * SDRAM_BANK_SIZE))
```

```
#define PHYS_SDRAM_4_SIZE SDRAM_BANK_SIZE

/* FLASH and environment organization */
#define CONFIG_SYS_NO_FLASH         1
#undef CONFIG_CMD_IMLS
#define CONFIG_IDENT_STRING         " for ORIGEN"


#define CONFIG_CLK_1000_400_200

/* MIU (Memory Interleaving Unit) */
#define CONFIG_MIU_2BIT_21_7_INTERLEAVED

#define CONFIG_ENV_IS_IN_MMC        1
#define CONFIG_SYS_MMC_ENV_DEV      0
#define CONFIG_ENV_SIZE             (16 << 10)    /* 16 KB */
#define RESERVE_BLOCK_SIZE          (512)
#define BL1_SIZE            (16 << 10) /*16 K reserved for BL1*/
#define CONFIG_ENV_OFFSET       (RESERVE_BLOCK_SIZE + BL1_SIZE)
#define CONFIG_DOS_PARTITION        1

 #define CONFIG_SYS_INIT_SP_ADDR    (CONFIG_SYS_LOAD_ADDR       -
GENERATED_GBL_DATA_SIZE)

/* U-boot copy size from boot Media to DRAM.*/
#define COPY_BL2_SIZE       0x80000
#define BL2_START_OFFSET   ((CONFIG_ENV_OFFSET + CONFIG_ENV_SIZE)/512)
#define BL2_SIZE_BLOC_COUNT    (COPY_BL2_SIZE/512)

/* Enable devicetree support */
#define CONFIG_OF_LIBFDT
#endif   /* __CONFIG_H */
```

5.3.2 U-Boot 启动过程

普通的 CPU 运行的第一个程序，是 U-Boot。但 Exynos4412 CPU 较特殊，它的启动分为了 4 个阶段。

1. 启动过程

（1）BL0 阶段。

BL0 是固化在 iram 中的程序，它的主要工作是关闭看门狗、关闭中断及 MMU、时钟设置、检测 om 决定启动方式和复制 bl1 到 iram 中。

（2）BL1 阶段（<8k）。

BL1 主要工作是初始化化环境，如中断初始化、设置堆栈等；搬移 BL2 代码到 RAM 中。BL1 是三星提供的，无源码，见 CodeSign4SecureBoot/E4412_N.bl1.SCP2G.bin。

如果想看源码，可以反汇编分析，如 arm-none-linux-gnueabi-objdump -D -b binary -m arm E4412_N.bl1.SCP2G.bin > b1.asm。

（3）BL2 阶段（<14k）。

BL2 主要工作是：完成基本硬件初始化（Low_init.s 时钟串口内存 Flash 等），见 CodeSign4SecureBoot/bl2.bin。

（4）u-boot.bin 阶段。

从 Exynos4412 的启动步骤可知，我们单独运行 U-Boot 是不行的。需使用三星提供的 BL1 和 BL2 添加到 u-boot.bin 的前面，进行打包校验后会生成新的 u-Boot（如 u-boot-fs4412.bin）。

使用它，我们才能正常启动板子。

开发板上电后，先执行 BL0、BL1 和 BL2 后，才执行到我们 U-Boot。U-Boot 的第一条指令可根据连接脚本 u-boot.lds 或 u-boot.map 知道是在 arch/arm/cpu/armv7/start.o 对应的 start.s 中。这里我们以 start.s 为切入点对 U-Boot 的源码进行分析，具体启动步骤如下：

2. 汇编阶段

（1）设置为 SVC 模式，关闭中断，MMU，看门狗。

```
文件：arch/arm/cpu/armv7/start.s （第一段程序）
  /* 异常向量表 */
_start: b       reset    上电复位后运行的第一条指令
ldr pc, _undefined_instruction
ldr pc, _software_interrupt
ldr pc, _prefetch_abort
ldr pc, _data_abort
ldr pc, _not_used
ldr pc, _irq
ldr pc, _fiq


reset:
/*
 * set the cpu to SVC32 mode   设置为超级用户模式
 */
mrs r0, cpsr
bic r0, r0, #0x1f
orr r0, r0, #0xd3
msr cpsr,r0

bl   cpu_init_cp15    /*关闭中断 cache MMU 等*/
bl   cpu_init_crit    /*基本硬件设备初始化（初始化时钟、串口、Flash 和内存等）*/
bl   _main /*跳到 C 阶段 位置 arch/arm/lib/board.c（在 u-boot.map 里搜索_main）*/


ENTRY(cpu_init_cp15)
/*
* Invalidate L1 I/D
*/
mov r0, #0           @ set up for MCR
mcr p15, 0, r0, c8, c7, 0 @ invalidate TLBs
mcr p15, 0, r0, c7, c5, 0 @ invalidate icache
/*
```

```
* disable MMU stuff and caches    关掉 MMU 和 Cache
*/
mrc p15, 0, r0, c1, c0, 0
bic r0, r0, #0x00002000   @ clear bits 13 (--V-)
bic r0, r0, #0x00000007   @ clear bits 2:0 (-CAM)
mcr p15, 0, r0, c1, c0, 0
mov pc, lr                @ back to my caller
ENDPROC(cpu_init_cp15)
```

（2）基本硬件设备初始化（初始化时钟、串口、Flash 和内存等）。

```
文件: arch/arm/cpu/armv7/start.s
ENTRY(cpu_init_crit)
b    lowlevel_init@go setup pll,mux,memory
ENDPROC(cpu_init_crit)

注:
lowlevel_init 的位置可以通过在 u-boot.map 里搜索到,
board/samsung/origen/liborigen.o（lowlevel_init）

文件: board/samsung/ origen /lowlevel_init.S
/*初始化时钟、串口、Flash 和内存等*/
lowlevel_init:
    /* init system clock */
    bl system_clock_init    系统时钟初始化
    /* Memory initialize */
    bl mem_ctrl_asm_init    内存初始化
    /* for UART */
    bl uart_asm_init        串口初始化
    mov pc, lr
```

注：Exynos4412 有些初始化代码，可能已被三星剥离到 BL0 或 BL1 中。

（3）自搬移到内存。

```
文件: arch/arm/cpu/armv7/start.s
/*自搬移(重定位)u-boot 到内存中*/
ENTRY(relocate_code)
adr r0, _start
cmp r0, r6
moveq  r9, #0         /* no relocation. relocation offset(r9) = 0 */
beq relocate_done/* skip relocation */
mov r1, r6            /* r1 <- scratch for copy_loop */
ldr r3, _image_copy_end_ofs
add r2, r0, r3        /* r2 <- source end address        */
copy_loop:
ldmia   r0!, {r9-r10}/* copy from source address [r0]   */
stmia   r1!, {r9-r10}/* copy to  target address [r1]    */
cmp r0, r2                /* until source end address [r2]    */
blo  copy_loop
ENDPROC(relocate_code)
```

（4）设置好栈，跳转到 C 语言阶段。

```
文件: arch/arm/cpu/armv7/start.s
bl _main /*在 u-boot.map 里搜索 _main */
```

文件：**u-boot.map**

```
arch/arm/cpu/armv7/start.o(.text*)
  .text        0x43e00000        0x460 arch/arm/cpu/armv7/start.o
               0x43e00000              _start
               0x43e00184              cpu_init_cp15
               0x43e001bc              cpu_init_crit
  .......
 .text        0x43e023d4        0xa34 arch/arm/lib/libarm.o
               0x43e023d4              _main
```

文件：**arch/arm/lib/crt0.S**

```
.global _main
_main:
/*  准备好运行 C 程序的环境，即设置好栈
 * Set up initial C runtime environment and call board_init_f(0).
 */
    bic sp, sp, #7    /* 8-byte alignment for ABI compliance */
    sub sp, #GD_SIZE  /* allocate one GD above SP */
    bic sp, sp, #7    /* 8-byte alignment for ABI compliance */
    mov r8, sp        /* GD is above SP */
    mov r0, #0
    bl  board_init_f       调用板子初始化函数 board_init_f
    /* call board_init_r 调用板子初始化函数 board_init_r */
    ldr pc, =board_init_r /* this is auto-relocated! */
```

3. C 语言阶段

（1）大部分硬件初始化。

文件：**arch/arm/lib/board.c**

```
init_fnc_t *init_sequence[] = {
    arch_cpu_init,          /* basic arch cpu dependent setup */
#if defined(CONFIG_BOARD_EARLY_INIT_F)
    board_early_init_f,
#endif
    timer_init,      /* initialize timer */
    env_init,        /* initialize environment */
    init_baudrate,   /* initialze baudrate settings */
    serial_init, /* serial communications setup */
    dram_init,       /* configure available RAM banks */
    NULL,
};

void board_init_f(ulong bootflag)
{
    for (init_fnc_ptr = init_sequence; *init_fnc_ptr; ++init_fnc_ptr) {
        if ((*init_fnc_ptr)() != 0) {
            hang ();
        }
    }
}

void board_init_r(gd_t *id, ulong dest_addr)
{
```

```
    board_init();/* Setup chipselects */
    ......
    /* main_loop() can return to retry autoboot, if so just run it again. */
    for (;;) {
        main_loop(); /*调用主循环 main_loop  处理执行用户命令或进入自启动模式*/
    }
}
```

注：大部分硬件初始化由 board_init_f 和 board_init_r 完成。

（2）搬移内核到内存后，运行内核。

文件：**common/main.c**
```
void main_loop (void)
{
    s = getenv ("bootdelay");
    bootdelay = s ? (int)simple_strtol(s, NULL, 10) : CONFIG_BOOTDELAY;

    s = getenv ("bootcmd");      /*获取环境变量 bootcmd = tftp  uImage ;bootm */

/*如果延时大于等于零，并且没有在延时过程中接收到按键,
则运行 bootcmd 命令，引导内核。进入自启动模式*/
    if (bootdelay >= 0 && s && !abortboot (bootdelay)) {
        run_command (s, 0); /*执行命令，下载内核到内存后，运行内核,u-boot 运行结束*/
    }
    /*否则进入交互模式*/
    /*
     * Main Loop for Monitor Command Processing
     */
    for (;;) {
            len = readline (CONFIG_SYS_PROMPT);      //读取用户输入命令
            rc = run_command (lastcommand, flag);      //执行命令
    }
}
```

注：跟踪源码，是我们实际开发中需要掌握的一种能力。一般我们可通过 **vim** 或 **sourceinsight** 进行字符串的搜索方式进行跟踪。但有时字符串在很多文件中都用到，但是用的那个文件如何确定，甚至搜索不到该字符串。这时我们可以利用符号表文件 **u-boot.map** 来帮助我们。后续分析我们会举例说明。

5.3.3　U–Boot 与内核的关系

U-Boot 作为 Bootloader，具备多种引导内核启动的方式。常用的 go 命令和 bootm 命令可以直接引导内核映像启动。U-Boot 与内核的关系主要是内核启动过程中参数的传递。

1．go 命令的实现

文件：**common/cmd_boot.c**
```
#ifdef CONFIG_CMD_GO

/* Allow ports to override the default behavior */
__attribute__((weak))
unsigned long do_go_exec(ulong (*entry)(int, char * const []), int argc,
```

```
                    char * const argv[])
{
    return entry (argc, argv);
}

static int do_go(cmd_tbl_t *cmdtp, int flag, int argc, char * const argv[])
{
    ulong    addr, rc;
    int      rcode = 0;

    if (argc < 2)
        return CMD_RET_USAGE;

    addr = simple_strtoul(argv[1], NULL, 16);

    printf ("## Starting application at 0x%08lX ...\n", addr);

    /*
     * pass address parameter as argv[0] (aka command name),
     * and all remaining args
     */
    rc = do_go_exec ((void *)addr, argc - 1, argv + 1);
    if (rc != 0) rcode = 1;

    printf ("## Application terminated, rc = 0x%lX\n", rc);
    return rcode;
}

/* -------------------------------------------------------------------- */

U_BOOT_CMD(
    go, CONFIG_SYS_MAXARGS, 1, do_go,
    "start application at address 'addr'",
    "addr [arg ...]\n   - start application at address 'addr'\n"
    "      passing 'arg' as arguments"
);

#endif
```

go 命令调用 do_go()函数，跳转到某个地址执行。如果在这个地址准备好自引导的内核映像，就可以启动了。尽管 go 命令可以带变参，实际使用时一般不用来传递参数。如何想在 U-Boot 中添加自己个性化的命令，可以参考 go 命令的格式。

2. bootm 命令的实现

```
文件：common/cmd_bootm.c
int do_bootm (cmd_tbl_t *cmdtp, int flag, int argc, char *argv[])
{
    ......
    SHOW_BOOT_PROGRESS (1); 显示启动的进度
    ......
    switch (hdr->ih_os) {
    default:                   /* handled by (original) Linux case */
```

```
        case IH_OS_LINUX:
            do_bootm_linux (cmdtp, flag, argc, argv,
                        addr, len_ptr, verify);
            break;
}

U_BOOT_CMD(
    bootm,   CONFIG_SYS_MAXARGS,   1,   do_bootm,
    "boot application image from memory", bootm_help_text
);
```

bootm 命令调用 do_bootm 函数。这个函数专门用来引导各种操作系统映像，可以支持引导 Linux、vxWorks、QNX 等操作系统。引导 Linux 的时候，调用 do_bootm_linux() 函数。

do_bootm_linux()函数是专门引导 Linux 映像的函数，它还可以处理 ramdisk 文件系统的映像。这里引导的内核映像和 ramdisk 映像，必须是 U-Boot 格式的。U-Boot 格式的映像可以通过 mkimage 工具来转换，其中包含了 U-Boot 可以识别的符号

U-Boot 移植实例

这里以两个虚拟人物 Jack 和 Ivan 以一问一答方式，来讲解在实际项目中是如何进行移植的，以及遇到问题又是如何解决的。在实际项目开发中，背景和开发的细节，以及遇到问题等都不一样，我们希望通过该实例讲解，能让读者体悟到"如何去移植"的通用的思想和方法。

5.4.1　收集移植相关资源

```
Jack:
Hi,ivan, U-Boot 怎么移植啊，完全不知道如何下手啊？

Ivan:
Jack，做技术开发首先要善用网络搜索资源。例如，使用关键字搜索 "u-boot 移植 笔记" "u-boot 移
植 详解" "u-boot 移植 分析" "u-boot 移植 日志" "u-boot 总结" 等，用好关键字能提高我们搜索速度
和准确率。
    当然，也可以借鉴别人移植的源码，看看他们修改了哪些内容，如用 Beyond Compare 软件对比移植前后
的源码。
```

注：如何搜索关键字，快速找到需要信息，是项目开发中重要的一种能力。其中的关键字要简明，且用空格隔开，方便搜索引擎查找。

Beyond Compare 是我们在实际工作中常用的对比软件。特别是刚进入一个公司，接手一个移植项目，公司里通常已经有移植好的 U-Boot 或 Linux 内核，你的工作是在它基础上移植新的一些功能。这时为了快速融入团队，最好方式是用该软件对应一下公司移植后 U-Boot 和官网上对应的版本的差异，看看公司都做了哪些修改。这样能帮助你把注

意力放在更有意义的地方。

5.4.2　选择 U-Boot 源码版本

Jack:
U-Boot 源码版本很多，选哪个啊？

Ivan:
移植 U-Boot 时我们要选择一个基础源码版本，可以下载最新和次新的较稳定的源码版本，如 u-boot-2014.10.tar.gz 和 u-boot-2013.01.tar.gz。

解压后首先看看它们是否**支持我们的 CPU**。例如：FS4412 开发板用的 CPU 是 Exynos4412，看看 U-Boot 源码 arch/arm/cpu 目录下是否有对应的支持。我们发现有 arch/arm/cpu/armv7/exynos/的存在，且结合 U-Boot 官网对该源码版本支持 CPU 的描述，初步判断是支持的。

其次在厂商发布的针对该 CPU 的样机源码中，选一个和我们**最接近的产品配置 BOARD**。厂商开发出 CPU 后，一般都会做一款或几款样机 Demo，以方便推广演示。例如 Exynos4412，该 CPU 是主打手机的。厂商会做出一个典型的手机样机方案，包括电路图、配套的软件源码等。厂商会把源码发布到对应的开源软件项目，特别是现在流行的 U-Boot 和 Linux 内核。查找对比后，发现 BOARD 目录下的 board/samsung/origen/ 和我们的 Exynos 4412 开发板很接近。

这里的两个版本都支持我们的 CPU 和 BOARD，最好选择 u-boot-2013.01。其原因是最新的 u-boot-2014.10 的版本，引入内核菜单式的配置方式，设备树的概念，但是正在整理中，许多目录下的 kconfig 都是空的，故不采用，移植花销太大。

注：源码版本选取是较关键的，它直接影响到你移植的难度和工作量。

5.4.3　u-Boot 配置编译

Jack:
如何对 u-Boot 源码进行配置编译啊？

Ivan:
通过网络搜索，如搜索"u-boot 配置编译"，登录官网，其中会有如何使用它的说明，也可查看源码里的帮助文档 readme。

1. 指定最类似的官方配置

厂商在发布 CPU 之前，会针对 CPU 做一些 Demo 板（样机），并发布对应的产品配置（见 boards.cfg 文件）。为了能快速移植开发产品，我们一般是在厂商发布的配置中，选一个和我们产品最接近的，在它的基础上进行修改。

U-Boot 中有许多的 board 配置，都由 boards.cfg 进行配置管理。这里我们选择 origen 配置（它是 ARM 官方发布的使用 Exynos4412 CPU 的一种开发板配置）。查找 origen 可找到对应的配置行 origen　arm　armv7　origen　samsung　exynos，具体含义如下：

- Origen：用于配置名称（方便指定配置，如前面的 make origen_config）。
- arm：用于指定 CPU 系列。
- armv7：用于指定体系结构。
- Origen：用于指定 board 目录，如 board/samsung/origen/。
- samsung：用于指定产品所属公司。
- exynos：用于指定具体的 CPU，如 arch/arm/cpu/armv7/exynos/。

通过输入"$ make origen_config"进行配置，指定是专门针对 origen 产品的。

2. 指定编译时的交叉编译工具链

在官网上下载的 U-Boot 支持多个 CPU 和多个平台。要使它编译后能在我们的 CPU 上运行，必须指定对应的交叉编译工具链。这里我们用的是 arm-none-linux-gnueabi-前缀的，如果安装后输入"arm-n"，按 Tab 键能补全为"arm-none-linux-gnueabi-"，说明安装成功。

编译源码，我们可以输入"$ make CROSS_COMPILE=arm-none-linux-gnueabi-"方式指定。为避免每次编译都输入一长串，我们可以采用把该命令放在脚本中的方式。这里采用修改 Makefile，将 CROSS_COMPILE 直接写死的方式。

```
例如：
    修改 Makefile
    将
        ifeq ($(HOSTARCH),$(ARCH))
            CROSS_COMPILE ?=
        #endif

    改为
        ifeq(arm,$(ARCH))
        CROSS_COMPILE ?= arm-none-linux-gnueabi-
        #endif
```

输入"**$ make**"编译生成最终运行镜像 u-boot.bin。

```
Jack:
    配置编译有报错，怎么办？
Ivan:
    先看看交叉编译工具链有没有指定好，是不是交叉编译工具链未装好，或 makefile 中未指定对交叉编译工
具链的路径。其次网络搜索一下该错误信息，看看网上是否也有人遇到同样的问题，看看是如何解决的。
    如果搜索不到，可以到维护该源码的官方网站，看看开发者的邮件列表中有没有遇到类似问题，这里建议搜
索时用谷歌，因为一般官网邮件列表都是英文写的，用谷歌搜索能较快找到。
    还可以根据报错的位置，采用修改源码 makefile 方式屏蔽掉错误。如果以上方法都不行，可能是该版本尚
不稳定，换个版本试试。
```

5.4.4　串口能输出信息

```
Jack:
    配置编译成功后，先移植什么功能啊？
Ivan:
    先移植能辅助跟踪调试代码的串口功能。只有串口能正常输出信息，之后才能方便地去调试其他功能，如网
卡等。
Jack:
    串口能辅助调试别的功能，那通过什么来调试串口呢？
Ivan:
    调试串口既可以通过调试仿真器 J-Link、OpenJTAG 等来完成，也可通过点灯法来简单跟踪程序运行到哪
了
```

1．J-Link 来调试器

U-Boot 是板子上电运行的第一个程序，串口有信息输出，是后续调试的基础。如果串口还没信息输出，我们常借助调试仿真器来调试。我们可使用官方提供的工具或较便宜的 J-Link、 OpenJTAG 等工具，通过 GDB 调试，或用集成到 Eclipse 的方式调试。

这里我们使用 J-Link 来调试器。采用 GDB（解析.gdbinit）＋ J-Link(J-Link GDB Server) ＋ 板子（JTAG 口）的方式。具体的 J-Link 的使用详见其开发手册。

2．点灯法跟踪

通过点灯法，我们可以确认 U-Boot 指令有真实的运行，能控制硬件。如果没有调试器，我们可以通过点灯法，简单的跟踪程序运行到哪了。

```
例如：  在 arch/arm/cpu/armv7/start.S  的 reset: 后添加下面的点灯程序
                #if 1
                        ldr r0, =0x11000c40 @GPK2_7 led2
                        ldr r1, [r0]
                        bic r1, r1, #0xf0000000
                        orr r1, r1, #0x10000000
                        str r1, [r0]

                        ldr r0, =0x11000c44
                        mov r1,#0xff
                        str r1, [r0]
                #endif
```
该程序是点灯的汇编程序，运行后会把板上 LED2 灯点亮，同理可以点亮或点灭其他的灯，通过灯的亮灭知道程序有没有运行到那里。

3．串口初始化设置调试

```
Jack:
板子上运行，串口没有信息输出，怎么办？
Ivan:
网络搜索，如 "u-boot 移植  串口 无信息输出"。查看电路、CPU 芯片手册和源码，确认串口设置正确。
调试仿真器单步跟踪，如 J-Link、OpenJTAG 等；或点灯方式，确认代码有运行
```

（1）查看串口的初始化代码和芯片手册，确认设置正确。

```
修改 board/samsung/origen/lowlevel_init.S
            在 uart_asm_init: 的
                    str r1, [r0, #EXYNOS4_GPIO_A1_CON_OFFSET]
            后添加串口时钟初始化代码
                    ldr  r0, =0x10030000
                    ldr  r1, =0x666666
                    ldr  r2, =CLK_SRC_PERIL0_OFFSET
                    str  r1, [r0, r2]
                    ldr  r1, =0x777777
                    ldr  r2, =CLK_DIV_PERIL0_OFFSET
                    str  r1, [r0, r2]
```

注：一般 U-Boot 代码里串口初始化是不需要修改的。这里因三星 Exynos4412 启动比较特殊，它把部分原来应该在 U-Boot 里的初始化代码剥离到 BL0 BL1 里了。例如，

嵌入式 Linux 系统开发教程

时钟设置就是在 BL0（它是固化在 CPU 的 irom 里的）。当串口不能输出信息时，而反复确定硬件及相关 COM 口等软件配置是否正确的时，特别是我们通过示波器量串口输出的 TXD 脚有波形输出，但是频率不对时。有可能是 BL0 里的时钟设置和串口设置不匹配，这里因 BL0 的代码是厂商固化的且不开源。这里就在 uart 初始化代码中重新设置了提供给 uart 模块的系统时钟。

时钟如何进行设置，比较复杂，这里仅提供一个大概线索和方法。首先查看电路图，查看 CPU 外接的晶振是多大的，一般是 12M 或 24M 的。CPU 会通过锁相环 PLL，把晶振输入频率转换成其他频率的时钟信号，提供给不同的模块使用，如 CPU 的指令运行、串口、LCD 屏幕、中断等。查看 CPU 芯片的用户使用手册 SEC_Exynos4412 SCP_Users Manual.pdf，找到时钟管理单元的章节 7.Clock Management Unit，里面时钟设置相当复杂，我们可以通过图 5.3 对其进行宏观认识。

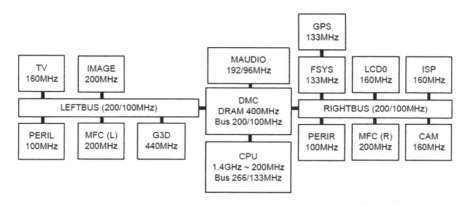

图 5.3　Exynos4412 芯片时钟域

不同模块系统提供不同的时钟频率。例如 CPU 的时钟频率可以设置为 200M～1.4GHz，GPS 默认为 133MHz 等。结合图 5.4（源于官方手册里的 Table 7-1），可知道 UART 模块用的是 PERIL 时钟，默认是 100MHz。

再看图 5.5（源于 Figure 7-2 Exynos4412 SCP Clock Generation Circuit）。

由图 5.5 可知 PERL 用的是 MPLL 和 DIV$_{ACLK100}$，这里通过设置寄存器 CLK_SRC_PERIL0 （0x1003C250）把所有串口设置为 SCLKMPLL_USER_T，得到 0x666666。再通过 CLK_DIV_PERIL0 设置一下分频值，这里如果具体不知 MPLL 频率是多少，因 BL0 的时钟设置是厂商固化的，可以通过用示波器量管脚波形频率，对应调整分频值。

Function Block	Description	Typical Operating Frequency
CPU	Cortex-A9 MPCore It is a Quad Core processor.	200 MHz ~ 1.4 GHz
	CoreSight	200 MHz/100 MHz
DMC	DMC, 2D Graphics Engine	400 MHz(up to 200MHz for G2D)
SSS	Security Sub-System	200 MHz
LEFTBUS	Data Bus/Peripheral Bus	200 MHz/100 MHz
RIGHTBUS	Data Bus/Peripheral Bus	200 MHz/100 MHz
G3D	3D Graphics Engine	440 MHz
MFC	Multi-format Codec	200 MHz
IMAGE	Rotator, MDMA	200 MHz
LCD0	FIMD0, MIE0, MIPI DSI0	160 MHz
ISP	ISP	160 MHz
CAM	FIMC0, FIMC1, FIMC2, FIMC3 JPEG	160 MHz
TV	VP, MIXER, TVENC	160 MHz
FSYS	USB, PCIe, SDMMC, TSI, OneNANDC, SROMC, PDMA0, PDMA1, NFCON, MIPI-HIS, ADC	133 MHz
GPS	GPS	133 MHz
MAUDIO	AudioSS, iROM, iRAM	192 MHz
PERI-L	UART, I2C, SPI, I2S, PCM, SPDIF, PWM, I2CHDMI, Slimbus	100 MHz

图 5.4　Exynos4412 各模块默认频率一览表

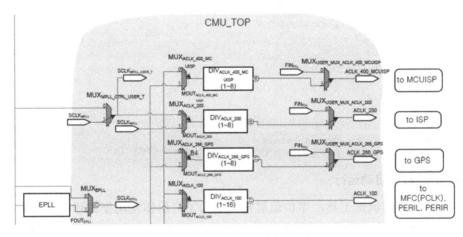

图 5.5　Exynos4412 时钟生成示意图

（2）为了避免干扰，看门狗可能导致的频繁重启，这里暂时关闭看门狗。

```
修改 board/samsung/origen/lowlevel_init.S
在 beq  wakeup_reset
        后添加
        #if 1 /*for close watchdog */
        /* PS-Hold high */
                ldr r0, =0x1002330c
                ldr r1, [r0]
                orr r1, r1, #0x300
                str r1, [r0]
                ldr   r0, =0x11000c08
                ldr r1, =0x0
                str r1, [r0]
        /* Clear  MASK_WDT_RESET_REQUEST  */
```

嵌入式 Linux 系统开发教程

```
                        ldr r0, =0x1002040c
                        ldr r1, =0x00
                        str r1, [r0]
        #endif
```

（3）为了避免干扰这里取消了 trustzone。

```
注释掉 trustzone 初始化
    注释掉
                bl  uart_asm_init
        下的
                bl  tzpc_init
```

（4）因 A9 芯片启动过程特殊，启动阶段操作数据时时需要栈的。

```
这里使用 iRom 的栈
        lowlevel_init:
        后添加
        ldr  sp,=0x02060000 @use iRom stack in bl2
```

J-Link GDB 运行调试 U-Boot 文件，如果看到下面信息，表示串口信息成功输出。

```
U-Boot 2013.01-g33b53b1-dirty (Dec 03 2014 - 00:54:06) for ORIGEN
CPU:    Exynos4412@1000MHz
Board: ORIGEN
DRAM: 1 GiB
Using default environment

In:    serial
Out:   serial
Err:   serial
Hit any key to stop autoboot:  0
ORIGEN #
```

4. 能从板子启动运行

前面虽然通过调试工具，串口信息输出成功了，但你发现把编译生成的 u-boot.bin 文件直接写到 SD 卡，拨号开关切换到从 SD 卡启动，启动会失败。其原因是 Exynos4412 启动过程不是从 u-boot.bin 直接启动的，而是 BL0→BL1（8k）→BL2（14k）→u-boot.bin，详见 5.3.2 节"U-Boot 启动过程"。我们需要按照厂商提供方式进行处理，采用脚本方式把 BL1 BL2 添加到 u-boot.bin 的前面生成 **u-boot-4412.bin** 后，该文件才能烧写到 SD 卡正常启动。这里我们把这种处理暂且称为加密处理，详细过程如下。

（1）添加三星加密方式。

Exynos 需要三星提供的初始引导加密后， U-Boot 才能被引导运行。

```
$cp  sdfuse_q  u-boot-2013.01-rf
```

注：sdfuse_q 三星提供的加密处理。

```
$cp CodeSign4SecureBoot  u-boot-2013.01 -rf
```

注：CodeSign4SecureBoot 三星提供的安全启动方式。

（2）修改 Makefile。

```
$vim Makefile
```

修改实现 sdfuse_q 的编译。

在

```
$(obj)u-boot.bin: $(obj)u-boot
        $(OBJCOPY) ${OBJCFLAGS} -O binary $< $@
        $(BOARD_SIZE_CHECK)
```

下添加

```
        @#./mkuboot
        @split -b 14336 u-boot.bin bl2
        @+make -C sdfuse_q/
        @#cp u-boot.bin u-boot-4212.bin
        @#cp u-boot.bin u-boot-4412.bin
        @#./sdfuse_q/add_sign
        @./sdfuse_q/chksum
        @./sdfuse_q/add_padding
        @rm bl2a*
        @echo
```

注意是按 Tab 键进行缩进的，否则 Makefile 编译报错。

如果执行了 make distclean，需重新复制 CodeSign4SecureBoot。

（3）复制编译脚本。

```
$cp build.sh u-boot-2013.01
$chmod  777  u-boot-2013.01/ build.sh
$ ./buildsh
```

注：build.sh 脚本方式完成自动添加加密方式。

5.4.5　移植网卡实现 Ping 和 TFTP 的功能

```
Jack:
网卡怎么移植啊?
Ivan:
    先网络搜索，如"linux 网卡移植 笔记"，网卡移植的关键是解决软件如何和网卡通信的问题。首先从查
看电路图，修改代码，实现能读写网卡寄存器的值入手(这里涉及硬件地址、CPU 侧的 I/O 口、总线和网卡通信时
序的设置)。再打开网络支持 Ping TFTP 的宏开关。如果能 ping 通，表示网卡移植成功。
```

注：能读写寄存器成功，是许多裸机驱动开发的关键一步。如果成功说明硬件基本没问题，读写地址软件时序是对的；如果失败，就软硬件都可能有问题，排查起来较麻烦。

网卡移植的关键是网卡初始化时，**检测网卡芯片的 ID 能否成功**。在网卡芯片 dm9000 中有专门的寄存器存放了 ID 值，初始化时 CPU 通过读取该值并和正确的值对比，如果相同则说明成功。如果读写寄存器成功，移植就成功了大半。

为什么要移植呢？嵌入式产品能运用这么广泛，原因是它针对不同的产品需求进行了软硬件的定制，使得性能最大化提升了竞争力。而移植就是针对定制带来的差异而诞

生的，不同产品，有的需要 LCD 屏幕，有的需要网卡，有的需要多个摄像头等。它们使用硬件不一样，使用控制该硬件的 CPU 管脚不一样，控制管脚的寄存器不一样，程序代码当然也要做相应的移植修改，以适应不同产品需要。通常移植首先从硬件着手，通过查看电路图确定控制管脚是哪个，再看对应的一系列寄存器，最后更改相应的程序代码，运行调试。下面从硬件着手来讲解如何移植网卡。

1. 找到控制网卡的 CPU 管脚，并确定其对应的寄存器地址

根据电路图和芯片手册，由 dm9000 的 **BUF_Xm0cs_1** 片选脚，追踪到 CPU 的 Xm0cs1 脚（图 5.6 是产品电路图中对网卡部分的截取）。再搜寻 CPU 芯片手册通过图 5.7（源于 SROM Controller 19.3）的描述和图 5.8（源于 3.1 Memery map）地址映射知道，CPU 通过 Xm0cs 来选择不同的 BANK 地址，Xm0cs1 对应 BANK1，Xm0cs2 对应 BANK2。我们这里是 Xm0cs1，对应的地址是 0x05000000。所以后面在配置头文件 include/configs/origen.h 里设置访问网卡的基地址是 #define CONFIG_DM9000_BASE 0x05000000。

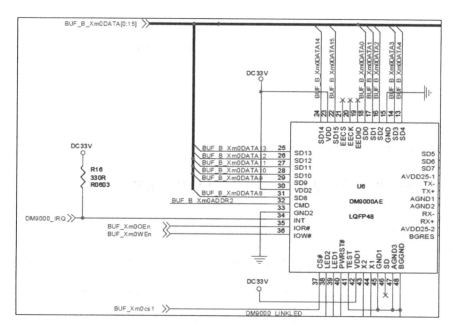

图 5.6　网卡电路图

19.3 I/O Description

This section describes the I/O description of SROMC.

Signal	I/O	Description	Pad
nGCS[3:0]	Output	Bank selection signal	Xm0CSn_x

图 5.7　SROMC BANK 的片选

3.1 Overview

This section describes the base address of region.

Base Address	Limit Address	Size	Description
0x0000_0000	0x0001_0000	64 KB	iROM
0x0200_0000	0x0201_0000	64 KB	iROM (mirror of 0x0 to 0x10000)
0x0202_0000	0x0206_0000	256 KB	iRAM
0x0300_0000	0x0302_0000	128 KB	Data memory or general purpose of Samsung Reconfigurable Processor SRP.
0x0302_0000	0x0303_0000	64 KB	I-cache or general purpose of SRP.
0x0303_0000	0x0303_9000	36 KB	Configuration memory (write only) of SRP
0x0381_0000	0x0383_0000	–	AudioSS's SFR region
0x0400_0000	0x0500_0000	16 MB	Bank0 of Static Read Only Memory Controller (SMC) (16-bit only)
0x0500_0000	0x0600_0000	16 MB	Bank1 of SMC
0x0600_0000	0x0700_0000	16 MB	Bank2 of SMC

图 5.8　存储地址映射图

2. 配置访问网卡的 I/O 口的工作模式，总线宽度

由 CPU 芯片手册的"19. SROM Controller"章节，知道 CPU 侧设置网卡相关的设置寄存器有 SROM_BW（ 0x1257_0000 ）和 SROM_BC1（0x1257_0000+8）寄存器。

SROM_BW 是设置总线宽度，SROM_BC1 是指定需设置的是 BANK1，具体设置见后面代码里的#define EXYNOS4412_SROMC_BASE 0X12570000 和 exynos_config_sromc 函数。

6.2.3.43 GPY0CON

- Base Address: 0x1100_0000
- Address = Base Address + 0x0120, Reset Value = 0x0000_0000

Name	Bit	Type	Description	Reset Value
GPY0CON[5]	[23:20]	RW	0x0 = Input 0x1 = Output 0x2 = EBI_WEn 0x4 to 0xF = Reserved	0x00
GPY0CON[4]	[19:16]	RW	0x0 = Input 0x1 = Output 0x2 = EBI_OEn 0x4 to 0xF = Reserved	0x00
GPY0CON[3]	[15:12]	RW	0x0 = Input 0x1 = Output 0x2 = SROM_CSn[3] 0x3 = NF_CSn[1] 0x4= Reserved 0x5 = OND_CSn[1] 0x4 to 0xF = Reserved	0x00
GPY0CON[2]	[11:8]	RW	0x0 = Input 0x1 = Output 0x2= SROM_CSn[2] 0x3= NF_CSn[2] 0x4= Reserved 0x5 = OND_CSn[0] 0x4 to 0xF = Reserved	0x00
GPY0CON[1]	[7:4]	RW	0x0 = Input 0x1 = Output 0x2 = SROM_CSn[1] 0x3= NF_CSn[3] 0x4 to 0xF = Reserved	0x00
GPY0CON[0]	[3:0]	RW	0x0 = Input 0x1 = Output 0x2 = SROM_CSn[0] 0x3= NF_CSn[2] 0x4 to 0xF = Reserved	0x00

图 5.9　GPY0 配置寄存器

访问网卡的 I/O 口的设置，见图 5.9 ，详细代码如下。

```
// gpio configuration
    writel(0x00220020, 0x11000000 + 0x120);
    writel(0x00002222, 0x11000000 + 0x140);
```

注:

表示通过写寄存器，把 IO 口设置成 SROM_CS 模式，用于控制网卡。

由电路图里的 BUF_B_Xm0DATA[0:15]知道总线的宽度是 16 位的，见以下代码。

```
// 16 Bit bus width
    writel(0x22222222, 0x11000000 + 0x180);
    writel(0x0000FFFF, 0x11000000 + 0x188);
    writel(0x22222222, 0x11000000 + 0x1C0);
    writel(0x0000FFFF, 0x11000000 + 0x1C8);
    writel(0x22222222, 0x11000000 + 0x1E0);
    writel(0x0000FFFF, 0x11000000 + 0x1E8);
```

3. 根据网卡芯片手册，设定通信协议时序参数

结合网卡的芯片手册，如图 5.10 所示，可参考其他网卡 dm9000 驱动例子中的用到的时序参数。

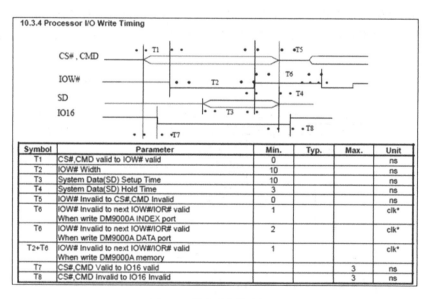

图 5.10　网卡管脚的时序图

网卡通信协议的时序设置如下:

```
#define DM9000_Tacs    (0x0)   // 0clk     address set-up
#define DM9000_Tcos    (0x1)   // 4clk     chip selection set-up
#define DM9000_Tacc    (0x5)   // 14clk    access cycle
#define DM9000_Tcoh    (0x1)   // 1clk     chip selection hold
#define DM9000_Tah     (0x4)   // 4clk     address holding time
#define DM9000_Tacp    (0x6)   // 6clk     page mode access cycle
```

```
      #define DM9000_PMC      (0x0)    // normal(1data)page mode configuration
```

4. 网卡相关代码的移植修改

（1）修改文件 board/samsung/origen/origen.c，添加下面的网络初始化代码。

```
    在 struct exynos4_gpio_part2 *gpio2; 后添加
#ifdef CONFIG_DRIVER_DM9000    通过该宏开关实现代码可配置那些是需要编译的
#define EXYNOS4412_SROMC_BASE 0X12570000    SROMC 模块的寄存器的基地址
//网卡通信协议的时序参数
#define DM9000_Tacs    (0x0)    // 0clk        address set-up
#define DM9000_Tcos    (0x1)    // 4clk        chip selection set-up
#define DM9000_Tacc    (0x5)    // 14clk       access cycle
#define DM9000_Tcoh    (0x1)    // 1clk        chip selection hold
#define DM9000_Tah     (0x4)    // 4clk        address holding time
#define DM9000_Tacp    (0x6)    // 6clk        page mode access cycle
#define DM9000_PMC     (0x0)    // normal(1data)page mode configuration
struct exynos_sromc {
unsigned int bw;
unsigned int bc[6];
};


/* exynos_config_sromc() - select the proper SROMC Bank and configure the
                           band width control and bank control registers
 srom_bank    - SROM
   srom_bw_conf  - SMC Band witdh reg configuration value
   srom_bc_conf - SMC Bank Control reg configuration value */
void exynos_config_sromc(u32 srom_bank, u32 srom_bw_conf, u32 srom_bc_conf)
{
    unsigned int tmp;
    struct exynos_sromc *srom = (struct exynos_sromc *)(EXYNOS4412_SROMC_BASE);

    // Configure SMC_BW register to handle proper SROMC bank
    tmp = srom->bw;
    tmp &= ~(0xF << (srom_bank * 4));
    tmp |= srom_bw_conf;
    srom->bw = tmp;

    // Configure SMC_BC register
    srom->bc[srom_bank] = srom_bc_conf;
}

//网卡 dm9000 初始化，主要是配置模式为网卡模式，设置对应总线宽度
static void dm9000aep_pre_init(void)
{
    unsigned int tmp;
    unsigned char smc_bank_num = 1;
    unsigned int   smc_bw_conf=0;
    unsigned int   smc_bc_conf=0;

    // gpio configuration 配置管脚为网卡模式
    writel(0x00220020, 0x11000000 + 0x120);
    writel(0x00002222, 0x11000000 + 0x140);
```

```
    // 16 Bit bus width    配置读写网卡dm9000的总线宽度为16位
    writel(0x22222222, 0x11000000 + 0x180);
    writel(0x0000FFFF, 0x11000000 + 0x188);
    writel(0x22222222, 0x11000000 + 0x1C0);
    writel(0x0000FFFF, 0x11000000 + 0x1C8);
    writel(0x22222222, 0x11000000 + 0x1E0);
    writel(0x0000FFFF, 0x11000000 + 0x1E8);


    smc_bw_conf &= ~(0xf<<4);
    smc_bw_conf |= (1<<7) | (1<<6) | (1<<5) | (1<<4);
    smc_bc_conf = ((DM9000_Tacs << 28)
                    | (DM9000_Tcos << 24)
                    | (DM9000_Tacc << 16)
                    | (DM9000_Tcoh << 12)
                    | (DM9000_Tah << 8)
                    | (DM9000_Tacp << 4)
                    | (DM9000_PMC));
    //通过 SROMC 模块配置网卡
    exynos_config_sromc(smc_bank_num,smc_bw_conf,smc_bc_conf);
}
#endif

在 gd->bd->bi_boot_params = (PHYS_SDRAM_1 + 0x100UL); 后添加
#ifdef CONFIG_DRIVER_DM9000
dm9000aep_pre_init();
#endif
在文件末尾添加
int board_eth_init(bd_t *bis)
{
int rc = 0;
    #ifdef CONFIG_DRIVER_DM9000
            rc = dm9000_initialize(bis);
    #endif
    return rc;
}
```

（2）修改配置文件 include/configs/origen.h，添加网络相关配置。

修改

```
    #undef CONFIG_CMD_PING
```

为

```
    #define  CONFIG_CMD_PING    支持 Ping 命令
```

修改

```
    #undef CONFIG_CMD_NET
```

为

```
    #define  CONFIG_CMD_NET    支持网络设置，如 IP 地址网关等
```

在文件末尾

```
    #endif
```

前面添加

```
#ifdef CONFIG_CMD_NET
    #define CONFIG_NET_MULTI
    #define CONFIG_DRIVER_DM9000    1
    #define CONFIG_DM9000_BASE      0x05000000   访问网卡的寄存器基地址
    #define DM9000_IO                           CONFIG_DM9000_BASE
    #define DM9000_DATA                         (CONFIG_DM9000_BASE + 4)
    #define CONFIG_DM9000_USE_16BIT
    #define CONFIG_DM9000_NO_SROM   1
    #define CONFIG_ETHADDR          11:22:33:44:55:66  //网卡物理地址
    #define CONFIG_IPADDR           192.168.9.9      //IP 地址
    #define CONFIG_SERVERIP         192.168.9.120   //TFTP 服务器的 IP 地址
    #define CONFIG_GATEWAYIP        192.168.9.1     //网关
    #define CONFIG_NETMASK          255.255.255.0  //子网掩码
#endif
```

Jack:
电路图芯片手册怎么看啊，代码改哪里，不知道怎么做，好难哦？
Ivan:
先从模仿开始吧，借鉴一个移植 OK 的做参考。用对比软件（如 Beyond Compare）把它和移植前的官方
版本对比，分析电路图和源码，看修改了哪些内容，如找公司其他产品上串口有移植成功的来做参考）

注：看懂电路图、芯片手册和代码，既是做嵌入式开发的很重要的一个能力，也是个较难迈过的一道门槛，一般需要人带一带。找个现成的做参考，逐渐摸索也是一个好办法，只是要在实际项目中花较长时间，才能慢慢地掌握。

 习题

1. Bootloader 的启动方式有（　　）。

A．Flash 启动　　　　　　　B．网络启动　　　　C．文件启动

2. Bootloader 种类中用得最多的是（　　）。

A．U-Boot　　　　　　　　　B．RedBoot　　　　C．ROLO

3. 启动参数 bootargs 的作用是（　　）。

A．指定根文件系统的路径

B．指定运行的第一个应用程序　　　　　　　C．指定内核

4. 自启动命令 bootcmd 的作用是（　　）。

A．指定从哪里获得内核　　　　　　　　B．启动内核

C．存储需自动运行的命令

5. U-Boot 的启动过程包括（　　）。

A．关闭中断和看门狗，初始化基本硬件

嵌入式 Linux 系统开发教程

B．自搬移和搬移内核到内存

C．运行内核   D．挂载 rootfs

6．U-Boot 的移植步骤包括（   ）。

A．选择 U-Boot 的源码版本

B．U-Boot 配置编译

C．移植使得串口能输出信息显示

D．移植对网卡支持，能通过网卡下载文件

E．制作根文件系统

7．U-Boot 的移植时串口没有信息输出的原因可能是（   ）。

A．U-Boot 程序根本没有运行

B．串口参数设置错误，如用的是 COM2，而设置的是 COM1

C．时钟未初始化成功，导致串口不能输出正确的波特率

D．环境有问题，如接触不良等

8．U-Boot 的移植网卡时不能 ping 通的原因可能是（   ）。

A．环境有问题，如接触不良等

B．网卡初始化失败，如管脚地址设置不对，通信时序不对等

C．硬件有问题

D．内核有问题

本章介绍了 Linux 内核的特点和配置编译。通过学习本章，可以了解 Linux 内核的 Kbuild 编译管理方式，掌握基本的配置编译过程。

本章目标

❑ Linux 内核特点
❑ 配置编译内核源码
❑ 内核配置选项

第6章
配置编译内核

6.1 Linux 内核特点

6.1.1 Linux 内核版本介绍

Linux 内核版本号的命名方式到目前为止经历了以下 4 个阶段。

（1）从内核第一个 0.01 版本发布到 1.0 版本。0.01 版本之后的版本分别是 0.02、0.03、 0.10、0.11、0.12（第一个 GPL 版本）、0.95、0.96、0.97、0.98、0.99，最后才到 1.0。

（2）1.0 发布之后，直到 2.6 版本之前，命名格式为"A.B.C"，其中 A、B、C 的含义分别如下。

A：表示内核版本号，如经历过的 1 和 2。

B：表示内核主版本号，如果为奇数，则为开发版；如果为偶数，则为稳定版。例如 2.3 为开发版，而 2.4 为稳定版。

C：表示内核次版本号。次版本号是无论在内核增加安全补丁、修复 bug、实现新的特性或者驱动时都会改变。

（3）2004 年 2.6 版本发布之后，内核开发者觉得基于更短的时间为发布周期更有益，所以在大约 7 年的时间里，内核版本号的前两个数一直保持是 2.6，第三个数随发布次数增加，发布周期大约是两三个月。考虑到对某个版本的 bug 和安全漏洞的修复，有时也会出现第 4 个数字。

（4）2011 年 5 月 29 号，Linus Torvalds 宣布为了纪念 Linux 发布 20 周年，在 2.6.39 版本发布之后，内核版本将升到 3.0（但这次在内核的概念上并没有发生大的变化）。Linux 继续使用在 2.6.0 版本引入的基于时间的发布规律，但是使用第二个数——例如在 3.0 发布的几个月之后发布 3.1，同时当需要修复 bug 和安全漏洞的时候，增加一个数字（现在是第三个数）来表示，如 3.1.1。

内核的版本号后添加的"rc"后缀，表示待发布（release candidates）。有些时候，版本号后面有类似于"tip"这样的后缀，表明另一个开发分支，这些分支通常（但不总是）是一个人开始发起的。

登录 Linux 内核官网 https://www.kernel.org，会发现有 3 种类型的内核版本，如图 6.1 所示。

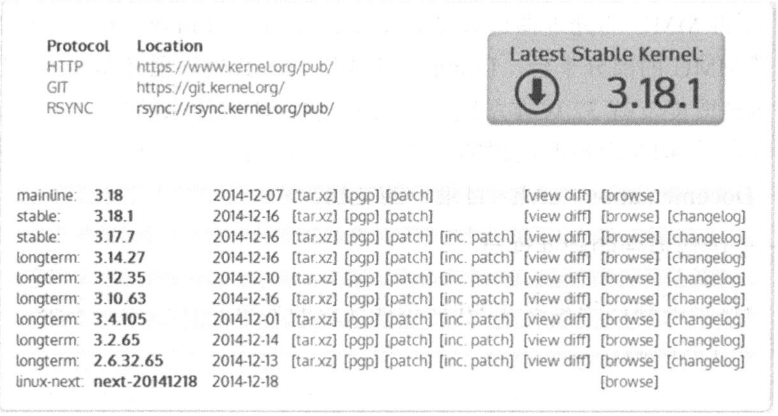

Protocol	Location
HTTP	https://www.kernel.org/pub/
GIT	https://git.kernel.org/
RSYNC	rsync://rsync.kernel.org/pub/

Latest Stable Kernel: 3.18.1

mainline:	3.18	2014-12-07	[tar.xz]	[pgp]	[patch]		[view diff]	[browse]	
stable:	3.18.1	2014-12-16	[tar.xz]	[pgp]	[patch]		[view diff]	[browse]	[changelog]
stable:	3.17.7	2014-12-16	[tar.xz]	[pgp]	[patch]	[inc. patch]	[view diff]	[browse]	[changelog]
longterm:	3.14.27	2014-12-16	[tar.xz]	[pgp]	[patch]	[inc. patch]	[view diff]	[browse]	[changelog]
longterm:	3.12.35	2014-12-10	[tar.xz]	[pgp]	[patch]	[inc. patch]	[view diff]	[browse]	[changelog]
longterm:	3.10.63	2014-12-16	[tar.xz]	[pgp]	[patch]	[inc. patch]	[view diff]	[browse]	[changelog]
longterm:	3.4.105	2014-12-01	[tar.xz]	[pgp]	[patch]	[inc. patch]	[view diff]	[browse]	[changelog]
longterm:	3.2.65	2014-12-14	[tar.xz]	[pgp]	[patch]	[inc. patch]	[view diff]	[browse]	[changelog]
longterm:	2.6.32.65	2014-12-13	[tar.xz]	[pgp]	[patch]	[inc. patch]	[view diff]	[browse]	[changelog]
linux-next:	next-20141218	2014-12-18						[browse]	

图 6.1　Linux 内核官网主页

其中，“mainline”是主线版本；“stable”是稳定版，由“mainline”在时机成熟时发布，稳定版也会在相应版本号的主线上提供 bug 修复和安全补丁；由于内核社区人力有限，因此较老版本会停止维护，而标记为 EOL （End of Life）的版本表示不再支持的版本；“longterm”是长期支持版，目前还处在长期支持版的有 6 个版本的内核，分别为 3.14、3.12、3.10、3.4、3.2、2.6.32，长期支持版的内核等到不再支持时，也会标记 EOL。2013 年 11 月 3 日，Linus Torvalds 宣布发布 Linux 3.12，同时还讨论了 Linux 4.0 发布计划：他考虑在 Linux 3.19 之后发布 Linux 4.0，和 Linux 3.0 发布策略相同，4.0 并不代表着巨大变化，他只是想避免 3.x 的版本号超过 20，因为小版本号记忆起来比较简单。

6.1.2　Linux 内核特点

1．Linux 内核的重要特性

Linux 内核具有如下重要特性。

- 可移植性（Portability），支持硬件平台广泛，在大多数体系结构上都可以运行。
- 可裁剪性（Scalability），既可以运行在超级计算机上，也可以运行在很小的设备上（4MB RAM 就能满足）。
- 标准化和互用性（Interoperability），遵守标准化和互用性规范。
- 完善的网络支持。
- 安全性，开放源码使缺陷暴露无遗，它的代码也接受了许多专家的审查。
- 稳定性（Stability）和可靠性（Reliability）。
- 模块化（Modularity），运行时可以根据系统的需要加载程序。
- 编程容易，可以学习现有的代码，还可以从网络上找到很多有用的资源。

2．Linux 内核支持的处理器体系结构

Linux 内核能够支持的处理器的最小要求：32 位处理器，带或者不带 MMU。需要

说明的是，不带 MMU 的处理器过去是 uClinux 支持的，Linux 2.6 及以后的内核采纳了 m68k 等不带 MMU 的部分平台，Linux 支持的绝大多数处理器还是带 MMU 的。

Linux 内核既能支持 32 位体系结构，又能支持 64 位体系结构。

每一种体系结构在内核源码树的 arch/目录下有子目录。各种体系结构的详细内容可以查看源码 Documentation/<arch>/目录下的文档。

3．Linux 内核遵守的软件许可

Linux 内核全部源代码是遵守 GPL 软件许可的免费软件，这就要求在发布 Linux 软件的时候免费开放源码。

对于 Linux 等自由软件，必须对最终用户开放源代码，但是没有义务向其他任何人开放。在商业 Linux 公司中，通常会要求客户签署最终用户的使用许可。

私有的模块是允许使用的。只要不被认定为源自 GPL 的代码，就可以按照私有许可使用。但是，私有的驱动程序不能静态链接到内核中去，可以作为动态加载的模块使用。

4．开放源码驱动程序的优点

基于庞大的 Linux 社区和内核源码工程，有各种各样的驱动程序和应用程序可以利用，而没有必要从头写程序。

开发者可以免费得到社区的贡献、支持、检查代码和测试。驱动程序既可以免费发布给其他人，也可以静态编译进内核。

对 Linux 公司来说，用户和社区的正面印象可以使他们更容易聘请到有才能的开发者。

以源码形式发布驱动程序，可以不必为每一个内核版本和补丁版本都提供二进制数据的程序。另外通过分析源代码，可以保证它没有安全隐患。

6.2 配置编译内核源码

在广大爱好者的支持下，Linux 内核版本不断更新。新的内核修订了旧内核的 bug，并增加了许多新的特性。如果用户想要使用这些新特性，或想根据自己的系统量身定制一个更高效、更稳定的内核，就需要重新编译内核。

通常，新的内核会支持更多的硬件，具备更好的进程管理能力，运行速度更快、更稳定，并且一般会修复老版本中发现的许多漏洞等，经常性地选择升级更新的系统内核是 Linux 使用者的必要操作内容。

为了正确、合理地设置内核编译配置选项，从而只编译系统需要的功能的代码，一般主要有下面 4 个方面的考虑。

（1）尺寸小。自己定制内核可以使代码尺寸减小，运行将会更快。

（2）节省内存。由于内核部分代码永远占用物理内存，定制内核可以使系统拥有更多的可用物理内存。

（3）减少漏洞。不需要的功能编译进入内核可能会增加被系统攻击者利用的机会。

（4）动态加载模块。根据需要动态地加载或者卸载模块，可以节省系统内存。但是，将某种功能编译为模块方式会比编译到内核内的方式速度要慢一些。

6.2.1 内核源码的下载方法和结构

由于内核版本是不断升级更新的，最好下载使用最新版本的内核源代码。但是，有时候也需要比较分析老版本的内核。

浏览 https://www.kernel.org 站点，可以查看 Linux 官方发布的内核版本，从而确定需要的内核版本。然后可以通过 HTTP、 FTP 或者 git 下载相应的源码包。

最简单的源码下载方法就是进入内核源码站点 https://www.kernel.org，在页面中单击想要下载版本后面的"[tar.xz]"，即可下载相应版本的源码。如果要下载其他版本的源码，则通过浏览器打开 https://www.kernel.org/pub/linux/kernel，可以看到各版本的内核源码列表，选择一个相应的版本（如 v3.x），单击进入就可以看到该版本下的所有内核源码下载列表。该列表中以"ChangeLog"开始的项为变更记录，以"linux"开头的项为内核源码压缩包和相应的电子签名。内核源码提供".xz"".bz2"和".gz" 3 种格式的压缩包，推荐下载".xz"格式的压缩包，压缩比例高，文件比较小。以".sign"结尾的文件即为电子签名，可以用来验证下载的内核源码的完整性。

用户也可以利用 Linux 的一些下载工具进行源码下载，例如，gftp、kget、wget 等。其中，gftp、kget 是图形界面的，wget 是基于字符终端的，在没有图形界面的环境下很方便。wget 可以支持 FTP 和 HTTP，还支持断点续传，下面以 wget 为例来介绍下载源码包。

下面的例子就是下载内核源码包和电子签名文件到当前目录。由于现在源码包一般都在 70MB 以上，可以使用断点续传的下载方式，加上选项"-c"。下载命令如下。

```
$ wget -c https://www.kernel.org/pub/linux/kernel/v3.x/linux-3.14.25.tar.xz
$ wget -c https://www.kernel.org/pub/linux/kernel/v3.x/linux-3.14.25.tar.sign
```

下载完成以后。先验证一下电子签名。

```
$ xz -cd linux-3.14.25.tar.xz | gpg --verify linux-3.14.25.tar.sign -
```

如果验证时出现如下没有找到公钥的错误。

```
gpg: Signature made Sat 22 Nov 2014 01:24:29 AM CST using RSA key ID 6092693E
gpg: Can't check signature: public key not found
```

则使用如下的命令导入公钥。

```
$ gpg --keyserver hkp://keys.gnupg.net --recv-keys 6092693E
```

其中，"6092693E"需要根据出错信息中"key ID"后的字符串进行相应修改。

目前 Linux 内核源码都是用 git 来管理的。要使用 git 下载内核源码，必须先确认 git 工具已经安装，如果没有可以使用以下命令进行安装。

```
$ sudo apt-get install git
```

安装好 git 后，使用下面的命令获得 stable 版本的内核源码。

```
$ git clone https://www.kernel.org/pub/scm/linux/kernel/git/stable/linux-stable.
git
```

命令中的网址可以在 Linux 的内核源码官网中单击 https://www.kernel.org/pub 超链接逐步得到。第一次通过这种方式来获取源码会花费较长时间，但之后就比较快了。获取完源码后进入到 linux-stable 目录，会在该目录下看到内核源码的相应子目录和一个隐藏的.git 目录。该目录是 git 用于版本库管理的文件夹，和 SVN 的是类似的。在该目录下执行以下命令可以确定当前内核源码的版本。

```
$ cd linux-stable/
$ make kernelversion
```

显示出来的版本是当前最新的稳定内核版本。但是，我们通常会使用以前的某一个稳定版本，所以首先要选择一个想要的分支。使用下面的命令可以查看所有的本地和远程分支。

```
$ git branch -a
```

使用下面的命令检出一个版本的源码，然后创建并切换到一个新的分支。

```
$ git checkout remotes/origin/linux-3.14.y
$ git checkout -b 3.14.y
```

通过上面的各种方法就可以获得内核的源码了。如果下载的是内核源码压缩包，则使用下面的命令解压内核源码。

```
$ tar -xvf linux-3.14.25.tar.xz
```

内核的源码更新频率比较高，如果需要一个更新版本的内核源码，通过在网页中下载或使用 wget 下载一个完整的内核源码包将会花费较长的时间（用 git 获取新版本的内核源码则只需要切换到一个更新的分支并检出源码即可）。这时可以下载新版本内核源码的 patch 文件，即补丁，给老版本的内核源码打上补丁即可升级内核源码。但是 patch 文件是针对于特定的版本的，你需要找到自己对应的版本才能使用。每一个补丁都反映了最近的两个版本之间的差别。也就是说，上一个版本的 Linux 内核源码，通过打补丁可以得到下一个版本。另外，Linux 社区经常有开发版本、分支版本或者非官方修改，都是以补丁的形式发布的。

假设已经下载了 linux-3.14 版本的内核源码，kernel.org 又发布了 linux-3.14.25 版本内核源码。这时下载补丁 patch-3.14.25.xz，就可以升级到新的版本。下载命令如下。

```
$ wget -c https://www.kernel.org/pub/linux/kernel/v3.x/patch-3.14.25.xz
$ wget -c https://www.kernel.org/pub/linux/kernel/v3.x/patch-3.14.25.sign
```

下载完成后，也要检查电子签名。

```
$ xz -cd patch-3.14.25.xz | gpg --verify patch-3.14.25.sign -
```

完整性检查通过后可以通过下面的命令给较老的内核源码打上补丁。

```
$ cd linux-3.14/
$ xzcat ../patch-3.14.25.xz | patch -p1 -f --verbose
```

上面通过管道的方式，把补丁内容传递给 patch 命令，应用到内核源代码中。使用
"make kernelversion" 命令可以看到内核源码的版本已经变为 3.14.25。接下来，可以把
Linux-3.14 的目录名称改成 Linux-3.14.25，就得到新版本的 Linux 内核源码了。需要说
明的是，上面是把两位版本升级到对应的 3 位版本。使用相似的方法也能把两位版本升
级到下一个两位版本。但是不能直接把 3 位版本升级到下一个 3 位版本，必须要把 3 位
版本降到对应的两位版本，再升级到相应的 3 位版本。

那么补丁文件是什么呢？不妨分析一下补丁文件的内容。补丁文件是通过 diff 命令
比较两个源码目录中文件的结果，把两个目录中所有文件的变化体现出来。下面是补丁
文件中的一段，说明了 Makefile 文件的一些修改。

```
diff --git a/Makefile b/Makefile
index e5ac8a62e6e5..eb96e40238f7 100644
--- a/Makefile
+++ b/Makefile
@@ -1,8 +1,8 @@
 VERSION = 3
 PATCHLEVEL = 14
 SUBLEVEL = 0
+SUBLEVEL = 25
 EXTRAVERSION =
-NAME = Shuffling Zombie Juror
+NAME = Remembering Coco
```

上面是 a 目录和 b 目录比较的结果，也就是从 a 目录到 b 目录的变化。"–"表示删
除当前行，"+"表示添加当前行，这样可以实现代码的修改替换。上面的 SUBLEVEL 从
0 变成了 25。

patch 命令可以根据补丁文件内容修改指定目录下的文件。几种命令使用方式如下。

```
$ patch -p<n> < diff_file
$ cat diff_file | patch -p<n>
$ bzcat diff_file.bz2 | patch -p<n>
$ zcat diff_file.gz | patch -p<n>
$ xzcat diff_file.xz | patch -p<n>
```

其中，<n>代表按照 patch 文件的路径忽略的目录级数，每个"/"代表一级。例如：
p0 是完全按照补丁文件中的路径查找要修改的文件。

p1 是使用去掉第一级"/"得到相对路径，再基于当前目录，到相应的相对路径下查
找要修改的文件。

接下来，就可以仔细阅读内核源代码。Linux 内核源代码非常庞大，随着版本的发展不断增加。它使用目录树结构，并且使用 Makefile 组织配置编译。

初次接触 Linux 内核，要仔细阅读顶层目录的 README 文件，它是 Linux 内核的概述和编译命令说明。README 文件的说明更加针对 x86 等通用的平台，对于某些特殊的体系结构，可能有些特殊的地方。

顶层目录的 Makefile 是整个内核配置编译的核心文件，负责组织目录树中子目录的编译管理，还可以设置体系结构和版本号等。

内核源码的顶层有许多子目录，分别组织存放各种内核子系统或者文件。具体的目录说明见表 6.1。

表 6.1　Linux 内核源码顶层目录说明

目　　录	说　　明
arch/	体系结构相关的代码，如 arch/i386，arch/arm，arch/ppc
block/	部分块设备驱动程序
crypto/	加密、压缩、CRC 校验算法
Documentation/	内核文档
drivers/	各种设备驱动程序，例如：drivers/char drivers/block …
firmware/	一些设备运行需要的固件
fs/	文件系统，如 fs/ext3/ fs/jffs2 …
include/	内核头文件，include/linux 是 Linux 内核基本的头文件
init/	Linux 初始化，如 main.c
ipc/	进程间通信的代码
kernel/	Linux 内核核心代码（这部分很小）
lib/	各种库子程序，如 zlib，　crc32
mm/	内存管理代码
net/	网络支持代码，主要是网络协议
samples/	一些内核编程的范例
scripts/	内部或者外部使用的脚本
security/	SElinux 的模块
sound/	声音驱动的支持
usr/	用户的代码，如 cpio 的实现
virt/	内核虚拟机

6.2.2　内核配置系统

Linux 内核源代码支持二十多种体系结构的处理器，还有各种各样的驱动程序等选项。因此，在编译之前必须根据特定平台配置内核源代码。Linux 内核有上千个配置选项，配置相当复杂。所以，Linux 内核源代码包含了一个配置系统。

Linux 内核配置系统可以生成内核配置菜单，方便内核配置。配置系统主要包含 Makefile、Kconfig 和配置工具，可以生成配置界面。配置界面是通过工具来生成的，工具通过 Makefile 编译执行，选项则是通过各级目录的 Kconfig 文件定义。

Linux 内核配置命令有 make config、make menuconfig 和 make xconfig 等，分别是字符界面、ncurses 光标菜单和 X-window 图形窗口的配置界面。字符界面配置方式需要回答每一个选项提示，逐个回答内核上千个选项几乎是行不通的；图形窗口的配置界面很友好，光标菜单也方便实用。例如执行 make xconfig，主菜单界面如图 6.2 所示。

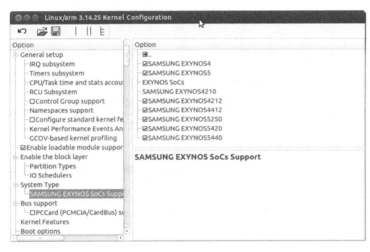

图 6.2　内核图形配置界面

那么这个配置界面到底是如何生成的呢？这里结合配置系统的 3 个部分分析一下。

1．Makefile

Linux 内核的配置编译都是由顶层目录的 Makefile 整体管理的。顶层目录的 Makefile 定义了配置和编译的规则，这里重点分析一下相关的变量和规则。另外，内核源码包中的 Documentation/kbuild/makefiles.txt 有内核 Makefile 的详细说明。

在顶层的 Makefile 中，可以查找到如下几行定义的规则。

```
config: scripts_basic outputmakefile FORCE
        $(Q)mkdir -p include/linux include/config
        $(Q)$(MAKE) $(build)=scripts/kconfig $@

%config: scripts_basic outputmakefile FORCE
        $(Q)mkdir -p include/linux include/config
        $(Q)$(MAKE) $(build)=scripts/kconfig $@
```

这就是生成内核配置界面的命令规则，它也定义了执行的目标和依赖的前提条件，还有要执行的命令。

这两条规则定义的目标为 config 和%config，通配符%意味着可以包括 config、xconfig、

gconfig、menuconfig 和 oldconfig 等。依赖的前提条件是 scripts_basic outputmakefile，这些在 Makefile 也是规则定义，主要用来编译生成配置工具。

这两条规则执行的命令就是执行 scripts/kconfig/Makefile 指定的规则，相当于

```
make -C scripts/kconfig/ config
```

或者

```
make -C scripts/kconfig/ %config
```

这两行命令将使用配置工具解析 arch/$(ARCH)/Kconfig 文件，生成内核配置菜单。ARCH 变量是 Linux 体系结构定义，对应 arch 目录下子目录的名称。Kconfig 包含了内核配置菜单的内容，那么 arch/$(ARCH)/Kconfig 是配置主菜单的文件，调用管理其他各级 Kconfig。

根据配置工具的不同，内核也有不同的配置方式，有命令行方式，还有图形界面方式。表 6.2 是各种内核配置方式的说明。

表 6.2　内核配置方式说明

配置方式	功　能
config	通过命令行程序更新当前配置
menuconfig	通过菜单程序更新当前配置（使用 sudo apt-get install libncurses5-dev 命令安装 ncurses 库）
xconfig	通过 Qt 图形界面更新当前配置（使用 sudo apt-get install qt4-dev-tools 命令安装 qt4 开发工具）
gconfig	通过 GTK 图形界面更新当前配置（使用 sudo apt-get install libglade2-dev 命令安装 gtk 图形库）
oldconfig	通过已经提供的.config 文件更新当前配置
randconfig	对所有的选项随机配置
defconfig	对所有选项使用默认配置
allmodconfig	对所有选项尽可能选择"m"
allyesconfig	对所有选项尽可能选择"y"
allnoconfig	对所有选项尽可能选择"n"的最小配置

这些内核配置方式是在 scripts/kconfig/Makefile 中通过规则定义的。从这个 Makefile 中，可以找到下面一些规则定义。如果把变量或者通配符代进去，就可以明白要执行的操作。

```
xconfig: $(obj)/qconf
      $< $(Kconfig)
```

执行命令：scripts/kconfig/qconf　Kconfig
使用 Qt 图形库，生成内核配置界面。

```
gconfig: $(obj)/gconf
      $< $(Kconfig)
```

执行命令：scripts/kconfig/gconf　Kconfig
使用 GTK 图形库，生成内核配置界面。

```
menuconfig: $(obj)/mconf
    $< $(Kconfig)
```

执行命令：scripts/kconfig/mconf　Kconfig

使用 lxdialog 工具，生成光标配置菜单。

因为 mconf 调用 lxdialog 工具，所以需要先编译 scripts/lxdialog 目录。

```
config: $(obj)/conf
    $< --oldaskconfig $(Kconfig)
```

执行命令：scripts/kconfig/conf　--oldaskconfig　Kconfig

完全命令行的内核配置方式。

```
oldconfig: $(obj)/conf
    $< --$@ $(Kconfig)
```

执行命令：scripts/kconfig/conf　--oldconfig　Kconfig

完全命令行的内核配置方式。使用"--oldconfig"选项，直接读取已经存在的.config 文件，要求确认内核新的配置项。

```
silentoldconfig: $(obj)/conf
    $(Q)mkdir -p include/generated
    $< --$@ $(Kconfig)
```

执行命令：scripts/kconfig/conf　--silentoldconfig　Kconfig

完全命令行的内核配置方式。使用"--silentoldconfig"选项，直接读取已经存在的.config 文件，提示但不要求确认内核新的配置项。

```
%_defconfig: $(obj)/conf
    $(Q)$< --defconfig=arch/$(SRCARCH)/configs/$@ $(Kconfig)
```

执行命令：scripts/kconfig/conf --defconfig=arch/$(SRCARCH)/configs/%_defconfig Kconfig

完全命令行的内核配置方式。读取默认的配置文件 arch/$(SRCARCH)/configs/%_defconfig，另存成.config 文件。

通过上述各种方式都可以完成配置内核的工作，在顶层目录下生成.config 文件。这个.config 文件保存大量的内核配置项，.config 会自动转换成 include/generated/autoconf.h 头文件。在文件 include/linux/kconfig.h 中，将包含使用 include/generated/autoconf.h 头文件。

2. 配置工具

不同的内核配置方式，分别通过不同的配置工具来完成。scripts 目录下提供了各种内核配置工具，表 6.3 是这些工具的说明。

表 6.3　内核配置工具说明

配置工具	Makefile 相关目标	依赖的程序和软件
conf	defconfig oldconfig …	conf.c　zconf.tab.c
mconf	menuconfig	mconf.c zconf.tab.c

续表

配置工具	Makefile 相关目标	依赖的程序和软件
		调用 scripts/lxdialog/lxdialog
qconf	xconfig	qconf.c zconf.tab.c 基于 QT 软件包实现图形界面
gconf	gconfig	gconf.c zconf.tab.c 基于 GTK 软件包实现图形界面

其中 zconf.tab.c 程序实现了解析 Kconfig 文件和内核配置主要函数。zconf.tab.c 程序还直接包含了下列一些 C 程序，这样各种配置功能都包含在 zconf.tab.o 目标文件中。

```
#include "zconf.lex.c "      //lex 语法解析器
#include "util.c"            //配置工具
#include "confdata.c"        //.config 等相关数据文件保存
#include "expr.c"            //表达式函数
#include "symbol.c"          //变量符号处理函数
#include "menu.c"            //菜单控制函数
```

理解这些工具的使用，可以更加方便地配置内核。至于这些工具的源代码实现，一般没有必要去详细分析。

3．Kconfig

Kconfig 文件是 Linux 2.6 内核引入的配置文件，是内核配置选项的源文件。内核源码中的 Documentation/kbuild/kconfig-language.txt 文档有详细说明。

源码顶层目录中的 Kconfig 文件是主 Kconfig 文件，该文件又包含了 arch/$(ARCH)/Kconfig，而这个 Kconfig 文件跟体系结构相关。它又包含其他目录的 Kconfig 文件，其他的 Kconfig 文件又再包含各级子目录的配置文件，成树状关系。

菜单按照树状结构组织，主菜单下有子菜单，子菜单还有子菜单或者配置选项。每个选项可以有依赖关系，这些依赖关系用于确定它是否显示。只有被依赖项父项已经选中，子项才会显示。

下面解释一下 Kconfig 的特点和语法。

（1）菜单项。

多数选项定义为一个菜单选项，其他选项起辅助组织作用。下面举例说明单个的菜单选项的定义。

```
config MODVERSIONS
    bool "Set version information on all module symbols"
    depends MODULES
    help
      Usually, modules have to be recompiled whenever you switch to a new
      kernel.  ...
```

每一行开头用关键字"config"，后面可以跟多行。后面的几行定义这个菜单选项的属性。属性包括菜单选项的类型、选择提示、依赖关系、帮助文档和默认值。同名的选项可以重复定义多次，但是每次定义只有一个选择提示并且类型不冲突。

（2）菜单属性。

一个菜单选项可以有多种属性，不过这些属性也不是任意用的，受到语法的限制。

每个菜单选项必须有类型定义。类型定义包括 bool、tristate、string、hex、int 共 5 种。其中有两种基本的类型：tristate 和 string，每种类型定义可以有一个选择提示。表 6.4 说明了菜单的各种属性。

表 6.4　内核菜单属性说明

属　　性	语　　法	说　　明
选择提示	"prompt" \<prompt\> ["if" \<expr\>]	每个菜单选项最多有一条提示，可以显示在菜单上。某选择提示可选的依赖关系可以通过"if"语句添加
缺省值	"default" \<expr\> ["if" \<expr\>]	配置选项可以有几个默认值。如果有多个值可选，只使用第一个默认值。某选项默认值还可以在其他地方定义，并且被前面定义的默认值覆盖。如果用户没有设置其他值，默认值就是配置符号的唯一值。如果有选择提示出现，就可以显示默认值并且可以配置修改。某默认值可选的依赖关系可以通过"if"语句添加
依赖关系	"depends on"/"requires" \<expr\>	这个定义了菜单选项的依赖关系。如果定义多个依赖关系，那么要用"&&"符号连接。依赖关系对于本菜单项中其他所有选项有效（也可以用"if"语句）
反向依赖	"select" \<symbol\> ["if" \<expr\>]	普通的依赖关系是缩小符号的上限，反向依赖关系则是符号的下限。当前菜单符号的值用作符号可以设置的最小值。如果符号值被选择了多次，这个限制将被设成最大选择值。反向依赖只能用于布尔或者三态符号
数字范围	"range" \<symbol\> \<symbol\> ["if" \<expr\>]	这允许对 int 和 hex 类型符号的输入值限制在一定范围内。用户输入的值必须大于等于第一个符号值或者小于等于第二个符号值
帮助文档	"help" 或者 "---help---"	这可以定义帮助文档。帮助文档的结束是通过缩进层次判断的。当遇到一行缩进比帮助文档第一行小的时候，就认为帮助文档已经结束。"---help---"和"help"功能没有区别，主要给开发者提供的不同于"help"的帮助

（3）菜单依赖关系。

依赖关系定义了菜单选项的显示，也能减少三态符号的选择范围。表达式的三态逻辑比布尔逻辑多一个状态，用来表示模块状态。表 6.5 是菜单依赖关系的语法说明。

表 6.5　菜单依赖关系语法说明

表　达　式	说　　明
\<expr\> ::= \<symbol\>	把符号转换成表达式，布尔和三态符号可以转换成对应的表达式值。其他类型符号的结果都是"n"
\<symbol\> '=' \<symbol\>	如果两个符号的值相等，返回"y"，否则返回"n"
\<symbol\> '!=' \<symbol\>	如果两个符号的值相等，返回"n"，否则返回"y"
'(' \<expr\> ')'	返回表达式的值，括号内表达式优先计算
'!' \<expr\>	返回(2-/expr/)的计算结果
\<expr\> '&&' \<expr\>	返回 min(/expr/, /expr/)的计算结果
\<expr\> '||' \<expr\>	返回 max(/expr/, /expr/)的计算结果

一个表达式的值是"n""m"或者"y"（或者对应数值的 0、1、2）。当表达式的值

为"m"或者"y"时，菜单选项变为显示状态。

符号类型分为两种：常量和非常量符号。

非常量符号最常见，可以通过 config 语句来定义。非常量符号完全由数字符号或者下画线组成。

常量符号只是表达式的一部分。常量符号总是包含在引号范围内的。在引号中，可以使用其他字符，引号要通过"\"号转义。

（4）菜单组织结构。

菜单选项的树状结构有两种组织方式。

第一种是显式的声明为菜单。

```
menu "Network device support"
    depends NET
config NETDEVICES
    ...
endmenu
```

"menu"与"endmenu"之间的部分成为"Network device support"的子菜单。所有子选项继承这菜单的依赖关系，例如，依赖关系"NET"就被添加到"NETDEVICES"配置选项的依赖关系列表中。

第二种是通过依赖关系确定菜单的结构。

如果一个菜单选项依赖于前一个选项，它就是一个子菜单。这要求前一个选项和子选项同步地显示或者不显示。

```
config MODULES
    bool "Enable loadable module support"
config MODVERSIONS
    bool "Set version information on all module symbols"
    depends MODULES
comment "module support disabled"
    depends !MODULES
```

MODVERSIONS 依赖于 MODULES，这样只有 MODULES 不是"n"的时候，才显示。反之，MODULES 是"n"的时候，总是显示注释"module support disabled"。

（5）Kconfig 语法。

Kconfig 配置文件描述了一系列的菜单选项。每一行都用一个关键字开头（help 文字例外）。菜单的关键字如表 6.6 所示。其中，菜单开头的关键字有 config、menuconfig、choice/endchoice、comment、menu/endmenu。它们可以结束一个菜单选项，另外还有 if/endif、source 也可以结束菜单选项。

表 6.6　Kconfig 菜单关键字说明

关　键　字	语　　法	说　　　明
config	"config" \<symbol\> \<config options\>	这可以定义一个配置符\<symbol\>，并且可以配置选项属性
menuconfig	"menuconfig" \<symbol\>	这类似于简单的配置选项，但是它暗示：所有的子选项应该作为独立的

关 键 字	语 法	说 明
	<config options>	选项列表显示
choices	"choice" <choice options> <choice block> "endchoice"	这定义了一个选择组，并且可以配置选项属性。每个选择项只能是布尔或者三态类型。布尔类型只允许选择单个配置选项，三态类型可以允许把任意多个选项配置成"m"。如果一个硬件设备有多个驱动程序，内核一次只能静态链接或者加载一个驱动，但是所有的驱动程序都可以编译为模块 选择项还可以接受另外一个选项"optional"，可以把选择项设置成"n"，并且不需要选择什么选项
comment	"comment" <prompt> <comment options>	这定义了一个注释，在配置过程中显示在菜单上，也可以回显到输出文件中。唯一可能的选项是依赖关系
menu	"menu" <prompt> <menu options> <menu block> "endmenu"	这定义了一个菜单项，在菜单组织结构中有些描述。唯一可能的选项是依赖关系
if	"if" <expr> <if block> "endif"	这定义了一个 if 语句块。依赖关系表达式<expr>附加给所有封装好的菜单选项
source	"source" <prompt>	读取指定的配置文件。读取的文件也会解析生成菜单

6.2.3　Kbuild Makefiles

1．Makefiles 的组织结构

Makefiles 包含 5 个部分，如表 6.7 所示。

表 6.7　Makefiles 的 5 个部分

文　　件	描　　述
Makefile	顶层目录下的 Makefile
.config	内核配置文件
arch/$(ARCH)/Makefile	对应体系结构的 Makefile
scripts/Makefile.*	所有 Kbuild Makefiles 的通用规则等定义
kbuild Makefiles	内核编译各级目录下的 Makefile，大约有 500 多个

顶层目录的 Makefile 读取.config 文件，根据.config 文件中的配置选项编译内核。这个.config 文件是内核配置过程生成的。

顶层目录的 Makefile 负责编译 vmlinux（常驻内存的内核映像）和 module（任何模块文件）。它递归地遍历内核源码树中所有子目录，编译所有的目标文件。

编译访问的子目录列表依赖于内核配置。顶层目录的 Makefile 原原本本的包含了一个 arch Makefile（后面将使用这个英文名称），就是 arch/$(ARCH)/Makefile。这个 arch Makefile 给顶层目录提供了体系结构相关的信息。

每个子目录都有一个 Kbuild Makefile（内核编译过程调用），这些 Makefile 执行从上

层传递下来的命令。这些 Makefile 使用.config 文件中的信息，构建各种文件列表，由 Kbuild 编译静态链接的或者模块化的目标程序。

scripts/Makefile.*几个文件包含了 Kbuild Makfile 所有的定义和规则等，用于编译内核。

内核源码的大多数 Makefile 是 Kbuild Makefile，使用 Kbuild 组织结构。下面介绍 Kbuild Makefile 的语法。

Kbuild 大体上按照下列步骤执行编译过程。

（1）内核配置，生成.config 文件。

（2）保存内核版本信息到 include/generated/uapi/linux/version.h。

（3）通过配置结果和-I 指定要包含的头文件目录。

（4）升级所有依赖的前提文件，在 arch/$(ARCH)/Makefile 中指定附加依赖条件。

（5）递归地遍历各级子目录并且编译所有的目标。

init-*、core*、drivers-*、net-*、libs-*的目录变量值在 arch/$(ARCH)/Makefile 文件中有些扩展。

（6）链接所有的目标文件，生成顶层目录的 vmlinux。链接的第一个目标文件在 head-y 列表中，是在 arch/$(ARCH)/Makefile 中定义的。

（7）体系结构相关的部分作必需的后期处理，编译生成最终的引导映像。这可以包括编译引导记录，准备 initrd 映像等类似工作。

2．Makefile 语言

内核 Makefile 是配合 GNU make 使用的。除了 GNU make 的文档中的特点，内核的 Makefile 还有一些 GNU 扩展的功能。

GNU make 支持基本的链接表处理功能。内核 Makefile 使用新颖的编译列表格式，编译过程几乎可以不用 if 语句。

GNU make 有多种变量赋值操作符："="":=""?=""+="。

（1）"="操作符，在"="左侧是变量，右侧是变量的值，右侧变量的值可以定义在文件的任何一处。也就是说，右侧中的变量不一定非要是已定义好的值，也可以使用后面定义的值。

用户可以把变量的真实值推到后面来定义。但是这种形式也有不好的地方，那就是递归定义，这会让 make 陷入无限的变量展开过程中。当然，make 是有能力检测这样的定义，并会报错的。还有就是如果在变量中使用函数，那么，这种方式会让 make 运行时非常慢，更糟糕的是，会使得 wildcard 和 shell 两个函数发生不可预知的错误。因为不会知道这两个函数会被调用多少次。

（2）":="操作符，前面的变量不能使用后面的变量，只能使用前面已定义好了的变量。如果是这样：

```
y := $(x) bar
x := foo
```

那么，y 的值是"bar"，而不是"foo bar"。

（3）"?="操作符，先看示例：

```
FOO ?= bar
```

其含义是：如果 FOO 没有被定义过，那么变量 FOO 的值就是"bar"；如果 FOO 先前被定义过，那么这条语句将什么也不做。

（4）"+="操作符，将右边的变量值附加给左边的变量。例如：

```
FOO = string1
FOO += string2
```

这时，FOO 的变量值为"string1 string2"。

3．Kbuild 变量

顶层 Makefile 输出下列变量。

（1）VERSION, PATCHLEVEL, SUBLEVEL, EXTRAVERSION 定义了当前内核版本。

$(VERSION)、$(PATCHLEVEL)和$(SUBLEVEL)定义了基本的 3 个版本号，例如：3、14 和 25，都是数字，对应内核版本号。

$(EXTRAVERSION)为预先或者附加的补丁定义了更细的子版本号。通常是非数字的字符串或者空的，例如：-mm1。

（2）KERNELRELEASE 定义了内核发布的版本，一般是单个的字符串，例如：3.14.25。常用来作为版本显示。

（3）ARCH 定义了目标板体系结构，例如：i386、ARM 或者 sparc。一些 Kbuild Makefile 测试$(ARCH)来确定要编译哪一个文件。顶层 Makefile 默认地把$(ARCH)设置成主机系统的体系结构。对于交叉编译，需要修改定义或者在命令行重载这个值。例如：

```
make ARCH=arm
```

（4）INSTALL_PATH 为 arch Makefile 定义了安装驻留内存的内核映像和 System.map 文件。使用这个体系结构安装目标板。

（5）INSTALL_MOD_PATH 和 MODLIB。

$(INSTALL_MOD_PATH)在安装模块的时候作为$(MODLIB)的前缀。这个变量没有在 Makefile 中定义，但是可以通过命令行传递。

$(MODLIB)指定模块安装的路径。顶层 Makefile 的$(MODLIB)默认定义如下。

$(INSTALL_MOD_PATH)/lib/modules/$(KERNELRELEASE)

4．Kbuild Makefile 的定义

（1）目标定义。

目标定义是 Kbuild Makefile 的核心。它们定义了要编译的文件、特殊的编译选项和要递归地遍历的子目录。

最简单的 Kbuild Makefile 包含一行，例如：

```
obj-y += foo.o
```

这是告诉 Kbuild，当前目录中要编译一个目标文件 foo.o，foo.o 应该从 foo.c 或者 foo.S 编译过来。

如果要把 foo.o 编译为模块，就使用变量 obj-m。因此，经常用下列方式。

```
obj-$(CONFIG_FOO) += foo.o
```

$(CONFIG_FOO)可以配置为 y（静态链接）或者 m（动态模块）。如果 CONFIG_FOO 即不是 y，也不是 m，那么这个文件就不被编译或者链接。

（2）静态链接目标文件- obj-y。

Kbuild Makefile 指定了 vmlinux 的目标文件，就在$(obj-y)列表中。这些列表依赖于内核的配置。

Kbuild 编译所有的$(obj-y)文件，再用$(LD)命令把目标文件链接成一个 built-in.o 文件。然后 built-in.o 将被链接到顶层目录的 vmlinux 中去。

$(obj-y)中的文件顺序很重要。因为列表中允许重复，第一个实例链接到 built-in 中以后，后面的实例将被忽略。另外，某些函数（module_init() / __initcall）会在启动过程中按照排列顺序调用。如果改变链接顺序，也可能改变设备的初始化顺序。例如：改变 SCSI 控制器的探测顺序，就会导致磁盘重复编号。

下面举例说明 obj-y。

```
#drivers/isdn/i4l/Makefile
# Makefile for the kernel ISDN subsystem and device drivers.
# Each configuration option enables a list of files.
obj-$(CONFIG_ISDN)                        += isdn.o
obj-$(CONFIG_ISDN_PPP_BSDCOMP)               += isdn_bsdcomp.o
```

（3）可加载模块目标文件- obj-m。

$(obj-m)用来指定要编译成可加载模块的目标文件。

一个模块可以由一个或者几个源文件编译生成。对于单个源文件的情况，Kbuild Makefile 可以简单地把文件添加到$(obj-m)中即可。

例如：

```
#drivers/isdn/i4l/Makefile
obj-$(CONFIG_ISDN_PPP_BSDCOMP) += isdn_bsdcomp.o
```

注意：

这里的$(CONFIG_ISDN_PPP_BSDCOMP)配置为 "m"。

如果内核模块由几个源文件编译生成，要指定要编译成一个模块。Kbuild 需要知道这个模块包含哪些目标文件，那么必须设置一个$(<module_name>-objs)变量。

例如：

```
#drivers/isdn/i4l/Makefile
obj-$(CONFIG_ISDN) += isdn.o
```

```
isdn-objs := isdn_net_lib.o isdn_v110.o isdn_common.o
```

在这个例子中，模块的名字是 isdn.o。Kbuild 会编译$(isdn-objs)列表中的目标文件，然后执行"$(LD) –r"命令，把这些目标文件链接成 isdn.o。

Kbuild 可以通过-objs 和-y 后缀识别组成复合目标的目标文件。这允许 Makefile 通过 CONFIG_符号的值来确定一个目标文件是不是一个复合目标文件。

例如：

```
#fs/ext2/Makefile
obj-$(CONFIG_EXT2_FS)       += ext2.o
ext2-y                      := balloc.o bitmap.o
ext2-$(CONFIG_EXT2_FS_XATTR) += xattr.o
```

这个例子中，如果$(CONFIG_EXT2_FS_XATTR)配置为"y"，xattr.o 就是复合目标 ext2.o 的一部分。

注意：

当把这些目标文件编译链接到内核中的时候，上面的语法仍然有效。如果配置 CONFIG_EXT2_FS=y，Kbuild 会单独编译 ext2.o 文件，再链接到 built-in.o 文件中。

（4）库目标文件 lib-y。

用 obj-列出的目标文件既可以用于模块或者指定目录的 built-in.o 文件，也可以列出要包含到一个库 lib.a 中的目标文件。用 lib-y 列出的目标文件可以组合到目录下的一个库中。在 obj-y 中列出并且在 lib-y 中列出的目标文件不会包含到这个库中，因为它们是内核可以访问的。为了一致性，在 lib-m 中列出的目标文件会包含到 lib.a 中。

注意：

同一个 Kbuild Makefile 可以把文件列到 built-in 表中，同时还是一个库的列表的一部分。因此，同一个目录可以包含一个 built-in.o 和一个 lib.a 文件。

例如：

```
#arch/i386/lib/Makefile
lib-y    := checksum.o delay.o
```

这会基于 checksum.o 和 delay.o 创建一个 lib.a 文件。为了让 Kbuild 知道有一个 lib.a 要编译，这个目录应该添加到 libs-y 列表中。

lib-y 一般仅限于 lib/和 arch/*/lib/目录。

（5）遍历子目录。

一个 Makefile 只负责在自己的目录下编译目标文件。各子目录下的文件应该由各自的 Makefile 来管理。编译系统会自动在子目录中递归地调用 make。

这项工作也要用到 obj-y 和 obj-m。比如 ext2 在一个单独的目录中，在 fs 目录下的

Makefile 使用下面的配置方法。

```
#fs/Makefile
obj-$(CONFIG_EXT2_FS) += ext2/
```

如果 CONFIG_EXT2_FS 设成"y"或者"m"，对应的 obj-变量就会设置，并且 Kbuild 就会下到 ext2 目录中编译。Kbuild 只使用这个信息决定是否需要访问这个目录，编译的工作是子目录中的 Makefile 负责。

对于 CONFIG_选项既不是"y"也不是"m"的目录，使用 CONFIG_变量可以让 Kbuild 忽略掉。这是一个很好的办法。

（6）编译标志。

编译标志包括 EXTRA_CFLAGS、EXTRA_AFLAGS、EXTRA_LDFLAGS、EXTRA_ARFL-AGS。

所有的 EXTRA_变量只适用于当前的 Kbuild Makefile。EXTRA_变量适用 Kbuild Makefile 中执行的所有的命令。

$(EXTRA_CFLAGS)通过$(CC)指定编译 C 文件的选项。

例如：

```
# drivers/sound/emu10k1/Makefile
EXTRA_CFLAGS += -I$(obj)
ifdef DEBUG
    EXTRA_CFLAGS += -DEMU10K1_DEBUG
endif
```

因为顶层目录 Makefile 的变量$(CFLAGS)用于整个源码树的编译，所以这种变量定义是必须的。

在编译汇编语言源码的时候，$(EXTRA_AFLAGS)是与每个目录的选项类似的字符串。

例如：

```
#arch/x86_64/kernel/Makefile
EXTRA_AFLAGS := -traditional
```

$(EXTRA_LDFLAGS)和$(EXTRA_ARFLAGS)分别是与每个目录$(LD)和$(AR)的选项类似的字符串。

例如：

```
#arch/m68k/fpsp040/Makefile
EXTRA_LDFLAGS := -x
CFLAGS_$@, AFLAGS_$@
```

CFLAGS_$@和 AFLAGS_$@仅适用于当前 Kbuild Makefile 的命令。

$(CFLAGS_$@)为$(CC)指定每个文件的选项。$@代表指定的文件名。

例如：

```
# drivers/scsi/Makefile
CFLAGS_aha152x.o =   -DAHA152X_STAT -DAUTOCONF
```

```
CFLAGS_gdth.o      = # -DDEBUG_GDTH=2 -D__SERIAL__ -D__COM2__ \
             -DGDTH_STATISTICS
CFLAGS_seagate.o = -DARBITRATE -DPARITY -DSEAGATE_USE_ASM
```

这些行指定了 aha152x.o、gdth.o 和 seagate.o 的编译标志。

$(AFLAGS_$@)对于汇编语言编译有类似的特点。

例如：

```
# arch/arm/kernel/Makefile
AFLAGS_head-armv.o := -DTEXTADDR=$(TEXTADDR) -traditional
AFLAGS_head-armo.o := -DTEXTADDR=$(TEXTADDR) -traditional
```

（7）依赖跟踪。

Kbuild 按照下列步骤跟踪依赖关系。

- 所有依赖的前提文件（*.c 和*.h 文件）。
- 在依赖的前提文件中用到的 CONFIG_选项。
- 编译目标文件用到的命令行。

因此，如果修改$(CC)的一个选项，所有相关的文件都会重新编译。

（8）特殊的规则。

当 Kbuild 结构不提供必需的支持的时候，要使用特殊规则。一个典型的例子是在编译过程中生成头文件。另外一个例子是体系结构相关的 Makefile 需要特殊的规则准备映像等。

特殊的规则可以按照普通的规则来写。Kbuild 不在 Makefile 所在的目录中执行，因此所有特殊的规则应该为依赖的文件和目标文件提供相对路径。

定义特殊规则的时候，常用到两个变量：$(src)和$(obj)。

$(src)是指向 Makefile 所在的目录的相对路径。当引用位于源码树的文件的时候，总是使用$(src)。

$(obj)是指向目标文件保存的相对路径。当引用生成文件的时候，总是使用$(obj)。

例如：

```
#drivers/scsi/Makefile
$(obj)/53c8xx_d.h: $(src)/53c7,8xx.scr $(src)/script_asm.pl
       $(CPP) -DCHIP=810 - < $< | ... $(src)/script_asm.pl
```

5. 体系结构相关的 Makefile 定义

顶层的 Makefile 在开始遍历各级子目录之前，要设置环境变量和做准备工作。

顶层目录 Makefile 包含通用的部分，arch/$(ARCH) /Makefile 则包含了设置 Kbuild 指定的体系结构需要的内容。因此，arch/$(ARCH)/Makefile 设置一些变量并且定义一些目标规则。

（1）通过变量设置编译体系结构相关代码。

LDFLAGS_vmlinux 是用来指定 vmlinux 额外的编译标志，在链接最终的 vmlinux 时传递给链接器，通过 LDFLAGS_$@调用。

例如:

```
#arch/arm/Makefile
LDFLAGS_vmlinux          :=-p --no-undefined -X
```

CFLAGS 是$(CC)编译选项标志。默认值在顶层 Makefile 中定义。对于不同的体系结构,有附加选项。通常 CFLAGS 变量依赖于内核配置。

例如:

```
arch-$(CONFIG_CPU_32v4)          :=-D__LINUX_ARM_ARCH__=4 -march=armv4
CFLAGS            +=$(CFLAGS_ABI) $(arch-y) $(tune-y)
```

许多体系结构相关的 Makefile 通过目标板 C 编译器动态地探测支持选项。比如可以把相关选项中的配置选项扩展为"y"。

CFLAGS_KERNEL 是$(CC)编译 built-in 的专用选项。它包含了用于编译驻留内存内核代码的额外 C 编译标志。

CFLAGS_MODULE 是$(CC)编译模块专用选项。它包含了用于编译可动态加载的内核模块的 C 编译选项。

(2)添加 archprepare 规则的依赖条件。

archprepare 规则用来列出编译依赖的前提条件,在开始进入各级子目录编译之前,先生成依赖的文件。例如:

```
#arch/arm/Makefile
archprepare: maketools
```

这个例子中,在进入子目录编译之前,要先处理 maketools 文件。许多头文件的生成也使用 archprepare 规则。

(3)列出要遍历的子目录。

arch Makefile 配合顶层目录的 Makefile 定义如何编译 vmlinux 的变量。对于模块没有对应体系结构的定义,所以模块编译方法是和体系结构无关的。

编译列表包括 head-y、init-y、core-y、libs-y、drivers-y 和 net-y。

$(head-y)列出链接到 vmlinux 的起始位置的目标文件。

$(libs-y)列出 lib.a 的库文件所在的目录。

剩余列出的目录都是 built-in.o 文件所在的目录。

链接过程中,$(init-y)列出的目标文件紧跟在$(head-y)后面。然后是$(core-y)、$(libs-y)、$(drivers-y)和$(net-y)。

顶层目录 Makefile 的定义包含了所有普通目录,arch/$(ARCH)/Makefile 只添加体系结构相关的目录。

例如:

```
#arch/arm/Makefile
core-y            += arch/arm/kernel/ arch/arm/mm/ arch/arm/common/
core-y            += $(MACHINE)
libs-y          += arch/arm/lib/
```

```
drivers-$(CONFIG_OPROFILE)        += arch/arm/oprofile/
```

（4）体系结构相关的映像。

arch Makefile 还定义 vmlinux 文件编译的规则，并且压缩打包到自引导代码中，在相应的目录下生成 zImage。这里包括各种不同的安装命令。不同的体系结构没有标准的规则。

通常是在 arch/$(ARCH)/boot 目录下做一些特殊处理。

Kbuild 不负责支持 arch/$(ARCH)/boot 目录的编译。因此，arch/$(ARCH)/Makefile 文件应该自己定义编译目标。

推荐的方法是包含 arch/$(ARCH)/Makefile 中包含快捷方式，使用全路径调用子目录下的 Makefile。

例如：

```
#arch/arm/Makefile
boot := arch/arm/boot
zImage Image xipImage bootpImage uImage: vmlinux
    $(Q)$(MAKE) $(build)=$(boot) MACHINE=$(MACHINE) $(boot)/$@
```

"(Q)(MAKE) $(build)=<dir>"是在一个子目录<dir>中调用 make 的推荐方法。

在这里，不同体系结构的相关目标定义没有一致的规则，可以通过"make help"命令列出相关的帮助。因此，还要定义帮助信息。

例如：

```
#arch/arm/Makefile
define archhelp
  echo  '* zImage       - Compressed kernel image (arch/$(SRCARCH)/boot/zImage)'
……
endef
```

当不带参数执行 make 的时候，首先会编译遇到的第一个目标。顶层目录 Makefile 中的第一个目标是 all。不同体系结构应该定义默认的引导映像，在"make help"中加注 *号，而且加到目标 all 的前提条件中。

例如：

```
#arch/arm/Makefile
# Default target when executing plain make
ifeq ($(CONFIG_XIP_KERNEL),y)
all: xipImage
else
all: zImage
endif
```

当配置好了内核以后，执行 make。如果没有把内核配置成 XIP 方式，就调用 zImage 的规则。

（5）编译非 Kbuild 目标。

除了使用 obj-*列表指定编译的目标文件以外，还可以使用 extra-y 列表指定当前目录下要创建的附加目标。

对于以下两种情况需要 extra-y 列表。

- 使 Kbuild 在命令行中检查文件修改变化。比如使用$(call if_changed,xxx)语句。
- 告诉 Kbuild 要编译或者删除哪些文件。

例如：

```
#arch/arm/kernel/Makefile
extra-y := head.o init_task.o
```

在这个例子中，extra-y 用来列出应该编译的目标文件，但是不应该连接到 built-in.o 中。

（6）编译自引导映像有用的命令。

Kbuild 提供了一些编译引导映像时很有用的宏。

- if_changed：if_changed 是下列命令的基本构成部分。

```
target: source(s) FORCE
       $(call if_changed,ld/objcopy/gzip)
```

编译这个规则的时候，首先检查是否有文件需要更新或者命令行有没有改变。如果任何编译选项改变，会强制重新编译。任何使用 if_changed 的目标必须列在$(targets)中，否则命令行检查会出错，并且目标总是会编译。

注意：

一个常见的错误是忘记 FORCE 前提条件。

另外一个问题是有无空格很重要。例如：下列语句的逗号后面有一个空格，这个空格会导致语法错误。

```
target: source(s) FORCE
       $(call if_changed, ld/objcopy/gzip)     #WRONG!#
```

- ld：具有链接目标的功能。通常使用 LDFLAGS_$@设置 ld 的选项。
- objcopy：复制转换二进制数据程序。使用在 arch/$(ARCH)/Makefile 中的 OBJCOPYFLAGS 编译选项。OBJCOPYFLAGS_$@可以用来添加附加的编译选项。
- gzip：压缩目标。使用最大压缩方式。

例如：

```
$(obj)/piggy.gz: $(obj)/../Image FORCE
       $(call if_changed,gzip)
```

（7）定制 Kbuild 命令。

当 Kbuild 带 KBUILD_VERBOSE=0 选项执行的时候，通常只会显示一个命令的简写。要在自定义的 Kbuild 命令中使能这种功能，必须设置以下两个变量。

- quiet_cmd_<command>：代表要显示的命令。

- cmd_<command>：代表要执行的命令。

例如：

```
#arch/arm/boot/Makefile
quiet_cmd_uimage = UIMAGE  $@
      cmd_uimage = $(CONFIG_SHELL) $(MKIMAGE) -A arm -O linux -T kernel \
            -C none -a $(ZRELADDR) -e $(ZRELADDR) \
            -n 'Linux-$(KERNELRELEASE)' -d $< $@
$(obj)/uImage:    $(obj)/zImage FORCE
      $(call if_changed,uimage)
      @echo ' Image $@ is ready'
```

当带 "KBUILD_VERBOSE=0" 更新编译的时候，只显示下列一行，而不会把编译信息都显示出来。

```
UIMAGE  arch/arm/boot/uImage
```

（8）预处理链接脚本。

当编译 vmlinux 映像的时候，将用到链接脚本 arch/$(ARCH)/kernel/vmlinux.lds。这个脚本的预处理变体文件是相同目录下的 vmlinux.lds.S。

Kbuild 知道.lds 文件并且包含*.lds.S 到*.lds 的转换规则。

例如：

```
#arch/i386/kernel/Makefile
always := vmlinux.lds
```

$(always)列表告诉 Kbuild 编译目标 vmlinux.lds。

```
#Makefile
export CPPFLAGS_vmlinux.lds += -P -C -U$(SRCARCH)
```

$(CPPFLAGS_vmlinux.lds)列表告诉 Kbuild 在编译 vmlinux.lds 的时候使用指定的选项。

当编译*.lds 目标文件的时候，Kbuild 使用以下变量。

- CPPFLAGS：在顶层目录 Makefile 中定义。
- EXTRA_CPPFLAGS：可以在 Kbuild Makefile 中定义。
- CPPFLAGS_$(@F)：目标板特定选项。

Kbuild 的*.lds 文件结构在多种体系结构的文件中使用。

（9）$(CC)支持的函数。

内核编译可能会使用不同版本的$(CC)，不同版本支持独立的一套选项和特点。Kbuild 提供检查$(CC)有效选项的基本支持。$(CC)一般就是 gcc 编译器，但是可能会有其他替代。

- cc-option：cc-option 选项用于检查$(CC)是否支持一个给定的选项或者第二个可选项。

例如：

```
#arch/i386/Makefile
cflags-y += $(call cc-option,-march=pentium-mmx,-march=i586)
```

在上面的例子中，如果$(CC)支持-march=pentium-mmx，那么 cflags-y 会被赋给这个选项。否则，使用-march-i586 选项。如果没有后一个选项，在前一个选项不支持的情况下，cflags-y 不会赋什么值。

- cc-option-yn：用于检查 GCC 是否支持给定的选项。如果支持，返回"y"，否则返回"n"。

例如：

```
#arch/ppc/Makefile
biarch := $(call cc-option-yn, -m32)
aflags-$(biarch) += -a32
cflags-$(biarch) += -m32
```

在上面的例子中，如果$(CC)支持-m32 选项，$(biarch)就设成"y"。当$(biarch)等于"y"时，扩展变量$(aflags-y)和$(cflags-y)会赋值-a32 和-m32。

- cc-option-align：GCC 在 3.0 及以上版本（即 gcc>=3.0）时，使用选项的移位类型指定函数的对齐。用做选项前缀的$(cc-option-align)会选择合适的前缀。

cc-option-align 的伪语言描述如下。

```
if gcc < 3.00
        cc-option-align = -malign
else if gcc >= 3.00
        cc-option-align = -falign
```

例如：

```
CFLAGS += $(cc-option-align)-functions=4
```

上面的例子，对于 gcc>=3.00，选项为-falign-functions=4；对于 gcc<3.00，选项为-malign-functions=4。

- cc-version：返回$(CC)编译器的版本号数字。格式为代表主从版本号的两个十进制数。例如：gcc 3.41 应该返回 0341。

当$(CC)版本在特定区域会导致错误的时候，cc-version 是很有用的。例如：-mregparm=3 选项的支持在一些 GCC 版本中不完整。

例如：

```
#arch/i386/Makefile
GCC_VERSION := $(call cc-version)
cflags-y += $(shell \
if [ $(GCC_VERSION) -ge 0300 ] ; then echo "-mregparm=3"; fi ;)
```

上面的例子中，-mregparm=3 只能用于版本大于等于 3.0 的 GCC。

6.2.4 内核编译

1. 编译命令

Makefile 还提供了配置编译的选项或者规则。执行 make ARCH=arm help（ARCH=arm

用于指定是针对 arm 体系结构的帮助），可以打印出详细的帮助信息。解释一下帮助信息
列出的各种选项的含义，分别在每一行信息下面加以注释。

```
$ make ARCH=arm help
```

打印出下列帮助信息。

（1）用于清理生成文件的目标（Cleaning targets）。

```
clean           - remove most generated files but keep the config
```

clean 目标可以清除大多数生成的文件，但是保留.config。

```
mrproper        - remove all generated files + config + various backup files
```

mrproper 可以清除所有生成的文件，包括.config 和各种备份文件。

（2）内核配置的目标（Configuration targets）。

```
config          - Update current config utilising a line-oriented program
```

config 是命令行的内核配置方式。

```
menuconfig      - Update current config utilising a menu based program
```

menuconfig 是光标菜单内核配置方式。

```
xconfig         - Update current config utilising a QT based front-end
```

xconfig 是基于 QT 图形界面的内核配置方式。

```
gconfig         - Update current config utilising a GTK based front-end
```

gconfig 是基于 GTK 图形界面的内核配置方式

```
oldconfig       - Update current config utilising a provided .config as base
```

oldconfig 基于已有的.config 文件进行内核配置。

```
randconfig      - New config with random answer to all options
```

randconfig 是对所有的选项按照随机回答（Y/M/N）的方式生成新配置。

```
defconfig       - New config with default answer to all options
```

defconfig 是对所有的选项都按照默认回答生成新配置。

```
allmodconfig    - New config selecting modules when possible
```

allmodconfig 是对所有选项尽可能配置模块的新配置。

```
allyesconfig    - New config where all options are accepted with yes
```

allyesconfig 是对所有选项都配置成"Yes"的最大配置。

```
allnoconfig     - New minimal config
```

allnoconfig 是对所有选项都配置成"No"的最小配置。

（3）其他通用目标（Other generic targets）。

```
all             - Build all targets marked with [*]
```

all 是编译所有标记星号的目标，也就是编译所有默认目标。

```
* vmlinux        - Build the bare kernel
```

vmlinux 是编译最基本的内核映像，就是顶层的 vmlinux。

```
* modules        - Build all modules
```

modules 是编译所有的模块。

```
modules_install - Install all modules
```

modules_install 是安装所有的模块。

```
dir/             - Build all files in dir and below
```

dir 是编译 dir 目录及其子目录的所有文件，当然 dir 代表具体的一个目录名。

```
dir/file.[ois]  - Build specified target only
```

dir/file.[ois]是仅编译 dir 目录下指定的目标。

```
dir/file.ko     - Build module including final link
```

dir/file.ko 是编译并且链接指定目录的模块。

```
rpm              - Build a kernel as an RPM package
```

rpm 是以 RPM 包方式编译内核。

```
tags/TAGS        - Generate tags file for editors
```

tags/TAGS 是为编辑器生成 tag 文件，方便编辑器识别关键词。

```
cscope           - Generate cscope index
```

cscope 是生成 cscope 索引，方便代码浏览。

```
kernelrelease    - Output the release version string
```

kernelrelease 是输出内核版本的字符串。

（4）静态解析器（Static analysers）。

```
buildcheck       - List dangling references to vmlinux discarded sections
                   and init sections from non-init sections
```

buildcheck 是列出对 vmlinux 废弃段的虚引用和从非 init 段引用 init 段的虚引用。

```
checkstack       - Generate a list of stack hogs
```

checkstack 是生成栈空间耗费者的列表。

```
namespacecheck   - Name space analysis on compiled kernel
```

namespace 是对编译好的内核做命名域分析。

（5）内核打包（Kernel packaging）。

```
rpm-pkg          - Build the kernel as an RPM package
```

rpm-pkg 是以一个 RPM 包的方式编译内核。

```
binrpm-pkg       - Build an rpm package containing the compiled kernel
                   and modules
```

binrpm-pkg 是编译一个包含已经编译好的内核和模块的 rpm 包。

```
deb-pkg          - Build the kernel as an deb package
```

deb-pkg 是以一个 deb 包的方式编译内核。

```
tar-pkg          - Build the kernel as an uncompressed tarball
```

tar-pkg 是以一个不压缩的 tar 包方式编译内核。

```
targz-pkg        - Build the kernel as a gzip compressed tarball
```

targz-pkg 是以一个 gzip 压缩包的方式编译内核。

```
tarbz2-pkg       - Build the kernel as a bzip2 compressed tarball
```

tarbz2-pkg 是以一个 bzip2 压缩包的方式编译内核。

（6）文档目标（Documentation targets）。

```
Linux kernel internal documentation in different formats:
xmldocs (XML DocBook), psdocs (Postscript), pdfdocs (PDF)
htmldocs (HTML), mandocs (man pages, use installmandocs to install)
```

Linux 内核内部支持各种形式的文档。

（7）体系结构相关的目标（ARM）（Architecture specific targets (arm)）。

```
* zImage         - Compressed kernel image (arch/arm/boot/zImage)
```

zImage 是编译生成压缩的内核映像（arch/arm/boot/zImage）。

```
Image            - Uncompressed kernel image (arch/arm/boot/Image)
```

Image 是编译生成非压缩的内核映像（arch/arm/boot/Image）。

```
* xipImage       - XIP kernel image, if configured (arch/arm/boot/xipImage)
```

xipImage 是编译生成 XIP 的内核映像（arch/arm/boot/xipImage），前提是内核配置成XIP。

```
uImage           - U-Boot wrapped zImage
```

uImage 是把 zImage 加上 64 字节的 U-Boot 头形成的内核映像。

```
bootpImage       - Combined zImage and initial RAM disk
                   (supply initrd image via make variable INITRD=<path>)
```

bootpImage 是编译包含 zImage 和 initrd 的映像（可以通过 make 变量 INITRD=<path> 提供 initrd 映像）。

```
dtbs             - Build device tree blobs for enabled boards
```

dtbs 是编译生成设备树 dtb 文件。

```
install          - Install uncompressed kernel
```

install 是安装非压缩的内核。

```
zinstall         - Install compressed kernel
                   Install using (your) ~/bin/installkernel or
```

```
                        (distribution) /sbin/installkernel or
                        install to $(INSTALL_PATH) and run lilo
```

zinstall 是安装压缩的内核。通过发行版的/bin/installkernel 工具安装，或者安装到
$(INSTALL_PATH)路径下，然后再执行 lilo。这些目标对于 x86 平台适用。

还有各种开发板的默认内核配置文件，这些配置文件都保存在 arch/arm/configs 目录下。

```
  assabet_defconfig        - Build for assabet
......
  smdk2410_defconfig       - Build for smdk2410
  spitz_defconfig          - Build for spitz
  versatile_defconfig      - Build for versatile
```

每种支持的目标板都会保存一个默认的内核配置文件。

```
make V=0|1 [targets] 0 => quiet build (default), 1 => verbose build
```

V=0 表示不显示编译信息（默认），V=1 表示显示编译信息。

```
make O=dir [targets] Locate all output files in "dir", including .config
```

O=dir 用来指定所有输出文件的目录，包括.config 文件，都将放到 dir 目录下。

```
make C=1   [targets] Check all c source with $CHECK (sparse)
```

C=1 表示检查所有$CHECK 的 C 程序。

```
make C=2   [targets] Force check of all c source with $CHECK (sparse)
```

C=2 表示强制检查所有$CHECK 的 C 程序。

```
Execute "make" or "make all" to build all targets marked with [*]
```

执行 make 或者 make all，将自动编译所有带星号标志的目标。

```
For further info see the ./README file
```

更多信息参看 REAME 文件。

其中，vmlinux modules zImage 和 xipImage 是 Makefile 默认的目标。执行 make，默认可以执行这些编译规则。但是，zImage 和 xipImage 是互斥的，因为两种内核映像格式不可能同时配置。

2. 编译链接内核映像

一般情况下，先编译链接生成顶层目录的 vmlinux，再把 vmlinux 精简压缩成 piggy.gz，然后加上自引导程序链接成 arch/$(ARCH)/boot/zImage，这样就得到一个具备自启动能力的 Linux 内核映像。

除了 zImage 之外，还有其他一些映像格式，分别适用于不同的体系结构和引导程序。

由于 zImage 是最通用的，所以这里只分析一下 zImage 编译链接的过程。

（1）编译链接 vmlinux。

vmlinux 的规则是在顶层的 Makefile 中定义的。vmlinux 是由 $(vmlinux-init) 和 $(vmlinux-main)列表中指定的目标文件链接而成的，大多数是来自顶层子目录下的 built-in.o 文件，其他都在 arch/$(SRCARCH)Makefile 中指定。这些目标文件的链接顺序

非常重要，$(vmlinux-init)必须排在第一位。参考 scripts/link-vmlinux.sh 注释中的结构图。

```
# scripts/link-vmlinux.sh
# vmlinux
#   ^
#   |
#   +-< $(KBUILD_VMLINUX_INIT)
#   |   +--< init/version.o + more
#   |
#   +--< $(KBUILD_VMLINUX_MAIN)
#   |   +--< drivers/built-in.o mm/built-in.o + more
#   |
#   +-< ${kallsymso} (see description in KALLSYMS section)
```

vmlinux 的版本（uname -v 可以显示）不是在各级目录的编译阶段更新的，因为还不知道是否需要更新 vmlinux。除了在添加内核符号之前生成 kallsysms 信息的情况，直到链接 vmlinux 才更新 vmlinux 版本信息。还生成 System.map 文件，用来描述所有符号（全局变量、函数等）的地址。

```
# Makefile
export KBUILD_VMLINUX_INIT := $(head-y) $(init-y)
export KBUILD_VMLINUX_MAIN := $(core-y) $(libs-y) $(drivers-y) $(net-y)
export KBUILD_LDS           := arch/$(SRCARCH)/kernel/vmlinux.lds
……
vmlinux-deps := $(KBUILD_LDS) $(KBUILD_VMLINUX_INIT) $(KBUILD_VMLINUX_MAIN)

# Final link of vmlinux
    cmd_link-vmlinux = $(CONFIG_SHELL) $< $(LD) $(LDFLAGS) $(LDFLAGS_vmlinux)
quiet_cmd_link-vmlinux = LINK    $@
……
vmlinux: scripts/link-vmlinux.sh $(vmlinux-deps) FORCE
```

这里通过定制 Kbuild 命令来定义 vmlinux 的规则。cmd_link-vmlinux 命令就是具体链接生成 vmlinux 的 Kbuild 命令。命令各部分的具体含义如下。

$(CONFIG_SHELL)是 shell 工具，可能是/bin/bash 等。

$<是第一个依赖文件。

$(LD)是链接工具，对于 ARM 平台，通常是 arm-linux-ld。

$(LDFLAGS)和$(LDFLAGS_vmlinux)是链接选项列表。

$@是最终的目标文件。

（2）生成 vmlinux.lds 链接脚本。

vmlinux 的链接脚本是 arch/$(SRCARCH)/kernel/vmlinux.lds。Kbuild 可以根据模板 vmlinux.lds.S 转换生成。在 scripts/Makefile.build 中定义了一条把.lds.S 转换成.lds 的规则。

```
#scripts/Makefile.build
# Linker scripts preprocessor (.lds.S -> .lds)
# -----------------------------------------------------------------
quiet_cmd_cpp_lds_S = LDS     $@
    cmd_cpp_lds_S = $(CPP) $(cpp_flags) -P -C -U$(ARCH) \
                          -D__ASSEMBLY__ -DLINKER_SCRIPT -o $@ $<
```

```
$(obj)/%.lds: $(src)/%.lds.S FORCE
        $(call if_changed_dep,cpp_lds_S)
```

vmlinux 程序的链接组装，就是完全按照 vmlinux.lds.S 中各个段定义的顺序进行链接的。这样，内核代码和数据才能加载到相应的位置运行。

（3）链接生成 zImage。

zImage 的规则是在 arch/$(SRCARCH)Makefile 中定义的，它总是与目标板体系结构有关。

```
#arch/arm/Makefile
boot := arch/arm/boot
BOOT_TARGETS   = zImage Image xipImage bootpImage uImage
INSTALL_TARGETS = zinstall uinstall install

PHONY += bzImage $(BOOT_TARGETS) $(INSTALL_TARGETS)

$(BOOT_TARGETS): vmlinux
        $(Q)$(MAKE) $(build)=$(boot) MACHINE=$(MACHINE) $(boot)/$@
```

zImage 的前提条件是 vmlinux，也就是说，只有顶层的 vmlinux 编译通过，才能生成 zImage。

编译命令是在 arch/arm/boot 目录下，调用 Makefile 的 zImage 规则，同时传递变量 MACHINE。其中$@就是 zImage，这个规则又在 arch/arm/boot/Makefile 中定义。

```
#arch/arm/boot/Makefile
$(obj)/zImage: $(obj)/compressed/vmlinux FORCE
        $(call if_changed,objcopy)
        @$(kecho) ' Kernel: $@ is ready'
```

这条规则的前提条件是 $(obj)/compressed/vmlinux，那么这又要编译子目录 compressed。事实上，对于不同的体系结构，这部分代码有很大差异。对于 ARM 平台来说，$(obj)/compressed/vmlinux 就是压缩的自引导映像，只不过没有精简。

在 arch/arm/boot/compressed/Makefile 文件中，定义了编译链接 $(obj)/compressed/vmlinux 的规则。

```
#arch/arm/boot/compressed/Makefile
$(obj)/vmlinux: $(obj)/vmlinux.lds $(obj)/$(HEAD) $(obj)/piggy.$(suffix_y).o \
            $(addprefix $(obj)/, $(OBJS)) $(lib1funcs) $(ashldi3) \
            $(bswapsdi2) FORCE
        @$(check_for_multiple_zreladdr)
        $(call if_changed,ld)
        @$(check_for_bad_syms)
```

前提条件中，$(obj)/vmlinux.lds 是链接脚本，$(obj)/$(HEAD)是自引导的目标代码，$(obj)/piggy.o 是顶层 vmlinux 的精简压缩代码。为了保证自引导代码组装在映像起始位置，还要使用链接脚本。

3. 编译内核模块

Linux 2.6 及以后的内核模块采用新的加载器，它是由 Rusty Russel 开发的。它使用内核编译机制，生成一个*.ko（内核目标文件，kernel object）模块目标文件，而不是一个*.o 模块目标文件。

内核编译系统首先编译这些模块，然后链接上 vermagic.o。这样就在目标模块创建了一个特殊区域，用来记录编译器版本号、内核版本号、是否使用内核抢占等信息。

新的内核编译系统如何来编译并加载一个简单的模块呢？下面举一个简单的例子来说明。我们编写一个最简单的"hello"模块，只要实现模块初始化函数和退出函数就够了。这个模块程序叫做 hello.c。

```
#drivers/char/hello/hello.c
void init_module (void)
{
    printk( "Hello module!\n");
}
void cleanup_module (void);
{
    printk( "Bye module!\n");
}
```

相应的 Makefile 文件如下。

```
KERNEL_SRC = ~/Workspace/fs4412/kernel/linux-3.14.25
SUBDIR = $(KERNEL_SRC)/drivers/char/hello/
all: modules
obj-m := hello_mod.o
hello-objs := hello.o
EXTRA_FLAGS += -DDEBUG=1
modules:
    $(MAKE) -C $(KERNEL_SRC) M=$(SUBDIR) modules
```

Makefile 文件使用内核编译机制来编译模块。编译好的模块将被命名为 hello_mod.ko，它是编译 hello.c 并且链接 vermagic.o 而得到的。KERNEL_SRC 指定内核源文件所在的目录，SUBDIR 指定放置模块的目录，EXTRA_FLAGS 指定了需要给出的编译标记。

新模块要用新的模块工具加载或卸载。原来 2.4 内核的工具不能再用来加载或卸载 2.6 内核模块。2.4 的内核模块可能会发生使用和卸载冲突的情况，这是由于模块使用计数是由模块代码自己来控制的。新的模块加载工具可以尽量避免这种情况发生。

Linux 2.6 及以后的内核模块不再需要对引用计数进行加或减操作，这些工作已经由模块代码外部处理。任何要使用模块的代码都必须调用 try_module_get(&module)，只有在调用成功以后才能访问那个模块。如果被调用的模块已经被卸载，那么这次调用会失败。访问完成时，要通过 module_put()函数释放模块。

6.2.5　内核编译结果

相对于 Linux 2.4 内核，Linux 2.6 及以后的内核配置编译过程要简单一些，不再需要 make dep; make zImage; make modules 的命令。配置好内核之后，只要执行 make 就可以编译内核映像和模块。

内核的配置菜单选项内容也有了较大变化，我们在下一节中再详细讨论。

内核编译完成以后，将生成几个重要的文件。它们是 vmlinux、System. map、zImage 和 uImage 。

（1）vmlinux。

vmlinux 是在内核源码顶层目录生成的内核映像。它是内核在虚拟空间运行时代码的真实反映。编译的过程就是按照特定顺序链接目标代码，生成 vmlinux。因为 Linux 内核运行在虚拟地址空间，所以名字附加"vm"（Virtual Memory）。vmlinux 不具备引导的能力，需要借助其他 Bootloader 引导启动。

（2）System.map。

System.map 是一个特定内核的内核符号表，它包含内核全局变量和函数的地址信息。

System.map 是内核编译生成文件之一。当 vmlinux 编译完成时，再通过$(NM)命令解析 vmlinux 映像生成。用户可以直接通过 nm 命令来查看任何一个可执行文件的信息。

```
$ nm vmlinux > System.map
```

不过，内核源码还要对 nm 生成的信息加以过滤，才能得到 System.map。

```
$ nm -n vmlinux | grep -v '\( [aNUw] \)\|\(__crc_\)\|\( \$[adt]\)' > System.map
```

Linux 内核是一个很复杂的代码块，有许许多多的全局符号。它不使用符号名，而是通过变量或函数的地址来识别变量或函数名。比如：不使用 size_t BytesRead 这样的符号，而使用地址 c0343f20 引用这个变量。

内核主要是用 C 写的，编译成目标代码或者映像就可以直接使用地址了。如果我们需要知道符号的地址，或者需要知道地址对应的符号，就需要由符号表来完成。符号表是所有符号连同它们的地址的列表。

System.map 是在内核编译过程中生成的，每一个内核映像对应自己的 System.map。它是保存在文件系统上的文件。当编译一个新内核时，各个符号名的地址要发生变化，就应当用新的 System.map 来取代旧的 System.map。它可以提供给 klogd、lsof 和 ps 等程序使用。

Linux 内核还有另外一种符号表使用方式：/proc/ksyms。它是一个"proc"接口，是在内核映像引导时创建的/proc/ksyms 条目。用户空间的程序可以通过/proc/ksyms 接口可以读取内核符号表。这需要预先配置 CONFIG_ALLKSYMS 选项，内核映像将包含符号表。

（3）zImage。

zImage 是一个合成的内核镜像，可以由引导加载程序加载并启动。它包含了一段启动加载程序和把原始内核主体压缩之后的一段数据。其生成过程如图 6.3 所示。

首先将 vmlinux 内核主体通过 objcopy 工具将 ELF 格式文件转换成二进制格式文件 Image（去掉了符号、标记和注释等）；然后把该模块通过 gzip 工具进行压缩生成 piggy.gz 的压缩文件；该压缩文件作为一段汇编代码中的一段数据，再将该汇编代码编译后生成一个 piggy.o 目标文件；这个目标文件同其他的一些目标文件（主要包含解压缩和设备树操作的相关代码）一起进行链接又形成一个 vmlinux 文件（该文件不同于前面的 vmlinux）；

最后通过 objcopy 把刚生成的 ELF 格式的 vmlinux 文件转换成 zImage 二进制格式文件。

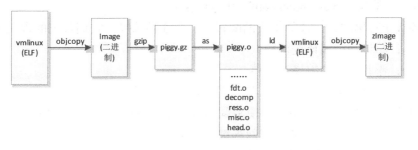

图 6.3 zImage 生成过程

（4）uImage。

uImage 是把 zImage 加上 64 字节的头信息后产生的，这 64 字节的内容如下。

```
typedef struct image_header {
        __be32          ih_magic;       /* 镜像头幻数 */
        __be32          ih_hcrc;        /* 镜像头 CRC 校验码 */
        __be32          ih_time;        /* 镜像创建时间 */
        __be32          ih_size;        /* 镜像数据大小 */
        __be32          ih_load;        /* 数据加载地址 */
        __be32          ih_ep;          /* 入口地址 */
        __be32          ih_dcrc;        /* 镜像 CRC 校验码 */
        uint8_t         ih_os;          /* 操作系统类型 */
        uint8_t         ih_arch;        /* CPU 体系结构 */
        uint8_t         ih_type;        /* 镜像类型 */
        uint8_t         ih_comp;        /* 压缩类型 */
        uint8_t         ih_name[IH_NMLEN];      /* 最多 32 字节的镜像名称 */
} image_header_t;
```

U-Boot 在加载 uImage 镜像时会检查这 64 字节的信息，确定镜像是否正确，确定加载地址和入口地址等，从而能正确引导 zImage 镜像。

 内核配置选项

基于内核配置系统，可以对内核的上千个选项进行配置。那么，这些选项应该如何使用呢？下面以 ARM 平台为例，介绍常用的内核配置选项。

6.3.1 使用配置菜单

内核配置过程比较繁琐，但是配置是否适当与 Linux 系统运行直接相关，所以需要了解一些主要选项的设置。

配置内核可以选择不同的配置界面，如图形界面或者光标界面。由于光标菜单运行时不依赖于 X11 图形软件环境，可以运行在字符终端上，所以光标菜单界面比较通用。图 6.4 所示就是执行 make menuconfig 出现的配置菜单。

在各级子菜单项种，选择相应的配置时，有 3 种选择，它们代表的含义分别如下。

- y：将该功能编译进内核。
- n：不将该功能编译进内核。
- m：将该功能编译成可以在需要时动态加载到内核中的模块。

如果使用的是 make xconfig，使用鼠标就可以选择对应的选项。如果使用的是 make menuconfig，则需要使用方向键和回车键进行选取。

在每一个选项前都有个括号，有的是中括号，有的是尖括号，还有的是圆括号。用空格键选择时可以发现，中括号里要么是空，要么是"*"，而尖括号里可以是空，"*"和"M"。这表示前者对应的项要么不要，要么编译到内核里；后者则多一样选择，可以编译成模块。而圆括号的内容是要求用户在所提供的选项中选择其中一项。

在编译内核的过程中，最麻烦的事情就是这步配置工作了。初次接触 Linux 内核的开发者往往弄不清楚该如何选取这些选项。实际上在配置时，大部分选项可以使用其默认值，只有小部分需要根据用户不同的需要选择。选择的原则是将与内核其他部分关系较远且不经常使用的部分功能代码编译成为可加载模块，有利于减小内核的大小，减小内核消耗的内存，简化该功能相应的环境改变时对内核的影响；不需要的功能就不要选；与内核关系紧密而且经常使用的部分功能代码直接编译到内核中。

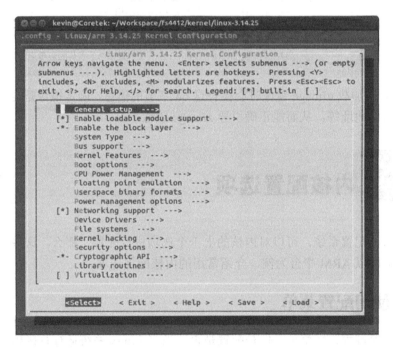

图 6.4　内核配置主菜单

6.3.2 基本配置选项

相对于 Linux 2.4 内核，Linux 2.6 及以后的内核配置菜单有了很大变化，而且随着版本的发展还有些调整。下面以 Linux-3.14.25 内核版本为例，介绍主菜单选项和常用的配置选项的功能。

（1）"General setup"菜单包含通用的一些配置选项。

- CONFIG_CROSS_COMPILE：用于指定交叉编译工具的前缀。
- CONFIG_LOCALVERSION：可以定义附加的内核版本号。
- CONFIG_SWAP：可以支持内存页交换（swap）的功能。
- CONFIG_EMBEDDED：支持嵌入式 Linux 标准内核配置。
- CONFIG_KALLSYMS：支持加载调试信息或者符号解析功能。

（2）"Loadable module support"菜单包含支持动态加载模块的一些配置选项。

- CONFIG_MODULES：可以支持动态加载模块功能选项。
- CONFIG_MODVERSIONS：模块版本控制支持选项。

（3）"System Type"菜单包含系统平台列表及其相关的配置选项。

对于不同的体系结构，显示不同的提示信息。ARM 体系结构显示"ARM system type"。CONFIG_ARCH_EXYNOS 是三星 Exynos 系列 SoC 的配置选项。还有其他很多处理器和板子的配置选项，不一一说明。

（4）"Bus support"菜单包含系统各种总线的配置选项。

CONFIG_PCI：是 PCI 总线支持选项。

（5）"Kernel Features"菜单包含内核特性相关选项。

- CONFIG_SMP：支持对称多处理器的平台。
- CONFIG_PREEMPT：支持内核抢占特性。

（6）"Boot options"菜单包含内核启动相关的选项。

- CONFIG_CMDLINE：可以定义默认的内核命令行参数。
- CONFIG_XIP_KERNEL：可以支持内核从 ROM 中运行的功能。

（7）"CPU Power Management"菜单包含 CPU 电源管理相关选项。

CONFIG_CPU_FREQ：支持 CPU 频率动态调整。

（8）"Floating point emulation"菜单包含浮点数运算仿真功能。

- CONFIG_VFP：可以支持 vfp 浮点运算。
- CONFIG_NEON：可以支持 ARMv7 的高级 SIMD 扩展。

（9）"Userspace binary formats"菜单包含支持的应用程序格式。

- CONFIG_BINFMT_ELF：支持 ELF 格式可执行程序，这是 Linux 程序默认的格式。
- CONFIG_BINFMT_AOUT：支持 AOUT 格式可执行程序，现在已经很少用了。

（10）"Power management options"菜单包含电源管理有关的选项。

- CONFIG_PM：支持电源管理功能。
- CONFIG_APM：支持高级电源管理仿真功能。

（11）"Networking"菜单包含网络协议支持选项。

- CONFIG_NET：支持网络功能。
- CONFIG_PACKET：支持 socket 接口的功能。
- CONFIG_INET：支持 TCP/IP 网络协议。
- CONFIG_IPV6：支持 IPv6 协议的支持。

（12）"Device Drivers"菜单包含各种设备驱动程序。

这个菜单下面包含很多子菜单，几乎包含了所有的设备驱动程序。我们将在第 6.3.3 节进行详细描述。

（13）"File systems"菜单包含各种文件系统的支持选项。

- CONFIG_EXT2_FS：支持 EXT2 文件系统。
- CONFIG_EXT3_FS：支持 EXT3 文件系统。
- CONFIG_JFS_FS：支持 JFS 文件系统。
- CONFIG_INOTIFY：支持文件改变通知功能。
- CONFIG_AUTOFS_FS：支持文件系统自动挂载功能。

"CD-ROM/DVD Filesystems"子菜单包含 ISO9660 等 CD ROM 文件系统类型选项。

"DOS/FAT/NT Filesystems"子菜单包含 DOS/Windows 的一些文件系统类型选项。

"Pseudo filesystems"子菜单包含 sysfs procfs 等驻留在内存中的伪文件系统选项。

"Miscellaneous filesystems"子菜单包含 JFFS2 等其他类型的文件系统。

"Network File Systems"子菜单包含 NFS 等网络相关的文件系统。

（14）"Profiling support"菜单包含用于系统测试的工具选项。

- CONFIG_PROFILING：支持内核的代码测试功能。
- CONFIG_OPROFILE：使能系统测试工具 Oprofile。

（15）"Kernel hacking"菜单包含各种内核调试的选项。

（16）"Security options"菜单包含安全性有关的选项。

- CONFIG_KEYS：支持密钥功能。
- CONFIG_SECURITY：支持不同的密钥模型。
- CONFIG_SECURITY_SELINUX：支持 NSA SELinux。

（17）"Cryptographic options"菜单包含加密算法。

CONFIG_CRYPTO 选项支持加密的 API。

还有各种加密算法的选项可以选择。

（18）"Library routines"菜单包含几种压缩和校验库函数。

- CONFIG_CRC32：支持 CRC32 校验函数。
- CONFIG_ZLIB_INFLATE：支持 zlib 压缩函数。
- CONFIG_ZLIB_DEFLATE：支持 zlib 解压缩函数。

6.3.3 驱动程序配置选项

几乎所有 Linux 的设备驱动程序都在"Device Drivers"菜单下，它对设备驱动程序加以归类，放到子菜单下。下面解释常用的一些菜单项的内容。

（1）"Generic Driver Options"菜单对应 drivers/base 目录的配置选项，包含 Linux 驱动程序基本和通用的一些配置选项。

（2）"Memory Technology Devices (MTD)"菜单对应 drivers/mtd 目录的配置选项，包含 MTD 设备驱动程序的配置选项。

（3）"Parallel port support"菜单对应 drivers/parport 目录的配置选项，包含并口设备驱动程序。

（4）"Plug and Play support"菜单对应 drivers/pnp 目录的配置选项，包含计算机外围设备的热拔插功能。

（5）"Block devices"菜单对应 drivers/block 目录的配置选项，包含软驱、RAMDISK 等驱动程序。

（6）"ATA/ATAPI/MFM/RLL support"菜单对应 drivers/ide 目录的配置选项，包含各类 ATA/ATAPI 接口设备驱动。

（7）"SCSI device support"菜单对应 drivers/scsi 目录的配置选项，包含各类 SCSI 接口的设备驱动。

（8）"Network device support"菜单对应 drivers/net 目录的配置选项，包含各类网络设备驱动程序。

（9）"Input device support"菜单对应 drivers/input 目录的配置选项，包含 USB 键盘鼠标等输入设备通用接口驱动。

（10）"Character devices"菜单对应 drivers/char 目录的配置选项，包含各种字符设备驱动程序。这个目录下的驱动程序很多。串口的配置选项也是从这个子菜单调用的，但是串口驱动所在的目录是 drivers/serial。

（11）"I^2C support"菜单对应 drivers/i2c 目录的配置选项，包含 I^2C 总线的驱动。

（12）"Multimedia devices"菜单对应 drivers/media 目录的配置选项，包含视频/音频接收和摄像头的驱动程序。

（13）"Graphics support"菜单对应 drivers/video 目录的配置选项，包含 Framebuffer 驱动程序。

（14）"Sound"菜单对应 sound 目录的配置选项，包含各种音频处理芯片 OSS 和 ALSA 驱动程序。

（15）"USB support"菜单对应 drivers/usb 目录的配置选项，包含 USB Host 和 Device 的驱动程序。

（16）"MMC/SD Card support"菜单对应 drivers/mmc 目录的配置选项，包含 MMC/SD 卡的驱动程序。

对于特定的目标板，可以根据外围设备选择对应的驱动程序选项，然后才能在 Linux 系统下使用相应的设备。

这里不准备讨论 Linux 设备驱动程序的话题。有关设备驱动程序的内容，可以阅读《Linux Device Drivers 3rd Edition》。

6.4 习题

1．下列属于 Linux 内核的版本有（　　）。

A．mainline　　　　B．stable　　　　C．longterm　　　　D．trunk

2．下载内核源码可以用到的工具有（　　）。

A．gftp　　　　B．kget　　　　C．wget　　　　D．git

3．配置 Linux 内核常用的命令有（　　）。

A．make menuconfig　　　　　　　B．make xconfig

C．make gconfig　　　　　　　　　D．make dconfig

4．Kconfig 中的菜单项主要关键字有（　　）。

A．source　　　　B．menu　　　　C．choice　　　　D．config

5．内核配置后生成的主要文件有（　　）。

A．Kconfig　　　　B．config　　　　C．menuconfig　　　　D．xconfig

6．在 Kbuild Makefile 中，以下表示将目标文件静态编译到 vmlinux 中的是（　　）。

A．obj-y　　　　B．obj-m　　　　C．obj-n　　　　D．obj-

7．在 Kbuild Makefile 中，表示将目标文件编译成可加载内核模块的是（　　）。

A．obj-y　　　　B．obj-m　　　　C．obj-n　　　　D．obj-

8．选择 ARM 体系结构，配置完内核后，编译生成 uImage 的命令是（　　）。

A．make Image　　　　　　　　　B．make zImage

C．make uImage　　　　　　　　　D．make bootpImage

9．运行 make menuconfig 命令，在配置界面中进行驱动配置的主菜单是（　　）。

A．System Type　　　　　　　　　B．Kernel Features

C．Device Drivers　　　　　　　　D．Loadable module support

本章以 ARM 平台为例介绍内核移植的基本方法，设备树的相关概念，详细分析了 Linux 内核启动过程。通过本章的学习，可以明确内核移植需要做哪些基础工作，从而在后面的内核移植过程中才能有的放矢地去添加或修改代码。

本章目标

❑ 移植内核源码
❑ Linux 设备树
❑ Linux 内核启动过程分析

第7章
内核移植基础

7.1 移植内核源码

所谓移植就是把程序代码从一种运行环境转移到另外一种运行环境。对于内核移植来说，主要是从一种硬件平台转移到另外一种硬件平台上运行。

7.1.1 移植的基本工作

对于嵌入式 Linux 系统来说，有各种体系结构的处理器和硬件平台，并且用户需要根据需求自己定制硬件单板。只要是硬件平台有变化，即使非常小，可能也需要做一些移植工作。内核移植是嵌入式 Linux 系统中最常见的一项工作。一个基于 ARM 体系结构的典型的嵌入式 Linux 系统的硬件层次结构如图 7.1 所示。

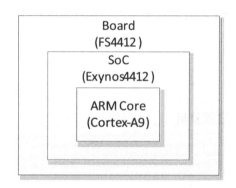

图 7.1　基于 ARM 处理器的嵌入式系统硬件层次结构

首先，ARM 公司设计出了一款 ARM 的核（如图 7.1 中的 Cortex-A9）；然后 ARM 公司将其授权给各大芯片生产厂商，芯片生产厂商在 ARM 核的外围加入一些必要的硬件单元（如时钟和电源管理单元、中断控制器、DDR 控制器等）形成 SoC（如图 7.1 中 Samsung 公司的 Exynos4412）进行销售；最后设备生产厂商购买这些 SoC，按照产品定位和市场需求在 SoC 外围添加设备（如网卡、存储器芯片、液晶显示屏和触摸屏等）构成一个硬件单板（如图 7.1 中的 FS4412 开发版），再和配套的操作系统及应用软件一同销售。

那么，所涉及的 Linux 内核移植工作也就分为了 3 个层次。首先，内核代码中要添加相应 ARM 核的支持；其次，内核代码中要添加相应 SoC 的支持；最后就是在内核代码中要添加相应硬件单板的支持。其中，ARM 核和 SoC 的移植比较复杂，但是在较新的内核源码中一般都有比较完善的支持，不需要多少工作量。而硬件板级的移植和板上的硬件密切相关，需要根据自己的硬件去对内核做大量的配置和修改，不过难度相对来说会比较低。另外，板级移植工作通常都不是完全从头开始的，在内核代码中很容易找到一款和自己的目标板配置类似的，所以可以参照该目标板，做一些相应的修改以适合自己的目标板即可。那么进行板级移植通常要做以下基本工作。

（1）选择参考板。

选择参考板的原则如下：

- 参考板与开发版具有相同的处理器，至少类似的处理器。
- 参考板和开发版具有相同的外围接口电路，至少基本接口相同。
- Linux 内核已经支持参考板，至少有非官方的补丁或者 BSP（Board Support Package，板级支持包，和体系结构相关的一部分代码）。
- 参考板 Linux 设备驱动工作正常，至少已经驱动基本接口。

通常都可以找到相同处理器的参考板，并且可以获取到 Linux 内核源代码。因为芯片生产厂商在发布一块新的 SoC 的时候，一般会为它提供参考设计板和 Linux BSP。即使是一款新的处理器，也可以找到体系结构相同、功能相似的处理器作为参考。

接下来还要仔细分析内核代码，弄清楚哪些设备有驱动程序，哪些还没有。如果某个驱动程序还没有支持，就需要我们自己动手写驱动。

例如，对于 FS4412 开发版来说，使用了 Samsung 公司的 Exynos4412 SoC 芯片。在 Linux 3.14.25 的内核源码中的 arch/arm/目录下就有一个 mach-exynos 的目录，该目录下就有使用了 Exynos4412 这款 SoC 的相关 BSP 代码。

（2）编译测试参考板的 Linux 内核。

为了确信 Linux 对参考板的支持情况，最好验证一下。配置编译 Linux 内核，在目标板上运行测试一下。也许最新的 Linux 内核版本支持得最好，但是也可能需要在老内核版本上打补丁。总之要选择硬件平台支持最好、版本最新的内核。

同样，对于 FS4412 开发板来说，首先可以在内核源码树的根目录下运行下面的命令，确认有没有相近的默认配置。

```
$ make ARCH=arm help
......
exynos_ddefconfig        - Build for exynos
......
```

发现有一个针对 Exynos 系列处理器的默认配置，接下来可以使用该默认配置来配置内核源码，并编译出内核的 uImage 镜像和设备树（设备树在 7.2 节中描述）。

```
$ make ARCH=arm exynos_defconfig
$ make ARCH=arm CROSS_COMPILE=arm-linux- uImage -j2
$ make ARCH=arm CROSS_COMPILE=arm-linux- dtbs
```

上面命令中的 CROSS_COMPILE 用于指定交叉编译工具的前缀，-j2 后的数字 2 表示make工具将会衍生出两个作业来同时编译内核源码（数字值通常是CPU 个数的2倍），从而提高编译的速度。编译后生成的 uImage 在 arch/arm/boot/目录下，而设备树在 arch/arm/boot/dts/ 目录下。这里选择的参考板为 origen，所以将 uImage 和 exynos4412-origen.dtb 一起复制到 TFTP 服务器配置中指定的目录下。

```
$ sudo cp arch/arm/boot/uImage /var/lib/tftpboot/
$ sudo cp arch/arm/boot/dts/exynos4412-origen.dtb /var/lib/tftpboot/
```

上面命令中的/var/lib/tftpboot/是 TFTP 服务器配置中指定的目录。接下来将开发版上电，配置好环境后通过 tftp 命令下载 uImage 和编译后的设备树文件，并使用 bootm 命令启动内核。

```
FS4412 # tftp 41000000 uImage
FS4412 # tftp 42000000 exynos4412-origen.dtb
FS4412 # bootm 41000000 - 42000000
```

以上命令都是在开发版的串口终端上执行的。在执行 bootm 命令后可以看到如下的启动信息。

```
## Booting kernel from Legacy Image at 41000000 ...
   Image Name:   Linux-3.14.25
   Image Type:   ARM Linux Kernel Image (uncompressed)
   Data Size:    2767208 Bytes = 2.6 MiB
   Load Address: 40008000
   Entry Point:  40008000
   Verifying Checksum ... OK
## Flattened Device Tree blob at 42000000
   Booting using the fdt blob at 0x42000000
   Loading Kernel Image ... OK
OK
   Loading Device Tree to 4fff4000, end 4ffff309 ... OK

Starting kernel ...
......
```

这说明 Linux 内核已经启动起来了，但是最终的 Linux 操作系统还没有运行起来。原因是内核启动的最后阶段挂载根文件系统还没有成功（这会在第 8 章进行详细说明）。

（3）对内核进行裁剪和添加功能。

前面使用了 exynos 的默认配置来配置内核源码，但是这些配置中有些配置可能是多余的，并不适合我们的 FS4412 开发版。而有些配置又是没有选配的，需要添加。接下来就应该使用第 6 章中提到的配置工具来配置内核，裁剪掉不需要的内核功能，添加缺失的内核功能。对于去掉内核中的功能只需要不选择相应的配置项即可，但是对于添加内核功能则可能会遇到一些阻碍。比如新添加的功能在我们的开发板上不能正常运行，这时就需要分析相应的内核代码，找出问题所在，加以修改。还有可能是内核根本没有相应设备的支持，这就需要从头编写相应的驱动程序，并且添加到内核中。

7.1.2　移植后的工作

在内核移植过程中，最好通过版本控制工具来维护内核源代码，至少多做一些备份。因为手工修改代码比较麻烦，但是删除却很容易。

移植完成以后，就可以发布这个内核源代码了。最常见的方式是发布内核补丁。基于一个稳定的内核版本制作补丁文件，可以方便地保存和分发。

假设基于 linux-3.14.25 内核移植，没有修改的内核源代码目录是 linux-3.14.25，修改过的内核源代码目录是 linux-3.14.25-fs4412。按照下列步骤制作补丁。

```
$ cd linux-3.14.25-fs4412/
$ cp .config arch/arm/configs/fs4412_defconfig
$ make ARCH=arm distclean
$ cd ../
$ diff -urN linux-3.14.25/ linux-3.14.25-fs4412/ > patch-linux-3.14.25-fs4412
```

这样就得到了一个补丁文件 patch-linux-3.14.25-fs4412，还可以把它压缩保存。

```
$ xz patch-linux-3.14.25-fs4412
```

以后可以直接阅读这个补丁文件，或者通过 patch 工具打补丁。补丁工具的使用方法参考第 6.2.1 节的内容。

7.2 Linux 设备树

7.2.1 Linux 设备树的由来

在 Linux 内核源码的 ARM 体系结构引入设备树之前，相关的 BSP 代码中充斥了大量的平台设备（Platform Device）代码，而这些代码大多都是重复的、杂乱的。之前的内核移植工作有很大一部分工作就是在复制一份 BSP 代码，并修改 BSP 代码中和目标板中特定硬件相关的平台设备信息。这使得 ARM 体系结构的代码维护者和内核维护者在发布一个新版本内核的一段时间内有大量的工作要做，以至于 Linus Torvalds 在 2011 年 3 月 17 日的 ARM Linux 邮件列表宣称"Gaah. Guys, this whole ARM thing is a f*cking pain in the ass"。这使得整个 ARM 社区不得不慎重来重新考虑这个问题，于是设备树（Device Tree，DT）被 ARM 社区所采用。

需要说明的是，在 Linux 中，PowerPC 和 SPARC 体系结构很早就使用了设备树，并不是一个最近才提出的概念。设备树最初是由开放固件（Open Firmware）使用的，用来向一个客户程序（通常是一个操作系统）传递数据的通信方法中的一部分内容。客户程序通过设备树在运行时发现设备的拓扑结构，这样就不需要把硬件信息硬编码到程序中。

7.2.2 Linux 设备树的目的

设备树是一个描述硬件的数据结构，它并没有什么神奇的地方，也不能把所有硬件配置的问题都解决掉。它只是提供了一种语言，将硬件配置从 Linux 内核源码中提取出来。设备树使得目标板和设备变成数据驱动的，它们必须基于传递给内核的数据进行初始化，而不是像以前一样采用硬编码的方式。理论上，这种方式可以带来较少的代码重复率，使得单个内核镜像能够支持很多硬件平台。

Linux 使用设备树的 3 个主要原因是平台识别（Platform Identification）、实时配置（Runtime Configuration）和设备植入（Device Population）。

1. 平台识别

第一且最重要的是，内核使用设备树中的数据去识别特定机器（即目标板，内核中称为 machine）。最完美的情况是，内核应该与特定硬件平台无关，因为所有硬件平台的细节都由设备树来描述。然而，硬件平台并不是完美的，所以内核必须在早期初始化阶段识别机器，这样内核才有机会运行特定机器相关的初始化序列。

大多数情况下，机器识别是与设备树无关的，内核通过机器的 CPU 或者 SoC 来选择初始化代码。以 ARM 平台为例，setup_arch 会调用 setup_machine_fdt，后者遍历 machine_desc 链表，选择最匹配设备树数据的 machine_desc 结构体。这是通过查找设备树根结点的 compatible 属性，并把它和 machine_desc 中的 dt_compat 列表中的各项进行比较来决定哪一个 machine_desc 结构体是最适合的。

compatible 属性包含一个有序的字符串列表，它以确切的机器名开始，紧跟着一个可选的 board 列表，从最匹配到其他匹配类型。以 Samsung 的 Exynos 4412 系列的 SoC 芯片为例，在 arch/arm/mach-exynos/mach-exynos4-dt.c 文件中的 dt_compat 列表定义如下。

```
static char const *exynos4_dt_compat[] __initdata = {
        "samsung,exynos4210",
        "samsung,exynos4212",
        "samsung,exynos4412",
        NULL
};
```

而在 origen 目标板的设备树源文件 arch/arm/boot/dts/exynos4412-origen.dts 中包含的 exynos4412.dtsi 文件中指定的 compatible 属性如下。

```
compatible = "samsung,exynos4412";
```

这样在内核启动过程中就可以通过传递的设备树数据找到匹配的机器所对应的 machine_desc 结构体，如果没找到则返回 NULL。采用这种方式，可以使单个 machine_desc 支持多个机器，从而降低了代码的重复率。当然，对初始化有特殊要求机器的初始化过程应该也有所区别，这可以通过其他的属性或一些钩子函数来解决。

2. 实时配置

大多数情况下，设备树是固件与内核之间进行数据通信的唯一方式，所以也用于传递实时的或者配置数据给内核，比如内核参数、initrd 镜像的地址等。

大多数这种数据被包含在设备树的 chosen 节点中，形如：

```
chosen { bootargs = "console=ttyS0,115200 loglevel=8";
initrd-start = <0xc8000000>;
initrd-end = <0xc8200000>;
};
```

bootargs 属性包含内核参数，initrd-*属性定义了 initrd 文件的首地址和大小。chosen 节点也有可能包含任意数量的描述平台特殊配置的属性。

在早期的初始化阶段，页表建立之前，体系结构初始化相关的代码会多次联合使用不同的辅助回调函数去调用 of_scan_flat_dt 来解析设备树数据。of_scan_flat_dt 遍历设备树并利用辅助函数来提取需要的信息。通常，early_init_dt_scan_chosen 辅助函数用于解析包括内核参的 chosen 结点；early_init_dt_scan_root 辅助函数用于初始化设备树的地址空间模型；而 early_init_dt_scan_memory 辅助函数用于决定可用内存的大小和地址。

在 ARM 平台，setup_machine_fdt 函数负责在选取到正确的 machine_desc 结构体之后进行早期的设备树遍历。

3．设备植入

经过目标板的识别和早期配置数据解析之后，内核进一步进行初始化。其间，unflatten_device_tree 函数被调用，将设备树的数据转换成一种更有效的实时的形式。同时，机器特殊的启动钩子函数也会被调用，例如 machine_desc 中的 init_early 函数，init_irq 函数，init_machine 函数等。通过名称我们可以猜想到，init_early 函数会在早期初始化时被执行，init_irq 函数用于初始化中断处理。利用设备树并没有实质上改变这些函数的行为和功能。如果设备树被提供，那么不管是 init_early 函数还是 init_irq 函数都可以调用任何设备树查找函数去获取额外的平台信息。不过在这之中的 init_machine 函数却需要更多地关注，在 arch/arm/mach-exynos/mach-exynos4-dt.c 文件中 init_machine 函数中有如下一条语句：

```
of_platform_populate(NULL, of_default_bus_match_table, NULL, NULL);
```

of_platform_populate 函数的作用是遍历设备树中的节点，把匹配的节点转换成平台设备，然后注册到内核中。

7.2.3　Linux 设备树的使用

1．基本数据格式

在 Linux 中，设备树文件的类型有.dts、.dtsi 和.dtb。其中.dtsi 是被包含的设备树源文件，类似于 C 语言中的头文件；.dts 是设备树源文件，可以包含其他.dtsi 文件，由 dtc 编译生成.dtb 文件。

设备树是一个包含节点和属性的简单树状结构。属性就是键—值对，而节点可以同时包含属性和子节点。例如，以下就是一个 ".dts" 格式的简单设备树。

```
/ {
node1 {
        a-string-property = "A string";
        a-string-list-property = "first string", "second string";
        a-byte-data-property = [0x01 0x23 0x34 0x56];
        child-node1 {
```

```
            first-child-property;
            second-child-property = <1>;
            a-string-property = "Hello, world";
        };
        child-node2 {
        };
    };
    node2 {
        an-empty-property;
        a-cell-property = <1>; /* each number (cell) is a uint32 */
        child-node1 {
        };
    };
};
```

上面的设备树例子包含了下面的内容：

- 一个单独的根节点："/"，
- 两个子节点："node1"和"node2"，
- 两个 node1 的子节点："child-node1"和"child-node2"，
- 一堆分散在设备树中的属性。

其中属性是简单的键一值对，它的值可以为空或者包含一个任意字节流。在设备树源文件中有如下几个基本的数据表示形式。

- 文本字符串（无结束符），可以用双引号表示，如 a-string-property = "A string"。
- Cells，32 位无符号整数，用尖括号限定，如 second-child-property = <1>。
- 二进制数据，用方括号限定，如 a-byte-data-property = [0x01 0x23 0x34 0x56]。
- 混合表示，使用逗号连在一起，如 mixed-property = "a string", [0x01 0x23 0x45 0x67], <0x12345678>。
- 字符串列表，使用逗号连在一起，如 string-list = "red fish", "blue fish"。

2．设备树实例解析

下面是从 arch/arm/boot/dts/exynos4.dtsi 设备树源文件中抽取出来的内容。

```
#include "skeleton.dtsi"

/ {
    interrupt-parent = <&gic>;

    aliases {
        spi0 = &spi_0;
        ......
        fimc3 = &fimc_3;
    };

    chipid@10000000 {
        compatible = "samsung,exynos4210-chipid";
        reg = <0x10000000 0x100>;
    };
```

```
......
    gic: interrupt-controller@10490000 {
        compatible = "arm,cortex-a9-gic";
        #interrupt-cells = <3>;
        interrupt-controller;
        reg = <0x10490000 0x1000>, <0x10480000 0x100>;
    };
......

    serial@13800000 {
        compatible = "samsung,exynos4210-uart";
        reg = <0x13800000 0x100>;
        interrupts = <0 52 0>;
        clocks = <&clock 312>, <&clock 151>;
        clock-names = "uart", "clk_uart_baud0";
        status = "disabled";
    };

    serial@13810000 {
        compatible = "samsung,exynos4210-uart";
        reg = <0x13810000 0x100>;
        interrupts = <0 53 0>;
        clocks = <&clock 313>, <&clock 152>;
        clock-names = "uart", "clk_uart_baud0";
        status = "disabled";
    };
......

    i2c_0: i2c@13860000 {
        #address-cells = <1>;
        #size-cells = <0>;
        compatible = "samsung,s3c2440-i2c";
        reg = <0x13860000 0x100>;
        interrupts = <0 58 0>;
        clocks = <&clock 317>;
        clock-names = "i2c";
        pinctrl-names = "default";
        pinctrl-0 = <&i2c0_bus>;
        status = "disabled";
    };
......

    amba {
        #address-cells = <1>;
        #size-cells = <1>;
        compatible = "arm,amba-bus";
        interrupt-parent = <&gic>;
        ranges;

        pdma0: pdma@12680000 {
            compatible = "arm,pl330", "arm,primecell";
            reg = <0x12680000 0x1000>;
            interrupts = <0 35 0>;
```

```
                    clocks = <&clock 292>;
                    clock-names = "apb_pclk";
                    #dma-cells = <1>;
                    #dma-channels = <8>;
                    #dma-requests = <32>;
              };

              ......
      };
......
```

（1）包含其他的 ".dtsi" 文件，例如：

```
#include "skeleton.dtsi"。
```

（2）节点名称，是一个 "<名称>[@<设备地址>]" 形式的名字。方括号中的内容不是必需的。其中 "名称" 是一个不超过 31 位的简单 ASCII 字符串，应该根据它所体现的是什么样的设备来进行命名。如果该节点描述的设备有一个地址的话就应该加上单元地址。通常，设备地址就是用来访问该设备的主地址，并且该地址也在节点的 reg 属性中列出。关于 reg 属性将会在后面的章节中进行描述。同级节点命名必须是唯一的，但只要地址不同，多个节点也可以使用一样的通用名称。节点名称的示例如下：

```
serial@13800000
serial@13810000
```

（3）系统中每个设备都表示为一个设备树节点，每个设备节点都拥有一个 compatible 属性。

（4）compatible 属性是操作系统用来决定使用哪个设备驱动来绑定到一个设备上的关键因素。compatible 是一个字符串列表，其中第一个字符串指定了这个节点所表示的确切的设备。该字符串的格式为："<制造商>,<型号>"。剩下的字符串的则表示其他与之相兼容的设备。例如：

```
compatible = "arm,pl330", "arm,primecell";
```

（5）可编址设备使用以下属性将地址信息编码进设备树。

```
reg
#address-cells
#size-cells
```

每个可编址设备都有一个 reg。它是一个元组表，形式为 reg =<地址 1 长度 1 [地址 2 长度 2] [地址 3 长度 3] ... >。每个元组都表示该设备使用的一个地址范围。每个地址值是一个或多个 32 位整型数列表，称为 cell。同样，长度值也可以是一个 cell 列表或者为空。由于地址和长度字段都是可变大小的变量，那么父节点的 #address-cells 和 #size-cells 属性就用来声明各个字段的 cell 的数量。换句话说，正确解释一个 reg 属性需要用到父节点的 #address-cells 和 #size-cells 的值。例如在 arch/arm/boot/dts/exynos4412-origen.dts 文件中 i2c 设备的相应描述如下。

```
      i2c@13860000 {
```

```
        #address-cells = <1>;
        #size-cells = <0>;
        samsung,i2c-sda-delay = <100>;
        samsung,i2c-max-bus-freq = <20000>;
        pinctrl-0 = <&i2c0_bus>;
        pinctrl-names = "default";
        status = "okay";

        s5m8767_pmic@66 {
                compatible = "samsung,s5m8767-pmic";
                reg = <0x66>;
......
```

其中 i2c 主机控制器是一个父节点,地址的长度为一个 32 位整型数,地址长度为 0。
s5m8767_pmic 是 i2c 主机控制器下面的一个子节点,其地址为 0x66。按照惯例,如果一个节点有 reg 属性,那么该节点的名字就必须包含设备地址。这个设备地址就是 reg 属性里第一个地址值。

关于设备地址还要介绍以下 3 个方面的内容。

- 内存映射设备:内存映射的设备应该有地址范围,对于 32 位的地址可以用 1个 cell 来指定地址值,用一个 cell 来指定范围。而对于 64 位的地址就应该用 2个 cell 来指定地址值。还有一种内存映射设备的地址表示方式,就是基地址、偏移和长度。这种方式中,地址也是用 2 个 cell 来表示。

- 非内存映射设备:有些设备没有被映射到 CPU 的存储器总线上,虽然这些设备可以有一个地址范围,但他们并不是由 CPU 直接访问。取而代之的是,父设备的驱动程序会代表 CPU 执行间接访问。这类设备的典型例子就包括上面提到的 I2C 设备,NAND Flash 也属于这类设备。

- 范围(地址转换):根节点的地址空间是从 CPU 的视角进行描述的,根节点的直接子节点使用的也是这个地址域,如 chipid@10000000。但是非根节点的直接子节点就没有使用这个地址域,于是需要把这个地址进行转换,ranges 属性就用于此目的。例如在 arch/arm/boot/dts/hi3620.dtsi 文件中有以下一段描述。

```
sysctrl: system-controller@802000 {
        compatible = "hisilicon,sysctrl";
        #address-cells = <1>;
        #size-cells = <1>;
        ranges = <0 0x802000 0x1000>;
        reg = <0x802000 0x1000>;

        smp-offset = <0x31c>;
        resume-offset = <0x308>;
        reboot-offset = <0x4>;

        clock: clock@0 {
                compatible = "hisilicon,hi3620-clock";
                reg = <0 0x10000>;
                #clock-cells = <1>;
        };
```

```
        };
```

其中"sysctrl: system-controller@802000"节点是"clock: clock@0"的父节点，在父节点中定义了一个地址范围，这个地址范围由"<子地址 父地址 子地址空间区域大小>"这样一个元组来描述。所以"<0 0x802000 0x1000>"表示的是子地址 0 被映射在父地址的 0x802000-0x0x802FFF 处。而"clock: clock@0"子节点刚好使用了这个地址。有些时候，这种映射也是一对一的，即子节点使用和父节点一样的地址域，这可以通过一个空的 ranges 属性来实现。例如：

```
amba {
    #address-cells = <1>;
    #size-cells = <1>;
    compatible = "arm,amba-bus";
    interrupt-parent = <&gic>;
    ranges;

    pdma0: pdma@12680000 {
        compatible = "arm,pl330", "arm,primecell";
        reg = <0x12680000 0x1000>;
        interrupts = <0 35 0>;
        clocks = <&clock 292>;
        clock-names = "apb_pclk";
        #dma-cells = <1>;
        #dma-channels = <8>;
        #dma-requests = <32>;
    };
```

其中"pdma0: pdma@12680000"子节点使用的就是和"amba"父节点一样的地址域。

（6）描述中断连接需要 4 个属性。

- interrupt-controller：一个空的属性，用来定义该节点是一个接收中断的设备，即是一个中断控制器。
- #interrupt-cells：是一个中断控制器节点的属性，声明了该中断控制器的中断指示符中 cell 的个数，类似于#address-cells。
- interrupt-parent：是一个设备节点的属性，指向设备所连接的中断控制器。如果这个设备节点没有该属性，那么该节点继承父节点的这个属性。
- interrupts：是一个设备节点的属性，含一个中断指示符的列表，对应于该设备上的每个中断输出信号。

```
gic: interrupt-controller@10490000 {
    compatible = "arm,cortex-a9-gic";
    #interrupt-cells = <3>;
    interrupt-controller;
    reg = <0x10490000 0x1000>, <0x10480000 0x100>;
};
```

上面的节点表示是一个中断控制器，用于接收中断。中断指示符占 3 个 cell。

```
amba {
    #address-cells = <1>;
```

```
    #size-cells = <1>;
    compatible = "arm,amba-bus";
    interrupt-parent = <&gic>;
    ranges;

    pdma0: pdma@12680000 {
        compatible = "arm,pl330", "arm,primecell";
        reg = <0x12680000 0x1000>;
        interrupts = <0 35 0>;
        clocks = <&clock 292>;
        clock-names = "apb_pclk";
        #dma-cells = <1>;
        #dma-channels = <8>;
        #dma-requests = <32>;
    };
```

上面的"amba"节点是一个中断设备，产生的中断连接到"gic"中断控制器，"pdma0: pdma@12680000"是一个"amba"的子节点，继承了父节点的 interrupt-parent 属性，即该设备产生的中断也连接在"gic"中断控制器上。"pdma0: pdma@12680000"节点的中断指示符是"<0 35 0>"，表示要查看内核中的相应文档。因为 GIC 是 ARM 公司开发的一款中断控制器，查看 Documentation/devicetree/bindings/arm/gic.txt 内核文档可知，第一个 cell 是中断类型，0 是 SPI，共享的外设中断，即这个中断由外设产生，可以连接到一个 SoC 中的多个 ARM 核；1 是 PPI，私有的外设中断，即这个中断由外设产生，但只能连接到一个 SoC 中的一个特定的 ARM 核。第二个 cell 是中断号。第三个 cell 中断的触发类型，0 表示不关心。

（7）aliases 节点用于指定节点的别名。因为引用一个节点要使用全路径，当子节点离根节点越远时，这样节点名就会显得比较冗长，定义一个别名则比较方便。下面把 spi_0 节点定义了一个别名为 spi0。

```
    aliases {
        spi0 = &spi_0;
......
```

（8）chosen 节点并不代表一个真正的设备，只是作为一个为固件和操作系统之间传递数据的地方，比如引导参数。chosen 节点里的数据也不代表硬件。例如在 arch/arm/boot/dts/exynos4412-origen.dts 文件中的 chosen 节点定义如下：

```
    chosen {
        bootargs ="console=ttySAC2,115200";
    };
```

（9）设备特定数据，用于定义特定于某个具体设备的一些属性。这些属性可以自由定义，但是新的设备特定属性的名字都应该使用制造商前缀，以避免和现有标准属性名相冲突。另外，属性和子节点的含义必须存档在 binding 文档中，以便设备驱动程序的程序员知道如何解释这些数据。在内核源码的 Documentation/devicetree/bindings/目录中包含了大量的 binding 文档，当发现设备树中的一些属性不能理解时，在该目录下查看相应的文档,都能找到答案。例如前面提到的 GIC。

3. 在内核中添加设备树源文件

由于设备树的引入,使得内核的移植发生了很大的改变。以前需要复制并修改 BSP 文件,而现在主要变成了复制并修改设备树文件。FS4412 开发板的参考板是 origen,所以只需要把该参考板的设备树源文件复制一份并进行重命名;然后修改 Makefile,添加相应的内容;最后做相应的修改并进行编译即可(要求内核源码已经配置过才能编译通过)。使用的相关命令和输出如下:

```
$ cp arch/arm/boot/dts/exynos4412-origen.dts arch/arm/boot/dts/exynos4412-fs4412.
dts
$ vim arch/arm/boot/dts/Makefile

dtb-$(CONFIG_ARCH_EXYNOS) += exynos4210-origen.dtb \
    ......
    exynos4412-origen.dtb \
    exynos4412-fs4412.dtb \
    ......

$ make ARCH=arm CROSS_COMPILE=arm-linux- dtbs
......
   DTC     arch/arm/boot/dts/exynos4412-origen.dtb
   DTC     arch/arm/boot/dts/exynos4412-fs4412.dtb
......
```

7.3 Linux 内核启动过程分析

Linux 内核启动就是引导内核镜像启动的过程。典型的内核镜像是 uImage,包含 64 字节的 U-Boot 头、启动加载程序和压缩后的内核主体 3 部分。启动过程中最主要任务的就是解压和启动内核主体。本章以 ARM 平台为例分析 Linux 内核的启动过程。

7.3.1 内核启动流程介绍

将 uImage 内核镜像和设备树下载到内存后,通过 U-Boot 的 bootm 命令即可启动内核。使用的命令及过程如下。

```
FS4412 # tftp 41000000 uImage
dm9000 i/o: 0x5000000, id: 0x90000a46
DM9000: running in 16 bit mode
MAC: 11:22:33:44:55:66
operating at 100M full duplex mode
Using dm9000 device
TFTP from server 192.168.10.100; our IP address is 192.168.10.110
Filename 'uImage'.
```

```
Load address: 0x41000000
Loading: ################################################################
         ################################################################
         ##########################################################
         811.5 KiB/s
done
Bytes transferred = 2767704 (2a3b58 hex)
FS4412 # tftp 42000000 exynos4412-fs4412.dtb
dm9000 i/o: 0x5000000, id: 0x90000a46
DM9000: running in 16 bit mode
MAC: 11:22:33:44:55:66
operating at 100M full duplex mode
Using dm9000 device
TFTP from server 192.168.10.100; our IP address is 192.168.10.110
Filename 'exynos4412-fs4412.dtb'.
Load address: 0x42000000
Loading: ###
         746.1 KiB/s
done
Bytes transferred = 34422 (8676 hex)
FS4412 # bootm 41000000 - 42000000
## Booting kernel from Legacy Image at 41000000 ...
   Image Name:    Linux-3.14.25
   Image Type:    ARM Linux Kernel Image (uncompressed)
   Data Size:     2767640 Bytes = 2.6 MiB
   Load Address: 40008000
   Entry Point:  40008000
   Verifying Checksum ... OK
## Flattened Device Tree blob at 42000000
   Booting using the fdt blob at 0x42000000
   Loading Kernel Image ... OK
OK
   Loading Device Tree to 4fff4000, end 4ffff675 ... OK

Starting kernel ...

Uncompressing Linux... done, booting the kernel.
......
```

在这个过程中，U-Boot 首先通过 tftp 命令将内核 uImage 镜像和设备树分别下载到内存的 0x41000000 和 0x42000000 的位置，然后执行 bootm 命令启动内核。bootm 命令首先根据后面的参数给出的地址值去获得加在 zImage 前面的 64 字节，然后验证相应的信息是否正确。如果验证通过，则把 64 字节后的 zImage 复制到指定的加载地址处，然后跳转到该地址去执行代码，把 CPU 的控制权交给了内核。需要说明的是，按照内核的默认编译方式，内核的加载地址和入口地址都为 0x40008000，而上面使用 tftp 命令是将 uImage 下载到 0x41000000 位置的，这样 U-Boot 在使用 bootm 命令启动内核时会发现下载地址和加载地址不一致，于是会把 uImage 64 字节后的 zImage 复制到加载地址处，并跳转到加载地址执行代码（如果直接把 uImage 下载到 0x40008000，并且 bootm 后指定的地址也为 0x40008000 的话，内核不能正常启动，因为前 64 字节不是有效的指令）。如果想要减少这次复制动作而加快内核的启动，可以使用 U-Boot 提供的 mkimage 命令。另外指定加载地址和入口地址，重新生成 uImage 镜像，如下面两条命令的其中任一条都可以满足要求。

```
$ mkimage -n 'Linux-3.14.25' -A arm -O linux -T kernel -C none -a 0x40007FC0 -e
0x40008000 -d arch/arm/boot/zImage arch/arm/boot/uImage
    $ mkimage -n 'Linux-3.14.25' -A arm -O linux -T kernel -C none -a 0x40008000 -e
0x40008040 -d arch/arm/boot/zImage arch/arm/boot/uImage
```

上面两条指令中各选项的意义如下。

- -n：指定镜像名。
- -A：指定 CPU 的体系结构。
- -O：指定操作系统类型。
- -T：指定镜像类型。
- -C：指定镜像压缩方式。
- -a：指定镜像在内存中的加载地址。
- -e：指定镜像运行的入口点地址，这个地址就是-a 参数指定的值加上 0x40（因为前面有个 mkimage 添加的 0x40 个字节的头）。
- -d：指定制作镜像的源文件。

如果使用前面列出的第一条指令重新生成内核 uImage 镜像，则使用 tftp 命令下载的地址和 bootm 后的地址都应该相应调整为 0x40007FC0。对应的操作和启动过程如下。

```
FS4412 # tftp 40007FC0 uImage
......
FS4412 # tftp 42000000 exynos4412-fs4412.dtb
......
## Booting kernel from Legacy Image at 40007fc0 ...
   Image Name:   Linux-3.14.25
   Image Type:   ARM Linux Kernel Image (uncompressed)
   Data Size:    2767640 Bytes = 2.6 MiB
   Load Address: 40007fc0
   Entry Point:  40008000
   Verifying Checksum ... OK
## Flattened Device Tree blob at 42000000
   Booting using the fdt blob at 0x42000000
   XIP Kernel Image ... OK
OK
   Loading Device Tree to 4fff4000, end 4ffff675 ... OK

Starting kernel ...

Uncompressing Linux... done, booting the kernel.
......
```

注意，使用上面的方式后，加载内核时的打印由"Loading Kernel Image ... OK"变为了"XIP Kernel Image ... OK"，说明 U-Boot 并没有复制 zImage 镜像。

内核的 zImage 镜像开始执行时，首先解压缩后面所跟的 piggy.gz 到指定的位置。但是解压后的内容可能会覆盖当前正在运行的代码或数据，于是解压代码先判断是否会发生覆盖，如果是，则先要将自己重定位到另外一个位置，然后再进行解压。解压完成后跳转到解压后的起始地址执行代码，即 Linux 内核的主体代码开始运行。

Linux 内核的主体代码将会执行一系列复杂的初始化过程，然后去挂载根文件系统，最后执行用户空间的第一个初始化程序，从而完成整个内核的启动过程。

7.3.2 内核启动加载程序

zImage 镜像的入口代码是自引导程序。自引导程序包含一些初始化代码，所以它是体系结构相关的，这个目录是 arch/$(ARCH)/boot。第一条指令所在的文件是自引导程序中的 head.S。分析一下这部分汇编程序，就能清楚内核引导的过程。

```
/* arch/arm/boot/compressed/head.S */
start:
        .type    start,#function      /* 标记 start 是一个函数 */
        .rept    7                     /* 重复 7 条 "mov    r0, r0" 指令 */
        mov r0, r0
        .endr
  ARM(         mov r0, r0         )    /* 第 8 条 "mov r0, r0" 指令，异常向量表的空间 */
  ARM(         b    1f            )    /* ARM 宏定义在 arch/arm/include/asm/unified.
                                          h 头文件中，依赖于 CONFIG_THUMB2_KERNEL 是否被
                                          定义，默认配置没有定义，那么 ARM() 宏所包含的指令
                                          会被编译
                                       */
  THUMB(       adr r12, BSYM(1f)  )    /* 因为 CONFIG_THUMB2_KERNEL 宏没被定义，所以 */
  THUMB(       bx    r12          )    /* THUMB() 宏所包含的指令不会被编译，相当于没有。*/
                                       /* 后面将省略这些代码 */


        .word    0x016f2818           /* 可由 U-Boot 来进行检测的一个幻数 */
        .word    start                /* start 标号的链接地址，zImage 的开始地址 */
        .word    _edata               /* _edata 标号的链接地址，zImage 的结束地址 */
......
1:
  ARM_BE8(     setend    be    )      /* ARM_BE8 宏定义在 arch/arm/include/asm/asse
                                          mbler.h 头文件中，BE-8 大端支持，依赖于 CONFIG
                                          _CPU_ENDIAN_BE8 是否被定义，配置中没定义，那么
                                          ARM_BE8() 宏所包含的指令不会被编译，相当于没有。
                                          后面将省略这些代码
                                       */
        mrs r9, cpsr                   /* 取 cpsr 寄存器的值到 r9 中 */
#ifdef CONFIG_ARM_VIRT_EXT             /* ARM 虚拟化扩展支持，被定义 */
        bl    __hyp_stub_install       /* 保存模式位到内存中 */
#endif
        mov r7, r1                     /* 保存 architecture ID，由 U-Boot 传递过来 */
        mov r8, r2                     /* 保存 atags 的地址，由 U-Boot 传递过来 */

        /*
         * Booting from Angel - need to enter SVC mode and disable
         * FIQs/IRQs (numeric definitions from angel arm.h source).
```

```
             * We only do this if we were in user mode on entry.
             */
            mrs  r2, cpsr          /* 获取当前的模式 */
            tst  r2, #3              /* 判断是否为用户模式 */
            bne  not_angel           /* 如果是用户模式，则可能是在使用 angel 调试器在
                                        调试内核，需要下面两条额外的指令进入到 SVC 模式
                                        */
            mov  r0, #0x17            @ angel_SWIreason_EnterSVC
 ARM(        swi  0x123456 )    @ angel_SWI_ARM
not_angel:
            safe_svcmode_maskall r0    /* 进入 SVC 模式，并禁止 IRQ 和 FIQ 中断 */
            msr  spsr_cxsf, r9       /* 保存刚启动时的模式到 SPSR */
......
            .text

#ifdef CONFIG_AUTO_ZRELADDR                    /* 自动计算解压后内核镜像的存放地址，已定义 */
            @ determine final kernel image address
            mov  r4, pc                /* 如果 zImage 加载的地址为 0x40008000 */
            and  r4, r4, #0xf8000000     /* 那么 R4 的值为 0x40000000 */
            add  r4, r4, #TEXT_OFFSET  /* TEXT_OFFSET 定义在 arch/arm/Makefile,
                                          值为 0x00008000，那么 R4 的值为 0x40008000
                                          */
#else
            ldr  r4, =zreladdr         /* 定义在 arch/arm/mach-exynos/Makefile.
                                          boot 文件中，值为 0x40008000
                                          */
#endif

            mov  r0, pc                /* 取当前运行地址 */
            cmp  r0, r4                /* 和内核最终运行地址比较 */
            ldrcc   r0, LC0+32         /* 如果小于的话，则得到镜像大小，包括 16KB 的页表 */
            addcc   r0, r0, pc         /* 和 1MB 的 dtb 大小，然后加在 PC 上，继续判断结束 */
            cmpcc   r4, r0             /* 地址是否小于最终内核运行的地址，如果是， */
            orrcc   r4, r4, #1         /* 则表明不会覆盖自己，跳过使能 cache，并标记 */
            blcs cache_on      /* 运行地址大于内核最终运行地址，则打开 cache */

restart: adr  r0, LC0            /* 取 LC0 的运行地址 */
            ldmia   r0, {r1, r2, r3, r6, r10, r11, r12}   /* 装载一些地址值
                                                             到相应的寄存器中
                                                             */

            ldr  sp, [r0, #28]    /* 初始化栈指针 */

            /*
             * We might be running at a different address.  We need
             * to fix up various pointers.
             */
            sub  r0, r0, r1            /* 计算运行地址和链接地址的差值 */
            add  r6, r6, r0            /* 调整 _edata 的地址值 */
            add  r10, r10, r0  /* 调整保存内核解压后镜像大小的变量的地址值 */

            ldrb r9, [r10, #0]/* 内核的编译系统会把内核镜像大小
                                   放在压缩镜像后面的 4 个字节
                                   */
```

```
        ldrb lr, [r10, #1]/* 读取这 4 个字节,将得到的大小放在 r9 寄存器中 */
        orr  r9, r9, lr, lsl #8
        ldrb lr, [r10, #2]
        ldrb r10, [r10, #3]
        orr  r9, r9, lr, lsl #16
        orr  r9, r9, r10, lsl #24

#ifndef CONFIG_ZBOOT_ROM              /* 是否从 ROM 启动(默认配置不是) */
        /* malloc space is above the relocated stack (64k max) */
        add  sp, sp, r0              /* 如果不是,则将堆空间安排在栈之上的 64KB */
        add  r10, sp, #0x10000
#else
        /*
         * With ZBOOT_ROM the bss/stack is non relocatable,
         * but someone could still run this code from RAM,
         * in which case our reference is _edata.
         */
        mov  r10, r6
#endif

        mov  r5, #0                  @ init dtb size to 0
#ifdef CONFIG_ARM_APPENDED_DTB /* DTB 依附在 zImage 之后(默认配置是) */
......
        ldr  lr, [r6, #0]           /* 判断 dtb 是否跟在 zImage 之后 */
#ifndef __ARMEB__
        ldr  r1, =0xedfe0dd0         @ sig is 0xd00dfeed big endian
#else
        ldr  r1, =0xd00dfeed         /* dtb 文件前 4 个字节的幻数 */
#endif
        cmp  lr, r1
        bne  dtb_check_done          /* 没有把 zImage 和 dtb 合并,跳过 dtb 的相关操作。
                                        如果是,则要执行 atags 和 dtb 相关的操作。这里
                                        省略这部分代码的分析
                                      */

......
dtb_check_done:
#endif

        add  r10, r10, #16384  /* 如果内核最终运行的起始地址大于当前运行镜像的
                                  结束+bss+stack+malloc+16KB 页表的结尾,
                                  则不会覆盖
                                */
        cmp  r4, r10
        bhs  wont_overwrite
        add  r10, r4, r9             /* 如果内核最终运行的结束地址小于
                                        wont_overwrite 的地址,则也不会覆盖
                                      */
        adr  r9, wont_overwrite      /* 不会覆盖的话,则重定位并清 bss 段,然后解压内核 */
        cmp  r10, r9
        bls  wont_overwrite

......                               /* 否则要覆盖自己,需要先拷贝自己到解压后的内核
```

```
                                              镜像之后，然后再重定位自己
                                     */
        add  r10, r10, #((reloc_code_end - restart + 256) & ~255)
        bic  r10, r10, #255           /* 计算内核最终运行的结束地址，为避免因代码太小
                                          被覆盖，对齐到下一个 256 字节的边界
                                     */

        /* Get start of code we want to copy and align it down. */
        adr  r5, restart             /* 计算拷贝开始的地址，每次拷贝 32 字节，
                                          所以对齐到 32 字节的边界
                                     */
        bic  r5, r5, #31

/* Relocate the hyp vector base if necessary */
#ifdef CONFIG_ARM_VIRT_EXT            /* 设置重定位后 hypervisor 模式下的异常向量表 */
        mrs  r0, spsr
        and  r0, r0, #MODE_MASK
        cmp  r0, #HYP_MODE
        bne  1f

        bl   __hyp_get_vectors
        sub  r0, r0, r5
        add  r0, r0, r10
        bl   __hyp_set_vectors
1:
#endif

        sub  r9, r6, r5              /* 计算复制的大小 */
        add  r9, r9, #31            /* 对齐到 32 字节的边界 */
        bic  r9, r9, #31
        add  r6, r9, r5            /* 复制的数据源结束地址 */
        add  r9, r9, r10          /* 复制的数据目的结束地址 */

1:      ldmdb   r6!, {r0 - r3, r10 - r12, lr}  /* 拷贝 */
        cmp  r6, r5
        stmdb   r9!, {r0 - r3, r10 - r12, lr}
        bhi  1b

        /* Preserve offset to relocated code. */
        sub  r6, r9, r6              /* 记录源和目的的偏移 */

#ifndef CONFIG_ZBOOT_ROM
        /* cache_clean_flush may use the stack, so relocate it */
        add  sp, sp, r6
#endif

        bl  cache_clean_flush        /* 清 cache */

        adr  r0, BSYM(restart)       /* 跳到复制完成之后的代码的 restart 位置执行 */
        add  r0, r0, r6
        mov  pc, r0

wont_overwrite:                      /* 如果第一次运行前面的代码判断会覆盖自己，
```

那么复制之后第二次运行上面的代码就判断
不会覆盖自己
 */

……

```
        orrs r1, r0, r5          /* 判断运行地址和链接地址是否相等，并且是否有 dtb */
        beq not_relocated        /* 如果相等并没有 dtb，则不需要重定位 */

        add r11, r11, r0         /* 得到 GOT 段的开始地址 */
        add r12, r12, r0         /* 得到 GOT 段的结束地址 */

#ifndef CONFIG_ZBOOT_ROM
        /*
         * If we're running fully PIC === CONFIG_ZBOOT_ROM = n,
         * we need to fix up pointers into the BSS region.
         * Note that the stack pointer has already been fixed up.
         */
        add r2, r2, r0                 /* 修改 got 段，进行重定位操作 */
        add r3, r3, r0

        /*
         * Relocate all entries in the GOT table.
         * Bump bss entries to _edata + dtb size
         */
1:      ldr r1, [r11, #0]    @ relocate entries in the GOT
        add r1, r1, r0             @ This fixes up C references
        cmp r1, r2                 @ if entry >= bss_start &&
        cmphs   r3, r1             @    bss_end > entry
        addhi   r1, r1, r5         @    entry += dtb size
        str r1, [r11], #4    @ next entry
        cmp r11, r12
        blo 1b

        /* bump our bss pointers too */
        add r2, r2, r5                 /* bss 段地址做相应的调整 */
        add r3, r3, r5

#else

        /*
         * Relocate entries in the GOT table.  We only relocate
         * the entries that are outside the (relocated) BSS region.
         */
1:      ldr r1, [r11, #0]    @ relocate entries in the GOT
        cmp r1, r2                 @ entry < bss_start ||
        cmphs   r3, r1             @ _end < entry
        addlo   r1, r1, r0         @ table.  This fixes up the
        str r1, [r11], #4    @ C references.
        cmp r11, r12
        blo 1b
#endif

not_relocated:  mov r0, #0
1:      str r0, [r2], #4                 /* 清除 bss 段 */
```

```
        str  r0, [r2], #4
        str  r0, [r2], #4
        str  r0, [r2], #4
        cmp  r2, r3
        blo  1b

        /*
         * Did we skip the cache setup earlier?
         * That is indicated by the LSB in r4.
         * Do it now if so.
         */
        tst  r4, #1                     /* 判断打开 cache 的标记是否设置 */
        bic  r4, r4, #1                 /* 如果是，则开 cache */
        blne cache_on

/*
 * The C runtime environment should now be setup sufficiently.
 * Set up some pointers, and start decompressing.
 *   r4 = kernel execution address
 *   r7 = architecture ID
 *   r8 = atags pointer
 */
        mov  r0, r4                     /* 建立 C 的运行环境 */
        mov  r1, sp                     @ malloc space above stack
        add  r2, sp, #0x10000  @ 64k max
        mov  r3, r7
        bl   decompress_kernel          /* 解压内核 */
        bl   cache_clean_flush          /* 清 cache */
        bl   cache_off                  /* 禁止 cache */
        mov  r1, r7                     /* architecture ID 保存到 R1 */
        mov  r2, r8                     /* atags 地址保存到 r2 */

#ifdef CONFIG_ARM_VIRT_EXT
        mrs  r0, spsr         @ Get saved CPU boot mode
        and  r0, r0, #MODE_MASK
        cmp  r0, #HYP_MODE    @ if not booted in HYP mode...
        bne  __enter_kernel              /* 跳转到解压后的内核去运行 */

        adr  r12, .L__hyp_reentry_vectors_offset
        ldr  r0, [r12]
        add  r0, r0, r12

        bl   __hyp_set_vectors
        __HVC(0)                        @ otherwise bounce to hyp mode

        b    .                          @ should never be reached

        .align   2
.L__hyp_reentry_vectors_offset:    .long    __hyp_reentry_vectors - .
#else
        b    __enter_kernel
#endif
```

上面的代码在解压完内核主体后，关闭了 cache，重新保存了平台号和 atags 的地址值，调用_enter_kernel 进入到内核主体代码中执行，将控制权交给了内核主体代码。解压调用的 decompress_kernel 使用 C 语言写的，在 arch/arm/boot/compressed/misc.c 文件中实现，代码如下。

```c
/* arch/arm/boot/compressed/misc.c */
void
decompress_kernel(unsigned long output_start, unsigned long free_mem_ptr_p,
            unsigned long free_mem_ptr_end_p,
            int arch_id)
{
    int ret;

    _stack_chk_guard_setup();

    output_data            = (unsigned char *)output_start;/*解压输出地址*/
    free_mem_ptr           = free_mem_ptr_p;
    free_mem_end_ptr       = free_mem_ptr_end_p;
    _machine_arch_type     = arch_id;

    arch_decomp_setup();        /* 解压缩前的初始化和设置，包括串口波特率设置等 */

    putstr("Uncompressing Linux..."); /* 打印信息说明正在解压 Linux…. 打开内
                                  核的底层调试开关能够看到这句打印
                                                信息
                                                    */
    ret = do_decompress(input_data, input_data_end - input_data,
                    output_data, error);
    if (ret)
            error("decompressor returned an error");
    else
            putstr(" done, booting the kernel.\n");/* 解压完成 */
}
```

7.3.3 内核主体程序入口

在 7.3.2 节中，启动加载程序通过调用_enter_kernel 函数进入到了内核主体程序。该程序的入口位于 arch/arm/kernel/head.S 文件中，下面是这个文件中的主要代码和注释。

```asm
/* arch/arm/kernel/head.S */
/*
 * Kernel startup entry point.
 * ---------------------------
 * 这段代码通常在解压缩后被调用。要求是:
 * MMU 必须关闭, D-cache 必须关闭, I-cache 可以关闭也可以不关闭
 * r0 = 0, r1 = 机器 ID, r2 = atags 或 dtb 的地址
 */
    .arm

    __HEAD
ENTRY(stext)
```

嵌入式 Linux 系统开发教程

```
      ......
#ifdef CONFIG_ARM_VIRT_EXT
    bl   __hyp_stub_install        /* 保存 CPU 的启动模式 */
#endif
    safe_svcmode_maskall r9        /* 确保进入 SVC 模式，并且关闭了所有中断 */

    mrc p15, 0, r9, c0, c0         /* 获取处理器 ID 号 */
    bl   __lookup_processor_type   /* 查找支持的处理器列表（在一个名为.proc.info.in
                                      it 的段中），判断是否支持该处理器，如果支持则将
                                      r5 寄存器的值赋值为对应的 procinfo 结构体地址
                                    */
    movs r10, r5                   /* 如果不支持，则 r5 寄存器的值为 0 */
    beq  __error_p                 /* 调用出错处理函数，打印相应的错误信息 */

#ifdef CONFIG_ARM_LPAE             /* ARM 大物理内存支持，当前配置没有定义 */
    ......
#endif

#ifndef CONFIG_XIP_KERNEL          /* ROM 启动内核，当前配置没有定义 */
    ......
#else
    ldr r8, =PLAT_PHYS_OFFSET      /* 物理内存起始地址，定义在 arch/arm/mach-exynos
                                      /include/mach/memory.h 文件中，
                                      值为 0x40000000
                                    */
#endif
    ......
    bl   __vet_atags               /* 判断 r2 寄存器的值是否对齐到 4 字节边界，
                                      并根据幻数判断 r2 指向的内存中的内容
                                      是 atags 还是 dtb
                                    */
#ifdef CONFIG_SMP_ON_UP
    bl   __fixup_smp               /* 根据处理器的 ID 号判断是单处理器还是
                                      对称多处理器
                                    */
#endif
#ifdef CONFIG_ARM_PATCH_PHYS_VIRT
    bl   __fixup_pv_table          /* 修改物理地址到虚拟地址转换表的一些地址信息，
                                      如起始地址，结束地址，偏移
                                    */
#endif
    bl   __create_page_tables      /* 创建临时的映射页表，该页表存放在物理内存起始的
                                      前 16KB，这里面主要映射了使能 MMU 的函数占用的
                                      内存区域，当前运行的内核从开始到 bss 段结束的
                                      内存区域，r2 指向的 atags 或 dtb 内存区域和其
                                      他一部分可选的内存区域
                                    */

    ldr r13, =__mmap_switched      /* MMU 使能后调用的函数地址，暂存在 r13 寄存器中 */
    adr lr, BSYM(1f)               /* 保存使能 MMU 函数的地址，在下面的初始化函数
                                      调用后被调用
                                    */
```

216

```
        mov     r8, r4                              /* r4 是页表的基地址 */
ARM(    add     pc, r10, #PROCINFO_INITFUNC   )     /* 调用 procinfo 中注册的处理器
                                                       初始化函数，主要是初始化 TLB, cache 等，
                                                       为打开 MMU 做准备
                                                    */
        ......
1:      b       _enable_mmu                         /* 上面初始化完成后，利用 lr 的值返回到这条指令执行，
                                                       并使能 mmu，使能后用 r13 的值来
                                                       调用__mmap_switched
                                                    */

ENDPROC(stext)
```

上面的代码打开 MMU 后，利用 r13 寄存器的值调用了_mmap_switched 函数。该函数位于 arch/arm/kernel/head-common.S 文件中，代码和注释如下。

```
/* arch/arm/kernel/head-common.S

/*
 * 下面的代码段是在 MMU 开启后的模式下运行的，使用了绝对地址，是位置相关的代码。
 *
 * r0 = cp15 控制寄存器的值
 * r1 = 机器 ID
 * r2 = atags 或 dtb 地址
 * r9 = 处理器 ID
 */
        __INIT
_mmap_switched:
        adr     r3, __mmap_switched_data

        ldmia   r3!, {r4, r5, r6, r7}       /* 加载数据段和 BSS 段的地址信息 */
        cmp     r4, r5                       /* 如果数据段有内容，则进行复制 */
1:      cmpne   r5, r6
        ldrne   fp, [r4], #4
        strne   fp, [r5], #4
        bne     1b

        mov     fp, #0                       /* 清除 fp 和 BSS 段 */
1:      cmp     r6, r7
        strcc   fp, [r6],#4
        bcc     1b


ARM(    ldmia   r3, {r4, r5, r6, r7, sp})   /* 获取保存 ID 号等变量的地址 */
THUMB(  ldmia   r3, {r4, r5, r6, r7}    )
THUMB(  ldr     sp, [r3, #16]           )
        str     r9, [r4]                     /* 保存处理器 ID */
        str     r1, [r5]                     /* 保存机器 ID */
        str     r2, [r6]                     /* 保存 atags 或 dtb 地址 */
        cmp     r7, #0
        bicne   r4, r0, #CR_A                /* 清除控制寄存器的'A'位，强制对齐检测 */
        stmneia r7, {r0, r4}                 /* 保存控制寄存器的值 */
        b       start_kernel                 /* 调用内核公共入口函数 start_kernel */
ENDPROC(__mmap_switched)
```

上面的代码复制数据段并清除 BSS 段后，保存了处理器 ID、机器 ID、atags 或 dtb 地址和控制寄存器的值后，调用了内核的公共入口函数 start_kernel，从而开启了内核的初始化过程。

7.3.4 Linux 系统初始化

start_kernel 函数是 Linux 内核通用的初始化函数。无论对于什么体系结构的 Linux，都要执行该函数。start_kernel 函数是内核初始化的基本过程。

```c
/* init/main.c */

asmlinkage void __init start_kernel(void)
{
    char * command_line;
    extern const struct kernel_param __start___param[], __stop___param[];

    lockdep_init();               /* 初始化用于锁状态跟踪的哈希表 */
    smp_setup_processor_id();     /* 读取当前运行的 CPU ID 并设置其他 CPU ID 相关信息 */
    debug_objects_early_init();   /* 调试对象进行早期的初始化，完成后 object tracker
                                     就开始完全运作了
                                   */
    boot_init_stack_canary();     /* 初始化栈保护的加纳利值 */
    cgroup_init_early();          /* 控制组的早期初始化，控制组是一组相同资源限制的进程 */
    local_irq_disable();          /* 关闭当前运行 CPU 的中断 */
    early_boot_irqs_disabled = true; /* 中断关闭标志设置 */
    boot_cpu_init();              /* 设置当前运行 CPU 的存在、已激活等标志位 */
    page_address_init();          /* 初始化高端内存的映射表 */
    pr_notice("%s", linux_banner); /* 打印 Linux 标语 */
    setup_arch(&command_line);    /* 体系结构相关的初始化，后面会进行更进一步分析 */
    mm_init_owner(&init_mm, &init_task); /* 当前配置是空函数 */
    mm_init_cpumask(&init_mm);    /* 当前配置是空函数 */
    setup_command_line(command_line); /* 保存 command line */
    setup_nr_cpu_ids();           /* 设置 nr_cpu_ids */
    setup_per_cpu_areas();        /* 为每个 per_cpu 变量申请空间，并复制值 */
    smp_prepare_boot_cpu();       /* 为启动 CPU 做相应的特定设置 */

    build_all_zonelists(NULL, NULL); /* 建立内存区域的链表，如 DMA 区域、
                                        普通区域和高端内存区域
                                      */
    page_alloc_init();            /* 设置内存页分配通知器 */

    pr_notice("Kernel command line: %s\n", boot_command_line);
    parse_early_param();          /* 处理 command line 中定义为 early 类型的参数 */
    parse_args("Booting kernel", static_command_line, __start___param,
        __stop___param - __start___param,
        -1, -1, &unknown_bootoption); /* 处理特殊的启动参数 */

    jump_label_init();            /* 当前配置是空函数 */
```

```
        setup_log_buf(0);              /* 使用 bootmem 分配一个用于记录启动信息的缓存区 */
        pidhash_init();                /* 进程 ID 的哈希表初始化 */
        vfs_caches_init_early();       /* 虚拟文件系统缓存早期初始化 */
        sort_main_extable();           /* 排序内核异常列表 */
        trap_init();                   /* ARM 体系结构下是空函数 */
        mm_init();                     /* 初始化内核的内存分配器 */


        sched_init();                  /* 任务调度器前期初始化 */
        preempt_disable();             /* 禁止内核抢占 */
        if (WARN(!irqs_disabled(), "Interrupts were enabled *very* early, fixing
it\n"))
            local_irq_disable();       /* 确保中断关闭 */
        idr_init_cache();              /* 为 idr 分配缓存 */
        rcu_init();                    /* 初始化读-复制-更新锁机制 */
        tick_nohz_init();              /* 当前配置是空函数 */
        context_tracking_init();       /* 当前配置是空函数 */
        radix_tree_init();             /* radix 树算法初始化 */
        early_irq_init();              /* 中断的早期初始化,主要是对 irq_desc 初始化 */
        init_IRQ();          /* 调用 machine_desc->init_irq 进行体系结构相关的中断初始化 */
        tick_init();         /* 初始化 tick 控制 */
        init_timers();       /* 定时器初始化 */
        hrtimers_init();     /* 高分辨率定时器初始化 */
        softirq_init();      /* 软中断初始化 */
        timekeeping_init();            /* 初始化需要和时钟代码共同管理的时间相关值 */
        time_init();         /* 调用 machine_desc->init_time,初始化系统时钟,开启硬件定时器 */
        sched_clock_postinit();        /* 调度计时的时钟初始化 */
        perf_event_init();             /* CPU 性能监视机制初始化 */
        profile_init();      /* 内核性能统计变量初始化 */
        call_function_init();          /* 初始化所有 CPU 的 call_single_queue,
                                           同时注册 CPU 热插拔通知函数到 CPU 通知链中
                                           */
        WARN(!irqs_disabled(), "Interrupts were enabled early\n");
        early_boot_irqs_disabled = false;
        local_irq_enable();            /* 使能本地 CPU 的中断 */

        kmem_cache_init_late();        /* slab 内存分配器的后期初始化 */

        console_init();      /* 控制台初始化,之前的 printk 是打印在缓存中的 */
        if (panic_later)     /* 判断之前的参数是否有错,如果是,则在控制台初始化后立即打印 */
            panic("Too many boot %s vars at `%s'", panic_later,
                  panic_param);

        lockdep_info();                /* 打印锁的依赖信息 */

        locking_selftest();            /* 锁的自测试 */

#ifdef CONFIG_BLK_DEV_INITRD
        /* 判断 initrd 的地址是否正确 */
        if (initrd_start && !initrd_below_start_ok &&
            page_to_pfn(virt_to_page((void *)initrd_start)) < min_low_pfn) {
            pr_crit("initrd overwritten (0x%08lx < 0x%08lx) - disabling it.\n",
                page_to_pfn(virt_to_page((void *)initrd_start)),
```

```
                min_low_pfn);
            initrd_start = 0;
        }
#endif
    page_cgroup_init();          /* 存储器控制器组的页面分配 */
    debug_objects_mem_init();    /* 调试对象的内存初始化 */
    kmemleak_init();             /* 内核内存泄漏检测机制初始化 */
    setup_per_cpu_pageset();     /* 分配并初始化每个 CPU 的页面集合 */
    numa_policy_init();          /* 非一致内存访问策略的初始化 */
    if (late_time_init)          /* 时钟相关的后期初始化 */
        late_time_init();
    sched_clock_init();          /* 对每个 CPU 进行系统进程调度时钟初始化 */
    calibrate_delay();           /* CPU 的延时校准, 得出每个 jiffy 的循环次数 */
    pidmap_init();               /* 进程的位图初始化 */
    anon_vma_init();             /* 反向匿名内存映射初始化 */
    acpi_early_init();           /* 高级配置和电源管理接口前期初始化 */
#ifdef CONFIG_X86
    if (efi_enabled(EFI_RUNTIME_SERVICES))
        efi_enter_virtual_mode();
#endif
#ifdef CONFIG_X86_ESPFIX64
    /* Should be run before the first non-init thread is created */
    init_espfix_bsp();
#endif
    thread_info_cache_init();    /* 线程信息的缓存初始化 */
    cred_init();                 /* 任务信用的 slab 缓存初始化 */
    fork_init(totalram_pages);   /* 根据当前物理内存计算出来可以创建进程 (线程) 的
                                    最大数量, 并进行进程环境初始化,
                                    为 task_struct 分配空间
                                  */
    proc_caches_init();      /* 进程缓存初始化, 为进程所需的主要数据结构申请 slab 缓存 */
    buffer_init();           /* 初始化文件系统的缓冲区, 并计算最大可以使用的文件缓存 */
    key_init();              /* 初始化内核安全键管理列表和结构, 内核密钥管理系统 */
    security_init();         /* 初始化内核安全管理框架, 以便提供访问文件 / 登录等权限 */
    dbg_late_init();         /* 内核调试系统后期初始化 */
    vfs_caches_init(totalram_pages); /* 虚拟文件系统进行缓存初始化,
                                        提高虚拟文件系统的访问速度
                                      */
    signals_init();          /* 初始化信号队列缓存 */
    /* rootfs populating might need page-writeback */
    page_writeback_init();           /* 脏页面回写初始化 */
#ifdef CONFIG_PROC_FS
    proc_root_init();        /* proc 文件系统初始化 */
#endif
    cgroup_init();           /* 进程控制组初始化 */
    cpuset_init();           /* 重置 top_cpuset 并注册 cpuset 文件系统 */
    taskstats_init_early();          /* 任务状态早期初始化, 为结构体获取高速缓存,
                                        并初始化互斥机制。任务状态主要向用户提供
                                        任务的状态信息
                                      */
    delayacct_init();        /* 任务延迟机制初始化, 初始化每个任务延时计数。
                                当一个任务等 CPU 运行, 或者等 IO 同步时, 都需要计算等待时间
                              */
```

```
    check_bugs();        /* 检查 bug，如写缓存的一致性检查 */

    sfi_init_late();    /* 当前配置为空函数 */

    /* 当前配置为空函数 */
    if (efi_enabled(EFI_RUNTIME_SERVICES)) {
        efi_late_init();
        efi_free_boot_services();
    }

    ftrace_init();        /* 功能跟踪器的初始化，用于帮助分析延时和性能等 */

    /* Do the rest non-__init'ed, we're now alive */
    rest_init();          /* 余下的初始化 */
}
```

start_kernel 函数负责初始化内核各子系统,其中调用了一个很重要的函数 setup_arch。该函数的代码及注释如下。

```
arch/arm/kernel/setup.c

void __init setup_arch(char **cmdline_p)
{
    const struct machine_desc *mdesc;

    setup_processor();  /* 读取处理器 ID 并进行处理器初始化，内核启动时的处理器
                               信息在这个函数打印
                             */
    mdesc = setup_machine_fdt(__atags_pointer);  /* 搜索匹配的机器，
                                                    返回描述符，内核启动时的机
                                                    器信息在这个函数中打印
                                                  */
    if (!mdesc)
            mdesc = setup_machine_tags(__atags_pointer, __machine_arch_type);
    machine_desc = mdesc;
    machine_name = mdesc->name;

    if (mdesc->reboot_mode != REBOOT_HARD)              /* 记录启动方式 */
            reboot_mode = mdesc->reboot_mode;

    /* 保存地址信息到内核自身的内存管理结构体 init_mm 中 */
    init_mm.start_code = (unsigned long) _text;
    init_mm.end_code   = (unsigned long) _etext;
    init_mm.end_data   = (unsigned long) _edata;
    init_mm.brk        = (unsigned long) _end;

    /* 复制 boot_command_line，方便后面进行解析 */
    strlcpy(cmd_line, boot_command_line, COMMAND_LINE_SIZE);
    *cmdline_p = cmd_line;

    parse_early_param();              /* 处理 early 类型的启动参数，如 mem= size@start */

    sort(&meminfo.bank,       meminfo.nr_banks,       sizeof(meminfo.bank[0]),
```

```
meminfo_cmp, NULL);                         /* 对存储器信息进行排序 */

        /* 调用 mdesc->init_meminfo，但当前的 bsp 文件中没定义，所以为空函数 */
        early_paging_init(mdesc, lookup_processor_type(read_cpuid_id()));
        setup_dma_zone(mdesc);              /* DMA 内存区域设置，当前配置为空函数 */
        sanity_check_meminfo();             /* meminfo 中每个 bank 中的 highmem 变量设置 */
        arm_memblock_init(&meminfo, mdesc); /* 初始化全局的 memblock 数据 */

        paging_init(mdesc);                 /* 设置页表，bootmem 内存分配器初始化 */
        request_standard_resources(mdesc);  /* 内存及一些标准 IO 内存资源的申请 */

        if (mdesc->restart)                 /* 保存重启函数地址 */
                arm_pm_restart = mdesc->restart;
        unflatten_device_tree();            /* 将设备树转换成设备节点 */

        arm_dt_init_cpu_maps();             /* 从设备树中获取 CPU 节点信息，并构建逻辑映射 */
        psci_init();                        /* 当前配置为空函数 */
#ifdef CONFIG_SMP
        if (is_smp()) {
                if (!mdesc->smp_init || !mdesc->smp_init()) {
                        if (psci_smp_available())
                                smp_set_ops(&psci_smp_ops);
                        else if (mdesc->smp)
                                smp_set_ops(mdesc->smp); /* smp 的操作方法注册 */
                }
                smp_init_cpus(); /* 初始化各 CPU */
                smp_build_mpidr_hash(); /* 由 MPIDR 的值构建索引 */
        }
#endif

        if (!is_smp())
                hyp_mode_check();           /* Hypervisor 模式支持，一般为 SVC */

        reserve_crashkernel();              /* 目前配置为空函数 */

#ifdef CONFIG_MULTI_IRQ_HANDLER             /* 当前配置没定义 */
        handle_arch_irq = mdesc->handle_irq;
#endif

#ifdef CONFIG_VT                            /* 设置虚拟终端 */
#if defined(CONFIG_VGA_CONSOLE)
        conswitchp = &vga_con;
#elif defined(CONFIG_DUMMY_CONSOLE)
        conswitchp = &dummy_con;
#endif
#endif

        if (mdesc->init_early)
                mdesc->init_early();        /* 调用早期的初始化函数，如安全固件相关操作 */
}
```

start_kernel 函数最后调用 rest_init 函数，创建并调度了一个叫做 kernel_init 的内核
线程，继续初始化。

```
/* init/main.c */

/*
 * 我们需要在一个非 __init 的函数中结束，否则竞态将会在 root 线程和 init 线程间产生，
 * 从而使 root 线程在运行到 cpu_idle 前用 free_initmem 函数把 start_kernel 函数
 * 收割了。
 *
 * gcc-3.4 可能会把该函数编译为内联函数，所以用了 noinline
 */

/* 定义一个完成量来同步 kthreadd 和 kernel_init */
static __initdata DECLARE_COMPLETION(kthreadd_done);

static noinline void __init_refok rest_init(void)
{
    int pid;
    /* 激活 RCU 机制 */
    rcu_scheduler_starting();
    /*
     * 我们应首先创建 init 线程，这样它获得的 pid 为 1，但 init 线程将会最终等待
     * 创建 kthreads，如果 init 先于 kthreadd 被调度，那么将会产生 OOPs。
     */
    /* 创建 kernel_init 内核线程，pid 为 1 */
    kernel_thread(kernel_init, NULL, CLONE_FS | CLONE_SIGHAND);
    /* 设置默认的内存策略 */
    numa_default_policy();
    /* 创建 kthreadd 内核线程，管理和调度其他内核线程 */
    pid = kernel_thread(kthreadd, NULL, CLONE_FS | CLONE_FILES);
    /* kthreadd 创建成功后就能获取其信息 */
    rcu_read_lock();
    kthreadd_task = find_task_by_pid_ns(pid, &init_pid_ns);
    rcu_read_unlock();
    /* 使用完成量来同步 kernel_init 线程 */
    complete(&kthreadd_done);

    /*
     * 为了运行起来，启动的 idle 进程必须至少执行一次 schedule 函数
     */
    /* 设置当前的进程为 idle 类进程 */
    init_idle_bootup_task(current);
    /* 禁止抢占 */
    schedule_preempt_disabled();
    /* 抢占禁止的情况下调用 cpu_idle */
    cpu_startup_entry(CPUHP_ONLINE);
}
```

kernel_init 函数负责完成初始化设备驱动、挂接根文件系统和启动用户空间的 init 进程等重要工作。

```
/* init/main.c */

static int __ref kernel_init(void *unused)
{
```

```
        int ret;
        /* 等待 kthreadd 的启动完成，执行其他初始化操作 */
        kernel_init_freeable();
        /* 在释放 _init 内存之前需要完成所有的异步的 _init 代码 */
        async_synchronize_full();
        /* 释放 _init 内存 */
        free_initmem();
        /* 当前配置为空函数 */
        mark_rodata_ro();
        /* 设置系统的状态为运行状态 */
        system_state = SYSTEM_RUNNING;
        /* 设置默认的内存访问策略 */
        numa_default_policy();
        /* 释放 delayed_fput_list 链表上的文件的引用 */
        flush_delayed_fput();
        /* 如果 ramdisk_execute_command 指定了 init 程序，就执行它 */
        if (ramdisk_execute_command) {
                ret = run_init_process(ramdisk_execute_command);
                if (!ret)
                        return 0;
                pr_err("Failed to execute %s (error %d)\n",
                        ramdisk_execute_command, ret);
        }

        /*
         * 尝试执行下面的每一个 init 程序，知道成功为止
         *
         * 如果正在尝试修复一个确实有问题的机器，Bourne shell 可用来代替 init
         */
        /* 如果 execute_command 指定了 init 程序，则执行它 */
        if (execute_command) {
                ret = run_init_process(execute_command);
                if (!ret)
                        return 0;
                pr_err("Failed to execute %s (error %d).  Attempting defaults...\n",
                        execute_command, ret);
        }
        /* 否则尝试执行下面的 init 程序 */
        if (!try_to_run_init_process("/sbin/init") ||
            !try_to_run_init_process("/etc/init") ||
            !try_to_run_init_process("/bin/init") ||
            !try_to_run_init_process("/bin/sh"))
                return 0;

        /* 所有的尝试都失败，打印错误信息 */
        panic("No working init found.  Try passing init= option to kernel. "
            "See Linux Documentation/init.txt for guidance.");
}
```

7.3.5 初始化驱动模型

在上面的 kernel_init 函数中调用了 kernel_init_freeable 函数，而 kernel_init_freeable

函数调用了 do_basic_setup 函数。这个函数是一个很重要的函数。在这个函数中调用了一些初始化函数，其中的 driver_init 就是在这里调用的。driver_init 函数创建 Linux 驱动模型中的 kobject、kset 等，并注册到 sysfs 文件系统中，然后再前面的基础之上注册平台总线和一些关键的子系统，从而初始化了 Linux 驱动模型。下面是相关代码和注释。

```
/* drivers/base/init.c */

void __init driver_init(void)
{
        /* These are the core pieces */
        /* 在/sys/目录下会生成相应的目录 */
        devtmpfs_init();            /* devtmpfs 文件系统注册 */
        devices_init();      /* 设备的 kset 的和下面的 kobject 创建 */
        buses_init();        /* 总线的 kset 的和下面的 kobject 创建 */
        classes_init();      /* 设备类的 kset 的创建 */
        firmware_init();        /* 固件的 kobject 创建 */
        hypervisor_init();  /* hypervisor 的 kobject 创建 */

        /* These are also core pieces, but must come after the
         * core core pieces.
         */
        platform_bus_init();    /* 平台总线的注册 */
        cpu_dev_init();      /* cpu 子系统的注册 */
        memory_dev_init(); /* memory 子系统的注册 */
        container_dev_init();/* container 子系统的注册 */
}
```

另外，在调用了 driver_init 函数之后，kernel_init 还调用了 do_initcalls 函数。该函数会按照预定的顺序依次调用链接在一个特殊段中的初始化函数，这其中包含了驱动程序的模块初始化函数的调用，这样就初始化了各驱动，为后面真实的根文件系统挂载做好了准备。

7.3.6　挂载根文件系统

根文件系统的挂载大体分成两步，第一步就是创建并挂载一个虚拟的根文件系统，第二步挂载一个真实的根文件系统。第一步是通过 start_kernel 函数调用 vfs_caches_init 函数来完成的。第二步主要是在 kernel_init 函数中完成的。下面只分析第二步的实现。

kernel_init 调用了 kernel_init_freeable 函数，kernel_init_freeable 调用了 do_basic_setup 函数，而 do_basic_setup 函数又调用了 do_initcalls 函数。如果内核配置了"Initial RAM filesystem and RAM disk (initramfs/initrd) support"选项，那么在 do_initcalls 函数中会调用 populate_rootfs 函数。该函数负责 initramfs 或 initrd 的处理。其代码及注释如下。

```
/* init/initramfs.c */

static int __init populate_rootfs(void)
{
        /* 解压内核镜像中包含的 initramfs，在编译内核时如果没有指定
```

```
                "Initramfs source file(s)"，那么 initramfs 其实为空
        */
        char *err = unpack_to_rootfs(__initramfs_start, __initramfs_size);
        if (err)
                panic("%s", err); /* Failed to decompress INTERNAL initramfs */
        /* 判断是否加载了 initrd */
        if (initrd_start) {
#ifdef CONFIG_BLK_DEV_RAM
                int fd;
                printk(KERN_INFO "Trying to unpack rootfs image as initramfs...\n");
                err = unpack_to_rootfs((char *)initrd_start,
                        initrd_end - initrd_start);
                /* 解压成功，则表明是 cpio 格式的 initrd */
                if (!err) {
                        free_initrd();
                        goto done;
                  /* 否则可能是 image 格式的 initrd，重新解压 initramfs */
                } else {
                        clean_rootfs();
                        unpack_to_rootfs(__initramfs_start, __initramfs_size);
                }
                printk(KERN_INFO "rootfs image is not initramfs (%s)"
                                "; looks like an initrd\n", err);
                  /* 将 image 格式的 initrd 保存到/initrd.image 中，方便以后处理 */
                fd = sys_open("/",
                                O_WRONLY|O_CREAT, 0700);
                if (fd >= 0) {
                        sys_write(fd, (char *)initrd_start,
                                        initrd_end - initrd_start);
                        sys_close(fd);
                        free_initrd();
                }
        done:
#else
                printk(KERN_INFO "Unpacking initramfs...\n");
                err = unpack_to_rootfs((char *)initrd_start,
                        initrd_end - initrd_start);
                if (err)
                        printk(KERN_EMERG "Initramfs unpacking failed: %s\n", err);
                free_initrd();
#endif
                /*
                 * Try loading default modules from initramfs.  This gives
                 * us a chance to load before device_initcalls.
                 */
                load_default_modules();
        }
        return 0;
}
rootfs_initcall(populate_rootfs);
```

上面的代码要么把 initramfs 解压到 rootfs（第一步挂载的根文件系统）中，要么把 cpio 格式的 initrd 解压到 rootfs 中，要么把 image 格式的 initrd 保存到/initrd.image 中，要

么出错。如果是前两种情况，下面的代码（在 kernel_init_freeable 调用了 do_basic_setup 函数之后的一部分代码）中的 prepare_namespace 函数就不会被执行，这意味着第二步要挂载的根文件系统已经挂载成功，后面只需要执行根文件系统中的用户空间的初始化程序即可。

```
if (!ramdisk_execute_command)
        ramdisk_execute_command = "/init";

if (sys_access((const char _user *) ramdisk_execute_command, 0) != 0) {
        ramdisk_execute_command = NULL;
        prepare_namespace();
}
```

否则 prepare_namespace 函数被调用，尝试从其他设备上挂载文件系统（包括前面的第三种情况的处理）。prepare_namespace 函数在此不做具体分析，但是在 prepare_namespace 函数中的最后几行代码需要关注。

```
out:
        devtmpfs_mount("dev");
        sys_mount(".", "/", NULL, MS_MOVE, NULL);
        sys_chroot(".");
```

从其他设备成功挂载好根文件系统后，上面的代码被执行。上面的代码首先挂载了一个 devtmpfs 的文件系统，然后将第二步挂载的文件系统改为根文件系统，这样根文件系统就挂载好了。

7.4 习题

1. 在 Linux-3.14.25 内核版本源码中，选择 Exynos 的默认配置，编译生成 uImage 及设备树的命令包含（　　）。

A．make ARCH=arm exynos_defconfig

B．make ARCH=arm CROSS_COMPILE=arm-linux- uImage

C．make ARCH=arm CROSS_COMPILE=arm-linux- dtbs

D．make ARCH=arm clean

2. Linux 使用设备树的主要原因是（　　）。

A．平台识别　　　　　　B．实时配置　　　　　　C．设备植入　　　　　　D．编译方便

3. 设备树节点名称的形式是（　　）。

A．<名称>@<设备地址>　　　　　　　　　　B．<设备地址>@<名称>

C．<名称>[@<设备地址>]　　　　　　　　　D．<设备地址>[@<名称>]

4. 设备树中 compatible 属性的作用是（　　）。

A．兼容不同内核版本　　　　　　　　　　B．绑定对应的驱动

C. 节点描述说明   D. 指定父节点

5. 设备树中 reg 属性的作用是（   ）。

A. 指定使用的 ARM 寄存器   B. 注册一个设备

C. 注册一个节点   D. 指定可编址设备的起始地址及长度

6. 设备树中描述中断需要用到的属性有（   ）。

A. interrupt-controller   B. #interrupt-cells

C. interrupt-parent   D. interrupts

7. 使用 mkimage 工具制作 uImage 镜像，选项-a 的意思是（   ）。

A. 指定 CPU 的体系结构

B. 指定操作系统类型

C. 指定镜像在内存中的加载地址

D. 指定镜像运行的入口点地址

8. 内核启动过程中，如果调用了_error_p 函数，则说明（   ）。

A. 当前串口未初始化成功，不能打印

B. 当前处理器不支持，打印错误信息

C. 解压内核错误

D. 发生严重错误，打印 panic 信息

9. 下面哪个函数调用后，printk 的信息才能在控制台上看到（   ）。

A. debug_objects_early_init

B. setup_arch

C. setup_command_line

D. console_init

第 7 章介绍了 Linux 内核移植的一些基础知识，本章在上一章的基础之上以 FS4412 开发板为例，详细介绍 Linux 内核和一些基本驱动的移植过程。通过本章的学习，可以较全面地掌握一个基本的 Linux 内核移植所需要的基本步骤，为其他平台的 Linux 内核移植提供参考。

本章目标

- ❏ 基本内核移植
- ❏ 网卡驱动移植
- ❏ SD/eMMC 驱动移植
- ❏ USB 驱动移植
- ❏ LCD 驱动移植

第8章
内核移植实例

 基本内核移植

基本内核移植就是选定一款参考板，使用参考板的默认配置来配置内核，然后编译好内核的镜像，通过 Bootloader 下载到内存中运行，以验证内核是否能够基本正常工作。如果顺利的话，可以看到内核在启动过程中从串口输出的启动信息。当然，在这个过程中也可能遇到一些问题，其中最突出的就是串口无打印输出，通常的可能是加载的地址不正确、时钟或波特率不对、启动参数未设置或不正确等。如果遇到这些问题，就需要结合上一章对内核启动过程的分析和下一章的内核调试技术来定位问题所在。下面以3.14.25 版本的内核源码为例来介绍基本内核移植的详细过程。

1. 获取内核源码

内核源码的获取请参考 7.2.1 节中的相关内容。这里需要再次强调的是，最新的内核源码不一定是最好的内核源码，推荐下载长期支持的内核源码。另外，如果有第三方提供的内核源码，可以直接使用其内核源码，或参考其源码。这样可以极大地提高移植的效率和成功的概率。

2. 解压内核源码

当前官网上都提供 ".xz" 格式的内核源码，这种格式的文件比较小，相应的解压命令如下。

```
$ tar -xvf linux-3.14.25.tar.xz
```

如果是其他格式的内核源码，请用相应的解压命令；如果是使用 git 下载的，则按照7.2.1 节的说明来检出一个相应版本的内核源码即可。

3. 进行完整性检查

解压后的代码可以用数字签名文件来验证其完整性（请参考 7.2.1 节中的相关内容），但是这个步骤通常都省略了，因为能成功解压的内核源码基本都是完整的。当然，为防止下载被篡改过的内核源码，也可以执行这一步检查。

4. 给内核源码打补丁

如果需要更新到一个新的内核源码版本，或手里有一些为解决某些特定 bug 的补丁文件，则需要使用 7.2.1 节的相关内容来给内核打上补丁。例如，第三方的方案提供商会不定期提供一些补丁文件来修正 bug 或提供新的功能。如果想在官网提供的内核源码基础上做移植，则下载较新版本的内核源码，从而避免打补丁的烦琐步骤。

5. 清除内核

刚下载的内核源码可以通过下面两条命令中的任意一条将内核源码恢复到"干净"的初始状态。其中，"make ARCH=arm distclean"比"make ARCH=arm mrproper"清理得更彻底。前者是在后者的基础上还清除了编辑器的备份文件和补丁文件。

```
$ make ARCH=arm mrproper
$ make ARCH=arm distclean
```

如果使用的是第三方提供的内核源码，则慎用上面两条命令。因为这些厂商通常会发布已配置好的内核源码，使用了上面的命令后则会把这些配置信息全部清除掉（具体操作请参考厂商提供的使用手册）。另外，在移植的后期也慎用这两条命令，这将会使之前的配置都被清除掉，不得不重新配置内核。

6. 对内核进行默认配置

使用下面的命令，查看相近的默认配置。

```
$ make ARCH=arm help
```

FS4412 开发板使用的是 Samsung 公司的 Exynos4412 SoC，所以可以选用 Exynos 的默认配置。使用下面的命令可以对内核进行 Exynos 的默认配置。

```
$ make ARCH=arm exynos_defconfig
```

上面的操作实质是将 arch/arm/configs/exynos_defconfig 默认配置文件复制为内核源码树目录下的.config 配置文件，所以执行下面的命令也有同样的效果。

```
$ cp arch/arm/configs/exynos_defconfig .config
```

这在使用第三方提供的内核源码情况下比较常见。这些厂商通常有一系列的产品，不同的产品就对应着不同的配置文件，这样可以根据手中使用的实际产品来选择一个相应的配置文件，将其复制到内核源码树的根目录下并重命名为.config。但使用这种方式对内核进行默认配置后是不能直接编译内核的，必须使用下面的命令（当然也可以使用7.2.2 节中提到的其他配置工具）来生成编译内核需要的相关文件。

```
$ make ARCH=arm menuconfig
```

在弹出的配置界面中并不需要做任何修改，直接退出即可。

7. 编译内核源码

使用下面的命令可以编译内核源码并生成 uImage 内核镜像文件。

```
$ make ARCH=arm CROSS_COMPILE=arm-linux- uImage
```

通常，可以让 make 衍生出多个作业来同时编译内核，这样可以提高内核源码的编译速度。那么可以使用下面的命令来编译内核源码。

```
$ make ARCH=arm CROSS_COMPILE=arm-linux- uImage -j2
```

其中，j 后面的数字通常是 CPU 个数的两倍。如果想要进一步提高编译速度，可以将编译过程中输出的信息重定向到 null 文件中，但这并不影响警告和错误信息的输出。
相应的命令如下。

```
$ make ARCH=arm CROSS_COMPILE=arm-linux- uImage -j2 > /dev/null
```

上面的命令都在命令行中指定了相应的 ARCH 和 CROSS_COMPILE 的值，其中
ARCH 指定了体系结构，而 CROSS_COMPILE 指定了交叉编译工具的前缀。如果不想
每次都在命令行中输入这些指定值，则可以通过修改顶层的 Makefile 文件来实现。例如
将原先 Makefile 文件中的

```
ARCH            ?= $(SUBARCH)
CROSS_COMPILE   ?= $(CONFIG_CROSS_COMPILE:"%"=%)
```

修改为

```
ARCH            ?= arm
CROSS_COMPILE   ?= arm-linux-
```

这样，在上面的命令中就可以省略 ARCH 和 CROSS_COMPILE 的相应内容。另外，
在配置界面中的"Cross-compiler tool prefix"配置项中指定交叉编译工具的前缀。

8. 生成设备树文件

设备树源文件也可以通过一个参考板的设备树源文件来进行修改。这里选择的参考
板为 origen，所以将其设备树源文件直接复制并重命名。

```
$ cp arch/arm/boot/dts/exynos4412-origen.dts arch/arm/boot/dts/exynos4412-fs4412.dts
```

接下来修改设备树的 Make 文件。

```
$ vim arch/arm/boot/dts/Makefile
```

将

```
dtb-$(CONFIG_ARCH_EXYNOS) += exynos4210-origen.dtb \
    exynos4210-smdkv310.dtb \
    ......
    exynos4412-origen.dtb \
    ......
    exynos5440-ssdk5440.dtb
```

添加一行 exynos4412-fs4412.dtb 的内容，变为如下：

```
dtb-$(CONFIG_ARCH_EXYNOS) += exynos4210-origen.dtb \
    exynos4210-smdkv310.dtb \
    ......
    exynos4412-origen.dtb \
    exynos4412-fs4412.dtb \
    ......
    exynos5440-ssdk5440.dtb
```

最后使用如下命令编译设备树文件。

```
$ make ARCH=arm CROSS_COMPILE=arm-linux- dtbs
```

arch/arm/boot/dts/exynos4412-fs4412.dtb 即是我们需要的设备树文件。

9. 复制内核和设备树文件到特定目录下

如果是通过 TFTP 进行下载，则将 uImage 和 exynos4412-fs4412.dtb 复制到配置 TFTP 服务器时指定的目录下，如下面的命令所执行的操作。

```
$ sudo cp arch/arm/boot/uImage /var/lib/tftpboot/
$ sudo cp arch/arm/boot/dts/exynos4412-fs4412.dtb /var/lib/tftpboot/
```

10. 启动内核

启动开发板，配置好 U-Boot 的环境变量，在开发板中通过 tftp 下载命令（也可以通过串口或 nfs 等下载）将内核镜像和设备树文件下载到开发板的内存中，并启动内核。相应的命令如下。

```
# tftp 41000000 uImage
# tftp 42000000 exynos4412-fs4412.dtb
# bootm 41000000 - 42000000
```

上面的内核下载地址请参考 7.3.1 节相应的内容，而设备树的下载地址则比较随意，在合适的内存范围内都可以，但是 bootm 的第二个地址也要做相应的修改。

如果顺利，串口终端将会打印如下内容。

```
## Booting kernel from Legacy Image at 41000000 ...
   Image Name:    Linux-3.14.25
   Image Type:    ARM Linux Kernel Image (uncompressed)
   Data Size:     2767200 Bytes = 2.6 MiB
   Load Address: 40008000
   Entry Point:  40008000
   Verifying Checksum ... OK
## Flattened Device Tree blob at 42000000
   Booting using the fdt blob at 0x42000000
   Loading Kernel Image ... OK
OK
   Loading Device Tree to 4fff4000, end 4ffff309 ... OK

Starting kernel ...

[    0.000000] Booting Linux on physical CPU 0xa00
......
[    1.520000] Exception stack(0xee8cdfa0 to 0xee8cdfe8)
[    1.520000] dfa0: 00000003 00000000 000003e0 00000000 ee8cc000 c0502494 c0389b24
c0532ed9
[    1.520000] dfc0: c0532ed9 413fc090 00000001 00000000 eefce1b8 ee8cdfe8 c000f00c
c000f010
[    1.520000] dfe0: 60000153 ffffffff
[    1.520000] [<c0011d80>] (__irq_svc) from [<c000f010>] (arch_cpu_idle+0x28/
0x30)
[    1.520000] [<c000f010>] (arch_cpu_idle) from [<c0058db4>] (cpu_startup_entry+
0x9c/0x138)
[    1.520000] [<c0058db4>] (cpu_startup_entry) from [<40008604>] (0x40008604)
```

仔细查看打印信息，会发现内核在最后的启动过程中去挂载根文件系统时失败了，这是因为现在并没有准备相应的根文件系统。

 网卡驱动移植

在基本内核移植完成之后，一般首先选择网卡驱动程序的移植。因为有了网络后，可以通过网络来挂载一个根文件系统，这样就可以运行一个 Linux 操作系统，而不只是运行 Linux 内核，并且后面各个驱动程序是否移植成功，一般都需要一些应用程序来验证，所以有一个可以运行的 Linux 操作系统是很有必要的。当然，通过第 7 章的分析可知，我们也可以挂载一个基于 RAM 的文件系统，不过文件系统的每次修改都要重新进行打包，所以网络文件系统无疑是最佳的选择。

8.2.1 网卡原理图分析

FS4412 开发板使用了 Davicom 公司的 DM9000AE 网卡芯片，原理图如图 8.1 所示。

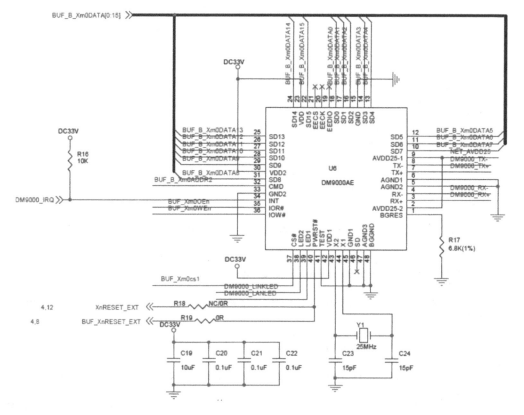

图 8.1　DM9000 电路图

DM9000AE 网卡芯片通过存储器总线和 Exynos4412 CPU 芯片相连,片选信号(第 37 脚)连接到了 Exynos4412 的 Xm0CSn1 管脚(在图 8.1 中未体现,需要查看完整的原理图),查看 Exynos4412 的用户手册可知,该片选信号所对应的存储器基地址为 0x05000000。DM9000AE 的 CMD 管脚接了地址总线的 ADDR2 上,该管脚用于决定访问 DM9000AE 芯片内部的地址寄存器还是数据寄存器。根据这种接法可知,这两个寄存器的起始地址分别为 0x05000000 和 0x05000004。而数据总线的宽度为 16 位,所以这两个寄存器的结束地址分别为 0x05000001 和 0x05000005。芯片输出了一个中断,连接在了 Exynos4412 CPU 芯片的 GPX0 组的 6 号管脚上(对应的中断为 XEINT6),查看 DM9000AE 的芯片手册可知,该管脚为高电平触发方式。了解了上面这些硬件信息后,接下来就可以进行网卡驱动的移植了。

8.2.2 网卡驱动移植

DM9000AE 网卡芯片在内核源码中已经有很好的支持,这可以通过浏览内核源码目录来查看(DM9000AE 网卡芯片的驱动在 drivers/net/ethernet/davicom/目录下)。所以我们并不需要修改驱动程序,更不用从头编写驱动程序。进入到内核源码的顶层目录下,执行"make ARCH=arm menuconfig"命令,在弹出的配置界面中依次选择以下选项(这里不给出详细的截图信息,而是以下面的简化形式来表示)。注意,网卡驱动的配置选项要在网络相关配置选项被选中后才会显示出来。不过 Exynos 的默认配置是选择了网络的相关配置选项的。

```
Device Drivers  --->
    [*] Network device support  --->
        [*]   Ethernet driver support  --->
            <*>   DM9000 support
            [ ]     Force simple NSR based PHY polling (NEW)
```

选配了 DM9000AE 网卡芯片的驱动后,接下来就是在设备树源文件中添加相应的设备节点。编辑文件,添加如下内容。

```
srom-cs1@5000000 {
        compatible = "simple-bus";
        #address-cells = <1>;
        #size-cells = <1>;
        reg = <0x5000000 0x1000000>;
        ranges;

        ethernet@5000000 {
                compatible = "davicom,dm9000";
                reg = <0x5000000 0x2 0x5000004 0x2>;
                interrupt-parent = <&gpx0>;
                interrupts = <6 4>;
                davicom,no-eeprom;
                mac-address = [00 0a 2d a6 55 a2];
        };
```

```
        };
```

根据第 7 章中关于设备树相关的知识可知，代码首先定义了一个用于地址转换的父节点 srom-cs1@5000000，该节点的地址范围是 0x5000000～0x5FFFFFF，子节点的地址和大小分别用一个 cell（即一个 32 位的二进制数来表示），一比一映射。ethernet@5000000 是其中的一个子节点，用于描述以太网卡的相关设备信息。对于该子节点的编写方法需要参考 Documentation/devicetree/bindings/net/davicom-dm9000.txt。在该文档中给出了一个实际的例子，并指出了各个属性的含义。其中，compatible 的值必须为"davicom,dm9000"，而 reg 属性则指定了两个寄存器的起始地址和大小，根据 8.2.1 节中关于硬件原理图的分析，不难给出这个属性的值。而 interrupt-parent 则给出了使用中断的父节点，在设备树源文件所包含的一个文件 arch/arm/boot/dts/exynos4x12-pinctrl.dtsi 中，给出了如下一个关于 GPX0 组管脚的中断节点的定义。

```
gpx0: gpx0 {
        gpio-controller;
        #gpio-cells = <2>;

        interrupt-controller;
        interrupt-parent = <&gic>;
        interrupts = <0 16 0>, <0 17 0>, <0 18 0>, <0 19 0>,
                    <0 20 0>, <0 21 0>, <0 22 0>, <0 23 0>;
        #interrupt-cells = <2>;
};
```

该节点是一个中断控制器，共有 8 个中断，分别对应的是 GPX0 的 8 个管脚。对 interrupts 的解释需要参考 Documentation/devicetree/bindings/arm/gic.txt 文档，其中第一个数字表示中断的类型为 SPI；第二个数字表示 SPI 的号，查阅 Exynos4412 的芯片手册可知，EINT6 中断对应的 SPI 中断号为 22；最后一个数字表示的是中断触发的类型，0 为未指定。

接着分析 ethernet@5000000 节点中的 interrupts 属性，该属性表示使用了 gpx0 这组中断的以 0 开始计数的第 6 个中断（即<0 22 0>中断），中断的触发类型为高电平触发。该属性值的解读可以参考 Documentation/devicetree/bindings/interrupt-controller/interrupts.txt 文档中的内容。从硬件原理图分析的结果不难给出该属性的值。

接下来的属性"davicom,no-eeprom"表示 DM9000AE 芯片没有外接 EEPROM 配置芯片，而 mac-address 属性则指定了以太网卡的 MAC 地址。这些都可以通过查阅 Documentation/devicetree/bindings/net/davicom-dm9000.txt 文档来解释。

选配了驱动并添加了设备节点后，可以使用前面的方法来重新编译内核和设备树，使用 tftp 命令将内核镜像和设备树下载到内存并启动内核后，可以看到 DM9000AE 网卡芯片驱动相关的打印信息，其中"wrong id"的错误信息是驱动第一次尝试读取 DM9000AE 芯片的 ID 号失败后打印的错误信息，后面再次尝试读取的 ID 号是正确的。

```
......
[   1.170000] dm9000 5000000.ethernet: read wrong id 0x01010101
[   1.180000] eth0: dm9000a at f0076000,f007
```

```
8004 IRQ 167 MAC: 00:0a:2d:a6:55:a2 (platform data)
......
```

8.2.3 以 NFS 挂载根文件系统

网卡驱动移植成功后,可以通过网络的方式来挂载根文件系统,这样一个完整的 Linux 操作系统将会运行起来。不过要通过网络的方式来挂载根文件系统还需要选配一些内核配置项,具体的配置项如下。

```
[*] Networking support --->
    Networking options --->
        <*> Packet socket
        <*> Unix domain sockets
        <*> PF_KEY sockets
        [*] TCP/IP networking
        [*]   IP: kernel level autoconfiguration

File systems --->
    [*] Network File Systems --->
        <*>  NFS client support
        <*>    NFS client support for NFS version 2 (NEW)
        <*>    NFS client support for NFS version 3 (NEW)
        [*]    Root file system on NFS
```

保存配置后,重新编译内核。

接下来需要把预先做好的根文件系统(根文件系统的制作方法及详细步骤请参考后面的相关章节)复制到虚拟机中,然后使用下面的命令进行解压,并进入到该目录,获取根文件系统的路径(使用 pwd 命令显示出来的路径根据压缩包解压的位置的不同而不同)。

```
$ tar -xvf rootfs.tar.xz
$ cd rootfs/
$ pwd
/home/kevin/Workspace/fs4412/rootfs
```

使用下面的命令编辑 NFS 的配置文件,并添加命令之后的配置文本,注意配置的路径要和刚才获得的路径保持一致。

```
$ sudo vim /etc/exports
/home/kevin/Workspace/fs4412/rootfs *(rw,sync,no_root_squash,no_subtree_check)
```

保存退出后使用下面的命令重新启动 NFS 服务器。

```
$ sudo service nfs-kernel-server restart
```

启动开发板,使用下面的命令设置环境变量。

```
FS4412 # setenv serverip 192.168.10.100
FS4412 # setenv ipaddr 192.168.10.110
FS4412 # setenv bootcmd tftp 41000000 uImage\; tftp 42000000 exynos4412-fs4412.dtb\;
bootm 41000000 - 42000000
    FS4412 # setenv bootargs noinitrd root=/dev/nfs nfsroot=192.168.10.100:/home/
kevin/Workspace/fs4412/rootfs rw console=ttySAC2,115200 init=/linuxrc ip=192.168.
10.110 clk_ignore_unused=true
```

```
FS4412 # saveenv
FS4412 # boot
```

其中，"clk_ignore_unused=true"（目前的内核代码并未检查该值，所以即使不赋值也可以）是用于忽略一些未使用的时钟选项，也就是未使用的时钟并不禁止。不设置这个参数的话，根文件系统不能正常挂载。挂载成功后输入用户名"root"，密码为空，则可以登录。

 SD/eMMC 驱动移植

Exynos4412 有一个 SD/eMMC 主机控制器，支持 1bit、4bit 和 8bit 模式。在 1bit 和 4bit 模式下有 4 个通道可用，在 8bit 模式下有两个通道可用。FS4412 开发板将通道 0 和通道 1 用于 eMMC 主机控制器的接口，访问板上的 eMMC 存储芯片。通道 2 连接 SD 插槽，用于 SD 卡的访问。通道 3 用作 SDIO 接口，连接 SDIO 接口的 WiFi 模块。SD 卡部分的电路原理如图 8.2～图 8.4 所示。

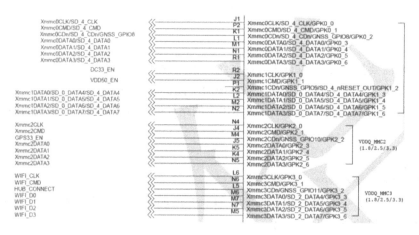

图 8.2　SD/eMMC 电路图（CPU 部分）

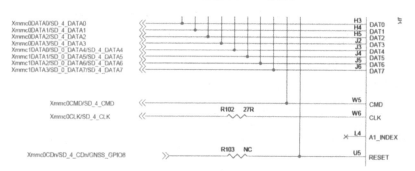

图 8.3　SD/eMMC 电路图（eMMC 部分）

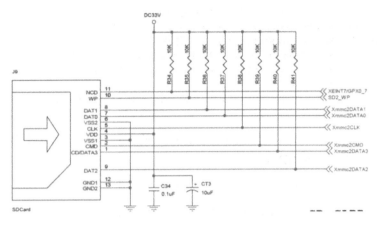

图 8.4　SD/eMMC 电路图（SD 部分）

由图 8.4 可知，SD 卡是 4bit 模式，卡片的插入/移除检测并没有接到 Xmmc2CDn 管脚上，而是单独连接到了 GPX0 组管脚 7 上面。原理图熟悉后，接下来可以参考 Documentation/devicetree/bindings/mmc/mmc.txt 和 Documentation/devicetree/bindings/mmc/samsung-sdhci.txt 两个说明文档在设备树源文件中修改 SD 卡主机控制器的设备节点信息。

```
sdhci@12530000 {
        bus-width = <4>;
        pinctrl-0 = <&sd2_clk &sd2_cmd &sd2_bus4>;
        pinctrl-names = "default";
        cd-gpios = <&gpx0 7 0>;
        cd-inverted = <0>;
        status = "okay";
    };
```

在原来的设备树源文件中已经有该 SD 卡主机控制器的设备节点描述，但是需要做少许修改。首先，卡的插入/移除检测是接到了另外的 GPIO 管脚上，所以在 pinctrl-0 属性中不能包含该检测管脚。其次，根据电路图可知，卡检测管脚接到了 GPX0 组管脚的管脚 7 上面，并且该管脚由一个电阻上拉，所以在未插入卡时管脚为高电平，插入卡时为低电平。根据 Documentation/devicetree/bindings/mmc/mmc.txt 的描述，cd-inverted 属性的值应该赋值为 0。另外，eMMC 主机控制器的节点在原有的设备树源文件中已经存在，并且不需要做任何修改。

设备节点修改完成后，接下来配置内核，选择相应的驱动、文件系统和语言的支持。需要添加的配置选项如下。

```
Device Drivers  --->
    <*> MMC/SD/SDIO card support  --->
        <*>     Secure Digital Host Controller Interface support
        <*>     SDHCI support on Samsung S3C SoC

File systems  --->
    DOS/FAT/NT Filesystems  --->
        <*> MSDOS fs support
```

```
        <*> VFAT (Windows-95) fs support
        (iso8859-1) Default iocharset for FAT
        -*- Native language support --->
            <*>   Codepage 437 (United States, Canada)
            <*>   Simplified Chinese charset (CP936, GB2312)
            <*>   ASCII (United States)
            <*>   NLS ISO 8859-1  (Latin 1; Western European Languages)
            <*>   NLS UTF-8
```

按照前面的方法重新编译内核和设备树后，插入一张 SD 卡，启动内核会发现内核已能正确识别 eMMC 和 SD 卡。

```
[    1.730000] mmc1: new high speed DDR MMC card at address 0001
[    1.735000] mmcblk0: mmc1:0001 4YMD3R 3.64 GiB
[    1.740000] mmcblk0boot0: mmc1:0001 4YMD3R partition 1 4.00 MiB
[    1.745000] mmcblk0boot1: mmc1:0001 4YMD3R partition 2 4.00 MiB
[    1.750000] mmcblk0rpmb: mmc1:0001 4YMD3R partition 3 512 KiB
[    1.755000]  mmcblk0: p1
[    1.760000]  mmcblk0boot1: unknown partition table
[    1.765000]  mmcblk0boot0: unknown partition table
[    1.850000] mmc0: new high speed SDHC card at address 0001
[    1.855000] mmcblk1: mmc0:0001 00000 7.44 GiB
[    1.860000]  mmcblk1: p1
```

在根文件系统挂载成功后，在命令行中输入下面的命令可将 SD 卡上的第一个分区挂载在/mnt 目录下，创建文件先写入，然后读出，最后取消挂载都成功，说明 SD 卡的驱动和相关的移植成功。

```
# mount -t vfat /dev/mmcblk1p1 /mnt
# echo "FS4412" > /mnt/test.txt
# cat /mnt/test.txt
FS4412
# umount /mnt/
```

 # USB 主机控制器驱动移植

USB 主机控制器虽然比较复杂，但是都有良好的硬件实现规范，有规范就意味着有标准的硬件实现以及通用的驱动程序。所以 USB 主机控制器的驱动移植类似于 SD/MMC 卡主机控制器驱动程序的移植，只需要添加相应的设备节点信息，并选配相应的驱动程序即可。

在嵌入式系统中常见的 USB 主机控制器实现规范有 OHCI、UHCI 和 EHCI，其中 OHCI 和 UHCI 是满足 USB 1.1 标准的主机控制器实现规范，而 EHCI 是满足 USB 2.0 标准的主机控制器实现规范。Exynos4412 有一个 USB 主机控制器和一个 USB 从设备，如图 8.5 所示。

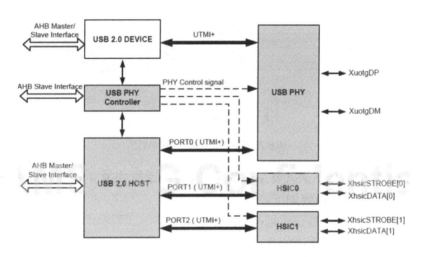

图 8.5 Exynos4412 USB 系统框图

　　整个 USB 系统有 3 个接口，分别是标准的 USB PHY、HSIC0 和 HSIC1。其中 USB PHY 是传统的 USB 接口，并且该接口是一个 OTG 接口，既可以作为主机控制器的接口连接外部的 USB 从设备，也可以作为 USB 从设备的接口，连接到一个外部的 USB 主机端接口上。而 HSIC 接口用于芯片间的高速互联，不能直接接 USB 从设备。

　　Exynos4412 的主机控制器框图如图 8.6 所示。由该图可知，Exynos4412 的主机控制器包含了 OHCI 和 EHCI 的两种实现。因为 ECHI 是 USB 2.0 主机控制器的实现，传输速率远高于 OHCI，所以配置内核实现对 EHCI 的支持是更好的选择。

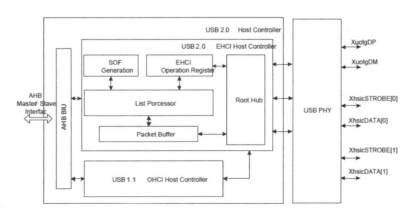

图 8.6 Exynos4412 USB 主机控制器框图

　　FS4412 开发板上和 USB 主机控制器相关的电路原理图如图 8.7 所示。使用了 HSCI1 接口同一片 USB HUB 芯片（USB3503A）相连。该芯片分出了 3 个下游 USB 接口用于连接外部的 USB 从设备或 USB HUB。

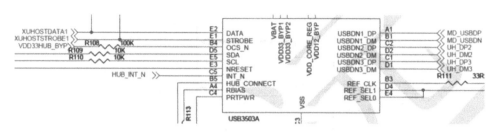

图 8.7 FS4412 USB HUB 电路图

熟悉了硬件之后，接下来就要在设备树源文件中添加 USB 主机控制器、HSCI 和 USB HUB 的设备节点信息，内容如下。

```
usbphy: usbphy@125B0000 {
        #address-cells = <1>;
        #size-cells = <1>;
        compatible = "samsung,exynos4x12-usb2phy";
        reg = <0x125B0000 0x100>;
        ranges;

        clocks = <&clock 2>, <&clock 305>;
        clock-names = "xusbxti", "otg";
        status = "okay";

        usbphy-sys {
                reg = <0x10020704 0x8>;
        };
};

ehci@12580000 {
        usbphy = <&usbphy>;
        status = "okay";
};

usb3503@08 {
        compatible = "smsc,usb3503";
        reg = <0x08 0x4>;
        connect-gpios = <&gpm3 3 1>;
        intn-gpios = <&gpx2 3 1>;
        reset-gpios = <&gpm2 4 1>;
        initial-mode = <1>;
};
```

USB PHY 的设备节点信息描述可以参考 Documentation/devicetree/bindings/usb/samsung-hsotg.txt。compatible 属性的值指定为 samsung，exynos4x12-usb2phy 是根据 drivers/usb/phy/phy-samsung-usb2.c 文件中的 samsung_usbphy_dt_match 数组得来的。时钟的属性值参考 Documentation/devicetree/bindings/clock/exynos4-clock.txt，保持不变。而 usbphy-sys 子节点描述了 USB PHY 的系统控制器接口的寄存器地址，查看芯片手册可知该寄存器地址可以保持不变。ehci 节点在 arch/arm/boot/dts/exynos4.dtsi 文件中已经定义过，各属性的意义可以参考 ocumentation/devicetree/bindings/usb/exynos-usb.txt，不过在

那里 status 属性的值指定为 disabled，所以在这里只需要将值改为 okay 即可。USB HUB 的节点描述可以参考 Documentation/devicetree/bindings/usb/usb3503.txt，根据原理图修改 HUB_CONNECT、INT_N 和 RESET_N 管脚对应的 GPIO 管脚即可。

设备节点信息添加成功后，接下来就是选配驱动，需要配置的项如下。选择 USB Mass Storage support 和 SCSI 的支持主要是用于 U 盘的连接和挂载测试。

```
Device Drivers --->
    [*] USB support --->
        <*>     EHCI HCD (USB 2.0) support
        <*>     EHCI support for Samsung S5P/EXYNOS SoC Series
        <*>     USB Mass Storage support
        <*>   USB3503 HSIC to USB20 Driver
        USB Physical Layer drivers --->
                <*> Samsung USB 2.0 PHY controller Driver
    SCSI device support --->
        <*> SCSI device support
        <*> SCSI disk support
```

重新编译设备树和内核，在开发板上接上 U 盘，启动内核会发现 U 盘被正确识别。

```
[    1.975000] usb 1-3: new high-speed USB device number 2 using exynos-ehci
[    2.115000] hub 1-3:1.0: USB hub found
[    2.115000] hub 1-3:1.0: 3 ports detected
[    2.415000] usb 1-3.1: new high-speed USB device number 3 using exynos-ehci
[    2.525000] usb-storage 1-3.1:1.0: USB Mass Storage device detected
[    2.530000] scsi0 : usb-storage 1-3.1:1.0
[    3.535000] scsi 0:0:0:0: Direct-Access     Generic  USB  SD Reader   1.00 PQ: 0
ANSI: 0 CCS
[    3.555000] sd 0:0:0:0: [sda] 15771648 512-byte logical blocks: (8.07 GB/7.52
GiB)
[    3.560000] sd 0:0:0:0: [sda] Write Protect is off
[    3.565000] sd 0:0:0:0: [sda] No Caching mode page found
[    3.570000] sd 0:0:0:0: [sda] Assuming drive cache: write through
[    3.580000] sd 0:0:0:0: Attached scsi generic sg0 type 0
[    3.590000] sd 0:0:0:0: [sda] No Caching mode page found
[    3.595000] sd 0:0:0:0: [sda] Assuming drive cache: write through
[    3.600000]  sda: sda1
[    3.620000] sd 0:0:0:0: [sda] No Caching mode page found
[    3.625000] sd 0:0:0:0: [sda] Assuming drive cache: write through
[    3.630000] sd 0:0:0:0: [sda] Attached SCSI removable disk
```

在根文件系统挂载成功后，执行下面的命令可以把 U 盘的第一个分区挂载到/mnt 目录下。

```
# mount -t vfat /dev/sda1 /mnt
# echo "FS4412" > /mnt/test.txt
# cat /mnt/test.txt
FS4412
# umount /mnt
```

LCD 驱动移植

Exynos4412 内部集成了一个显示控制器 FIMD（Fully Interactive Mobile Display，完全交互式移动显示设备）。该控制器支持 3 种接口，分别是 RGB 接口、indirect-i80 接口和 YUV 接口。在 FS4412 开发板上使用的是 RGB 接口连接外部的 LCD 屏。相关的电路原理图如图 8.8 和图 8.9 所示，图中省略了中间的缓冲器。

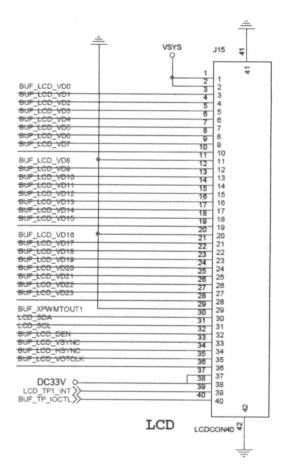

图 8.8　FS4412 LCD 接口电路图（LCD 侧）

图 8.9　FS4412 LCD 接口电路图（CPU 侧）

由图 8.8 和图 8.9 可知，LCD 是 24 位 RGB 模式，由 Exynos4412 的 PWM1 的输出来控制 LCD 屏的背光。

在了解了 LCD 部分的原理图后，接下来就是要选配相应的驱动。使用 menuconfig 打开配置界面，选择如下选项。

```
Device Drivers  --->
    Graphics support  --->
        <*> Direct Rendering Manager (XFree86 4.1.0 and higher DRI support)  ----
        <*> DRM Support for Samsung SoC EXYNOS Series
            [*]   Exynos DRM FIMD
```

然后根据 Documentation/devicetree/bindings/video/samsung-fimd.txt 和 Documentation/devicetree/bindings/video/display-timing.txt 文档修改 arch/arm/boot/dts/exynos4412-fs4412.dts 设备树源文件中关于 FIMD 设备节点和显示时序的描述，具体是将下面的内容：

```
fimd@11c00000 {
        pinctrl-0 = <&lcd_clk &lcd_data24 &pwm1_out>;
        pinctrl-names = "default";
        status = "okay";
};

display-timings {
        native-mode = <&timing0>;
        timing0: timing {
                clock-frequency = <47500000>;
                hactive = <1024>;
                vactive = <600>;
                hfront-porch = <64>;
                hback-porch = <16>;
                hsync-len = <48>;
                vback-porch = <64>;
                vfront-porch = <16>;
```

```
                    vsync-len = <3>;
            };
    };
```

改为

```
fimd: fimd@11c00000 {
        pinctrl-0 = <&lcd_clk &lcd_data24 &pwm1_out>;
        pinctrl-names = "default";
        status = "okay";

        display-timings {
                native-mode = <&timing0>;
                timing0: timing {
                        hsync-active = <0>;
                        vsync-active = <0>;
                        de-active = <0>;
                        pixelclk-active = <1>;

                        clock-frequency = <51206400>;
                        hactive = <1024>;
                        vactive = <600>;
                        hfront-porch = <150>;
                        hback-porch = <160>;
                        hsync-len = <10>;
                        vback-porch = <22>;
                        vfront-porch = <12>;
                        vsync-len = <1>;
                };
        };
};
```

　　在上面的修改中,首先是将 display-timings 节点移到了 fimd 节点中,如果不这样做,内核在启动过程中将会打印未找到时序节点的错误信息。第二个改动就是添加了行、场同步信号, 数据使能信号和像素时钟信号的极性属性。 其属性值根据 Documentation/devicetree/bindings/video/display-timing.txt 文档中的描述可知, 0 表示低电平有效, 1 表示高电平有效。这些属性值需要对照具体使用的 LCD 屏的时序图来设定。最后修改了时序参数,这些参数完全根据 LCD 的数据手册来设定。FS4412 使用的 LCD 屏的数据手册上关于时序方面的内容如表 8.1 所示。

表 8.1　LCD 屏时序

Item	Symbol	Values			Unit	Remark
		Min.	Typ.	Max.		
Clock Frequency	fclk	40.8	51.2	67.2	MHz	Frame rate=60Hz
Horizontal display area	thd	1024			DCLK	
HS period time	th	1114	1344	1400	DCLK	
HS Blanking	thb	90	320	376	DCLK	
Vertical display area	tvd	600			H	

Item	Symbol	Values			Unit	Remark
		Min.	Typ.	Max.		
VS period time	tv	610	635	800	H	
VS Blanking	tvb	10	35	200	H	

表 8.1 表示该屏的水平分辨率为 1024 像素，垂直分辨率为 600 像素，典型的 hfront-porch、hback-porch 和 hsync-len 的值为 320，典型的 vback-porch、vfront-porch 和 vsync-len 的值为 35。上述属性的具体含义请参考 Documentation/devicetree/bindings/video/display-timing.txt 文档。现在的问题是手册只给出了和值，并未给出各个参数具体的值，那么只有不停地修改这些属性值，直到观察到 LCD 屏的边缘没有黑边，没有图片显示不全的位置情况。所以这需要在 LCD 驱动移植成功，编写测试代码显示一张测试图片来确定。需要注意的是，在修改这些属性值时，其和值保持不变。对于 clock-frequency 属性，指的是像素时钟的频率，对于该值的计算可以使用下面的公式：

（hactive + hfront-porch + hback-porch + hsync-len） × （vactive + vback-porch + vfront-porch + vsync-len)

将内核和设备树重新编译后重新启动内核，并没有看到 LCD 屏上显示的企鹅图标。但是在/dev 目录下有了 fb0 设备节点。通过测试程序操作这个设备发现一切正常，只是没有显示。根据以上现象基本可以断定 LCD 的驱动移植是成功的，可能是有些配置还没有完全正确。对于这类现象，首先应该怀疑的就是背光是否没有，导致屏幕没有显示。但是仔细观察 LCD 屏会发现，LCD 屏的四周有白色的背光，说明背光是有的。接下来就应该怀疑控制器的输出是否使能，这需要使用一些调试手段来查看 LCD 的寄存器（相关内容请见第 9 章）。通过调试发现，LCD 模块寄存器的使能位都是打开的，但是在 Exynos4412 的系统控制器中有个关于 FIMD 选择的寄存器 LCDBLK_CFG 的比特 1 设置不对。修改驱动代码，设置该位后，发现屏幕终于有了输出，但是明显感觉到刷新频率很慢。对于这种现象很容易想到是时钟配置方面的问题，所以再查看关于 LCD 时钟配置相关的寄存器，发现确实有问题，所以针对这个结论编写了如下两个文件（exynos_drm_fbclk.h 和 exynos_drm_fbclk.c）的代码。

```
/* drivers/gpu/drm/exynos/exynos_drm_fbclk.h */

#ifndef _EXYNOS_DRM_FBCLK_H_
#define _EXYNOS_DRM_FBCLK_H_

void exynos_drm_fbclk_preinit(void);

#endif


/* drivers/gpu/drm/exynos/exynos_drm_fbclk.c */

#include <linux/io.h>
```

```
#include <linux/ioport.h>
#include <mach/map.h>

#define CLK_SRC_LCD0            (S5P_VA_CMU + 0xC234)
#define CLK_SRC_MASK_LCD        (S5P_VA_CMU + 0xC334)
#define CLK_DIV_LCD             (S5P_VA_CMU + 0xC534)
#define CLK_DIV_STAT_LCD        (S5P_VA_CMU + 0xC634)
#define CLK_GATE_IP_LCD         (S5P_VA_CMU + 0xC934)
#define CLK_GATE_BLOCK          (S5P_VA_CMU + 0xC970)
#define LCDBLK_CFG              (S3C_VA_SYS + 0x0210)

void exynos_drm_fbclk_preinit(void)
{

    /* FIMD0_SEL = SCLKVPLL, 350000000 */
    _raw_writel((_raw_readl(CLK_SRC_LCD0) & ~(0x0F)) | (0x08), CLK_SRC_LCD0);

    /* FIMD0_RATIO = 3, SCLK_FIMD0 = MOUTFIMD0/(FIMD0_RATIO + 1) */
    _raw_writel((_raw_readl(CLK_DIV_LCD)  & ~(0x0F)) | (0x04), CLK_DIV_LCD);

    /* unmask output clock of MUXFIMD0 */
    _raw_writel(_raw_readl(CLK_SRC_MASK_LCD) | 0x1, CLK_SRC_MASK_LCD);
    _raw_writel(_raw_readl(CLK_GATE_IP_LCD) | 0x1, CLK_GATE_IP_LCD);
    _raw_writel(_raw_readl(CLK_GATE_BLOCK) | (0x1 << 4), CLK_GATE_BLOCK);

    /* select fimd */
    _raw_writel(_raw_readl(LCDBLK_CFG) | (0x1 << 1), LCDBLK_CFG);
}
```

在上面的代码中首先设置了 LCD 的时钟源为 SCLKVPLL，然后设置的分频值和时钟使能位，最后选择了 FIMD。将上面两个文件复制到 drivers/gpu/drm/exynos/目录下，并修改该目录下的 Makefile 文件，添加 exynos_drm_fbclk.o。

```
exynosdrm-$(CONFIG_DRM_EXYNOS_FIMD)+= exynos_drm_fimd.o exynos_drm_fbclk.o
```

最后修改 drivers/gpu/drm/exynos/exynos_drm_drv.c，在 exynos_drm_fbdev_init(dev) 函数调用前添加 exynos_drm_fbclk_preinit()函数调用（见下面的斜体字部分）。

```
    /*
     * create and configure fb helper and also exynos specific
     * fbdev object.
     */
    exynos_drm_fbclk_preinit();
    ret = exynos_drm_fbdev_init(dev);
    if (ret) {
        DRM_ERROR("failed to initialize drm fbdev\n");
        goto err_drm_device;
    }
```

经过修改之后，再次编译内核，发现在系统启动后正常显示了企鹅图标，运行测试程序，图片显示不闪烁，说明 LCD 驱动移植成功。

8.6 习题

1. 命令 make bzImage -j4 中，-j 后面 4 的意思是（　　）。

A. 衍生 4 个作业同时编译

B. 当前处理器有 4 个核

C. 分 4 个阶段编译

D. 压缩级别为 4

2. DM9000 网卡驱动移植需要做的主要工作有（　　）。

A. 在设备树中添加节点

B. 配置 Linux 内核，添加 DM9000 网卡驱动

C. 配置 Linux 内核，添加网络相关功能

D. 编写网络通信应用程序

3. SD 卡的 CD 管脚的作用是（　　）。

A. 命令及数据传输

B. 命令传输

C. 卡片检测

D. 卡片选择

4. 在嵌入式系统中常见的 USB 主机控制器实现规范有（　　）。

A. AHCI

B. OHCI

C. UHCI

D. EHCI

5. LCD 设备节点中时序描述的 hactive 用于指定（　　）。

A. 行数

B. 列数

C. 水平分辨率

D. 垂直分辨率

本章介绍了各种 Linux 内核调试方法。内核的调试需要从内核源码本身、调试工具等方面做好准备。通过本章的学习，读者可以了解不同调试方式的特点和使用方法，根据需要选择不同的内核调试方式。

本章目标

- 内核调试方法
- 内核打印函数
- 获取内核信息
- 处理出错信息
- 内核源码调试

第9章
内核调试技术

9.1 内核调试方法

对于庞大的 Linux 内核软件工程，单靠阅读代码查找问题已经非常困难，需要借助调试技术解决 BUG。通过合适的调试手段，可以有效地查找和判断 BUG 的位置和原因。

9.1.1 内核调试介绍

当内核运行出现错误的时候，首先要明确定义和可靠地重现这个错误现象。如果一个 BUG 不能重现，修正起来只有凭想象和读代码。内核、用户空间和硬件之间的交互非常复杂，在特定配置、特定机器、特殊负载条件下，运行某些程序可能会产生一个 BUG，其他条件下就不一定产生。这在嵌入式 Linux 系统上很常见，例如：在 x86 平台上运行正常的驱动程序，在 ARM 平台上就可能会出现 BUG。在跟踪 BUG 的时候，掌握的信息越多越好。

内核的 BUG 是多种多样的。可能由于不同原因出现，并且表现形式也多种多样。BUG 范围从完全不正确的代码（例如：没有在适当的地址存储正确的值）到同步的错误（例如：不适当地对一个共享变量加锁）。它们的表现形式也各种各样，从系统崩溃的错误操作到系统性能差等。

BUG 通常是一系列事件，内核代码的错误使得用户程序出现错误。例如：一个不带引用计数的共享结构体可能引起条件竞争。没有合适的统计，一个进程可以释放这个结构体，但是另外一个进程仍然想要用它。再往下，第二个进程可能会使用通过一个无效的指针访问一个不存在的结构体，这就会导致空指针访问、读垃圾数据。如果这个数据还没有被覆盖，也可能基本正常。对空指针访问会产生 oops；垃圾数据导致数据错误（接下来可能是错误的行为或者 oops）；内核报告 oops 或者错误的行为。内核开发者必须处理这个错误，知道这个数据是在释放以后访问的，这存在一个条件竞争。修正的方法是为这个结构体添加引用计数，并且可能需要加锁保护。

调试内核很难，实际上内核不同于其他软件工程。内核有操作系统独特的问题，例如：时间管理和条件竞争，这可以使多个线程同时在内核中执行。

因此，调试 BUG 需要有效的调试手段。几乎没有一种调试工具或者方法能够解决全部问题。即使在一些集成测试环境中，也要划分不同的测试调试功能，例如：跟踪调试、内存泄漏测试、性能测试等。掌握的调试方法越多，调试 BUG 就越方便。Linux 有很多开放源代码的工具，每一个工具的调试功能专一，所以这些工具的实现一般也比较简单。

9.1.2 学会分析内核源程序

正是由于内核的复杂性，无论使用什么调试手段，都需要熟悉内核源码。只有熟悉了内核各部分的代码实现，才能够找到准确的跟踪点；只有熟悉操作系统的内核机制，才能准确地判断系统运行状态。

对初学者来说，阅读内核源代码将是非常枯燥的工作。最好先掌握一种搜索工具，学会从源码树中搜索关键词。当能够对内核源代码进行情景分析的时候，你就能感到其中的乐趣了。

调试是无法逃避的任务。进行调试有很多种方法，比如将消息打印到屏幕上、使用调试器，或只是考虑程序执行的情况，并仔细分析问题所在。

在修正问题之前，必须先找出问题的源头。举例来说，对于段错误，需要了解段错误发生在代码的哪一行。一旦发现了代码中出错的行，请确定该方法中变量的值、方法被调用的方式，以及关于错误如何发生的详细情况。使用调试器将使找出所有这些信息变得很简单。如果没有调试器可用，还可以使用其他工具。（请注意：有些 Linux 软件产品中可能并不提供调试器。）

9.1.3 调试方法介绍

内核调试方法有很多，主要有以下 4 类。
- 通过打印函数。
- 获取内核信息。
- 处理出错信息。
- 内核源码调试。

在调试内核之前，通常需要配置内核的调试选项。图 9.1 给出了 "Kernel hacking" 菜单下的各种调试选项。不同的调试方法，需要配置对应的选项。

每一种调试选项针对不同的调试功能，并且不是所有的调试选项在所有的平台上都能够支持。这里介绍一些 "Kernel hacking" 的调试选项，具体配置使用可以根据情况选择。

（1）printk and dmesg options：该子菜单中的若干选项用来决定 printk 打印和 dmesg 输出的一些特性，如是否在打印信息前加上时间信息，默认的打印级别以及延迟打印的时间。

（2）Compile-time checks and compiler options：该子菜单中的若干选项用来决定编译时的检查和设置一些编译选项，如内核是否可调试（即是否加 "-g" 选项），是否使能 "_deprecated" 逻辑（禁止该选项将不会得到诸如 "warning: 'foo' is deprecated (declared at kernel/power/somefile.c:1234)" 的信息），是否使能 "_must_check" 逻辑（禁止该选项将不会进行必须检查，如有的函数的返回值必须要求检查，如果没有检查，编译器将会产生警告），设置栈的帧数上限值等。

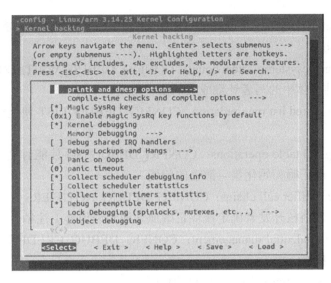

图 9.1　内核调试选项

（3）Magic SysRq key：CONFIG_MAGIC_SYSRQ 使能系统请求键，可以用于系统调试。

（4）Kernel debugging：CONFIG_DEBUG_KERNEL 选择调试内核选项以后，才可以显示有关的内核调试子项。大部分内核调试选项都依赖于它。

（5）Memory Debugging：该子菜单中的若干选项用来选择内核内存调试的一些选项。

（6）Debug shared IRQ handlers：CONFIG_DEBUG_SHIRQ 共享中断的相关调试使能。

（7）Debug Lockups and Hangs：该子菜单中的若干选项用来选择内核死锁和挂起的一些调试功能，如死锁检测、挂起检测、挂起的超时设置等。

（8）Panic on Oops：CONFIG_PANIC_ON_OOPS 在 Oops 信息输出后是否 Panic，内核输出 Oops 信息并不意味着内核就一定不能继续往下运行，选择该选项意味着一旦 Oops 后内核就在一个预定的时间后重启和一直死循环。

（9）panic timeout：CONFIG_PANIC_TIMEOUT 配置 Panic 的超时值，为 0 表示死循环。

（10）Collect scheduler debugging info：CONFIG_SCHED_DEBUG 调度器调试信息收集，保存在/proc/sched_debug 文件中。

（11）Collect scheduler statistics：CONFIG_SCHEDSTATS 调度器统计信息收集，保存在/proc/schedstat 文件中。

（12）Collect kernel timers statistics：CONFIG_TIMER_STATS 定时器统计信息收集，保存在/proc/timer_stats 文件中。

（13）Debug preemptible kernel：CONFIG_DEBUG_PREEMPT 使能内核抢占调试功能。如果在非抢占安全的状况下使用，将打印警告信息。另外，还可以探测抢占技术下溢。

（14）Lock Debugging (spinlocks, mutexes, etc...)：自旋锁、互斥锁的一些调试选项。

（15）kobject debugging：CONFIG_DEBUG_KOBJECT 使能一些额外的 kobject 调试信息发送到 syslog。

（16）Debug filesystem writers count：CONFIG_DEBUG_WRITECOUNT 使能后能捕获对 vfsmount 结构体中的写者计数成员的错误使用。

（17）Debug linked list manipulation：CONFIG_DEBUG_LIST 使能对链表使用的额外检查。

（18）Debug SG table operations：CONFIG_DEBUG_SG 使能对集—散表的检查，能帮助驱动找到未能正确初始化集—散表的问题。

（19）Debug notifier call chains：CONFIG_DEBUG_NOTIFIERS 使能对通知调用链的完整性检查，帮助内核开发者确定模块正确地从通知调用链上注销。

（20）Debug credential management：CONFIG_DEBUG_CREDENTIALS 使能一些对证书管理的调试检查。

（21）RCU Debugging：RCU 的一些调试选项。

（22）Force extended block device numbers and spread them：CONFIG_DEBUG_BLOCK_EXT_DEVT 用于强制大多数块设备号是从扩展空间分配并延伸它们，以便发现那些假定设备号是按预先决定的连续设备号进行分配的内核或用户代码路径。使能该选项可能导致内核启动失败。

（23）Notifier error injection：CONFIG_NOTIFIER_ERROR_INJECTION 提供人为向特定通知链回调诸如错误的功能。

（24）Fault-injection framework：CONFIG_FAULT_INJECTION 提供失败注入框架。

（25）Tracers：跟踪器的一些选项。

（26）Runtime Testing：运行时测试选项。

（27）Enable debugging of DMA-API usage：CONFIG_DMA_API_DEBUG 用于设备驱动对 DMA 的 API 函数的使用调试。

（28）Test module loading with 'hello world' module：CONFIG_TEST_MODULE 编译一个"test_module"模块，用于模块加载测试。

（29）Test user/kernel boundary protections：CONFIG_TEST_USER_COPY 编译一个"test_user_copy"模块，用于测试内核空间和用户空间的数据备份（copy_to/from_user）是否能正常工作。

（30）Sample kernel code：CONFIG_SAMPLES 用于编译一些内核的实例代码，如 kobject 和 kfifo 的实例代码。

（31）KGDB: kernel debugger：CONFIG_KGDB 内核远程调试的选项。

（32）Export kernel pagetable layout to userspace via debugfs：CONFIG_ARM_PTDUMP 通过 debugfs 向用户空间导出内核空间的页表布局。

（33）Filter access to /dev/mem：CONFIG_STRICT_DEVMEM 禁止该选项，则允许用户空间访问整个内存，包括用户空间和内核空间的所有内存。

（34）Enable stack unwinding support (EXPERIMENTAL)：CONFIG_ARM_UNWIND 使用编译器在内核自动生成的信息来提供栈展开的支持。

（35）Verbose user fault messages：CONFIG_DEBUG_USER 当一个应用程序因为异常崩溃时，内核可以打印一个是什么原因造成崩溃的简短信息。

（36）Kernel low-level debugging functions：CONFIG_DEBUG_LL 用于在内核中包含 printascii、printch 和 printhex 函数的定义。这对于调试在控制台初始化之前代码会很有帮助。但是这会指定一个串口，给移植性带来了一些问题。

（37）Kernel low-level debugging port (Use S3C UART 2 for low-level debug)：选择串口 2 作为内核低级别调试输出端口。

（38）Early printk：CONFIG_EARLY_PRINTK 使能内核的早期打印输出。

（39）On-chip ETM and ETB：CONFIG_OC_ETM 使能片上嵌入的跟踪宏单元跟踪缓存驱动。

（40）Write the current PID to the CONTEXTIDR register：CONFIG_PID_IN_CONTEXTIDR 使能该选项后，内核会把当前进程的 PID 写入 CONTEXTIDR 寄存器的 PROCID 域。

（41）Set loadable kernel module data as NX and text as RO：CONFIG_DEBUG_SET_MODULE_RONX 用于捕获对可加载模块的代码段和只读数据段的意外修改。

9.2 内核打印函数

嵌入式系统一般都可以通过串口与用户交互。大多数 Bootloader 可以向串口打印信息，并且接收命令。内核同样可以向串口打印信息。但是在内核启动过程中，不同阶段的打印函数不同。分析这些打印函数的实现，可以更好地调试内核。

9.2.1 内核映像解压前的串口输出函数

如果在配置内核时选择了以下选项：

```
System Type  --->
    (2) S3C UART to use for low-level messages
Kernel hacking  --->
    [*] Kernel low-level debugging functions (read help!)
        Kernel low-level debugging port (Use S3C UART 2 for low-level debug)
[*] Early printk
```

那么在内核自解压时就会通过串口 2 打印如下信息：

```
Uncompressing Linux... done, booting the kernel.
```

回顾一下 7.3.2 节，打印这条信息是因为在 decompresss_kernel 函数中调用了 putstr

嵌入式 Linux 系统开发教程

函数，直接向串口打印内核解压的信息。

putstr 函数实现了向串口输出字符串的功能。因为不同的处理器可以有不同的串口控制器，所以 putstr 函数的实现依赖于硬件平台。下面分析一下 Exynos4412 平台中 putstr 函数的使用及实现。

```c
/* arch/arm/boot/compressed/misc.c */

static void putstr(const char *ptr);
......
#include CONFIG_UNCOMPRESS_INCLUDE /* 内核配置后，在自动生成的配置头文件
                    include/generated/autoconf.h 中，该宏定义如下:
#define CONFIG_UNCOMPRESS_INCLUDE "mach/uncompress.h" */
......
static void putstr(const char *ptr)
{
    char c;

    while ((c = *ptr++) != '\0') {
        if (c == '\n')
            putc('\r');
        putc(c);
    }

    flush();
}
......

/* arch/arm/mach-exynos/include/mach/uncompress.h */
......
#include <plat/uncompress.h>
......
/* arch/arm/plat-samsung/include/plat/uncompress.h */
......
static void putc(int ch)
{
    if (!config_enabled(CONFIG_DEBUG_LL))
        return;

    if (uart_rd(S3C2410_UFCON) & S3C2410_UFCON_FIFOMODE) {
        int level;

        while (1) {
            level = uart_rd(S3C2410_UFSTAT);
            level &= fifo_mask;

            if (level < fifo_max)
                break;
        }

    } else {
        /* not using fifos */
```

256

```
            while   ((uart_rd(S3C2410_UTRSTAT)   &   S3C2410_UTRSTAT_TXE)   !=
S3C2410_UTRSTAT_TXE)
                    barrier();
        }

        /* write byte to transmission register */
        uart_wr(S3C2410_UTXH, ch);
}
......
```

从上面的代码分析可知，在 arch/arm/boot/compressed/misc.c 中调用了 putstr 函数。该函数循环打印字符，直到字符串结束。如果是换行符，再补充打印一个回车符，从而实现回车换行的效果。具体的打印由 putc 函数来实现。该函数被定义在 arch/arm/plat-samsung/include/plat/uncompress.h 文件中。putc 函数首先判断了底层调试宏开关是否打开，如果不是，则直接返回；如果是，则进一步检查是否使能了 FIFO。如果 FIFO 使能，则一直等待，直到 FIFO 可用；如果没使能，则一直等待发送缓冲可用，最后将要发送的字符写入发送寄存器中。很明显，数据是否能够通过串口正常发送，需要依赖于在 U-Boot 中是否将该串口正确初始化，这也是内核启动代码对 U-Boot 的一个要求。不过 U-Boot 的代码通常都会初始化一个串口来打印信息，所以这个条件通常也是满足的。这里的 putstr 函数只局限在内核解压时使用，内核解压后调用不了该函数，而内核解压部分的代码几乎不会出错，所以该函数对板级移植开发者来说很少使用。

9.2.2　内核映像解压后的串口输出函数

在内核解压完成后，跳转到 vmlinux 映像入口，这时还没有初始化控制台设备，但是执行系统初始化的过程中也可能出现严重的错误，导致系统崩溃。怎样才能报告这种错误信息呢？用户可以通过 printascii 子程序来向串口打印。

printascii、printhex8 等子程序包含在 arch/arm/kernel/debug.S 文件中。如果要编译链接这些子程序，需要内核使能 "Kernel low-level debugging functions" 选项。

printascii 子程序实现向串口打印字符串的功能，printhex 也调用了 printascii 子程序来显示数字。在 printascii 子程序中，调用了宏（macro）：addruart、waituart、senduart、busyuart，这些宏都是在 arch/arm/include/debug/exynos.S 和 arch/arm/include/debug samsung.S /中定义的。printascii 函数的代码如下。

```
/* arch/arm/kernel/debug.S */
......
#include CONFIG_DEBUG_LL_INCLUDE    /*内核配置后，在自动生成的配置头文件
include/generated/autoconf.h 中，该宏定义如下：
#define CONFIG_DEBUG_LL_INCLUDE "debug/exynos.S" */
......
ENTRY(printascii)
            addruart_current r3, r1, r2
            b      2f
1:          waituart r2, r3
            senduart r1, r3
```

```
            busyuart r2, r3
            teq     r1, #'\n'
            moveq   r1, #'\r'
            beq     1b
2:          teq     r0, #0
            ldrneb  r1, [r0], #1
            teqne   r1, #0
            bne     1b
            mov     pc, lr
ENDPROC(printascii)
```

首先调用了 addruart_current 获得调试串口的物理地址和虚拟地址，调用返回后 r3 保存的是物理地址，r1 是虚拟地址，r2 是一个临时寄存器。然后跳转到局部标号 2 去执行代码，r0 是指向要打印的字符串的指针，判断不为空指针后，取出一个字符，并判断是否是字符串的结尾，如果不是，则跳转到局部标号 1 执行代码。从局部标号 1 开始，首先等待串口可用，然后发送字符，接下来等待发送完成，最后判断要发送的字符是否是换行字符，如果是，则补一个回车字符。函数中调用的宏都比较简单，这里就不再详细分析了。

printascii 函数的使用也非常简单，首先声明该函数，然后传入要打印的字符串指针即可，实例代码如下。

```
extern void printascii(char *);
asmlinkage void __init start_kernel(void)
{
      char * command_line;
      extern const struct kernel_param __start___param[], __stop___param[];

      printascii("enter start_kernel\n");
......
```

9.2.3 printk

Linux 内核标准的系统打印函数是 printk。printk 函数具有极好的健壮性，不受内核运行条件的限制，在系统运行期间都可以使用。printk 日志级别如表 9.1 所示。

这些级别有助于内核控制信息的紧急程度，判断是否向串口输出等。正如 printk 函数的日志级别，printk 函数的实现也比较复杂。printk 函数不是直接向控制台设备或者串口直接打印信息，而是把打印信息先写到缓冲区里面。下面分析一下 printk 函数的代码实现。

表 9.1 printk 函数的日志级别

日志级别	说　　明	日志级别	说　　明
KERN_EMERG	紧急情况，系统可能会死掉	KERN_WARNING	警告信息
KERN_ALERT	需要立即响应的问题	KERN_NOTICE	普通但是可能有用的信息
KERN_CRIT	重要情况	KERN_INFO	情报信息
KERN_ERR	错误信息	KERN_DEBUG	调试信息

```
/* kernel/printk/printk.c */
/* 不指定级别的 printk 函数用默认的级别.. */
#define DEFAULT_MESSAGE_LOGLEVEL CONFIG_DEFAULT_MESSAGE_LOGLEVEL
/* KERN_WARNING 级别 */
……
#define MINIMUM_CONSOLE_LOGLEVEL 1 /* 控制台可以使用的最小级别数 */
#define DEFAULT_CONSOLE_LOGLEVEL 7 /* 任何比 KERN_DEBUG 更严重级别的信息都显示 */

int console_printk[4] = { /* 定义控制台的默认打印级别 */
     DEFAULT_CONSOLE_LOGLEVEL,      /* console_loglevel */
     DEFAULT_MESSAGE_LOGLEVEL,      /* default_message_loglevel */
     MINIMUM_CONSOLE_LOGLEVEL,      /* minimum_console_loglevel */
     DEFAULT_CONSOLE_LOGLEVEL,      /* default_console_loglevel */
};
……
/* 这是 printk 函数的实现，它可以在任何上下文中调用
 * 对控制台操作之前，先尝试获得 console_lock 锁
 * 如果成功，那么将会把输出记录下来，并调用控制台驱动程序
 * 如果失败，把输出信息写到日志缓冲区中，并立即返回
 * console_sem 信号量的拥有者在 console_unlock 函数中
 * 将会发现有一个新的输出，然后会在释放这个锁之前将输出信息
 * 通过控制台打印
 */
asmlinkage int printk(const char *fmt, ...)
{
     va_list args;
     int r;

#ifdef CONFIG_KGDB_KDB
     if (unlikely(kdb_trap_printk)) {
             va_start(args, fmt);
             r = vkdb_printf(fmt, args);
             va_end(args);
             return r;
     }
#endif
     va_start(args, fmt);             /* 使用变参 */
     r = vprintk_emit(0, -1, NULL, 0, fmt, args);
/* vprintk_emit 函数完成打印任务 */
     va_end(args);

     return r;
}
EXPORT_SYMBOL(printk);

asmlinkage int vprintk_emit(int facility, int level,
             const char *dict, size_t dictlen,
             const char *fmt, va_list args)
{
    static int recursion_bug;
    static char textbuf[LOG_LINE_MAX];
    char *text = textbuf;
    size_t text_len;
```

```
        enum log_flags lflags = 0;
        unsigned long flags;
        int this_cpu;
        int printed_len = 0;

        boot_delay_msec(level);      /* 取决于 CONFIG_BOOT_PRINTK_DELAY 宏是否被定义
                                      * 用于控制内核启动阶段的打印延时 */
        printk_delay();              /* 打印延时控制 */

        local_irq_save(flags);       /* 关闭本地 CPU 的中断并保存中断使能标志 */
        this_cpu = smp_processor_id(); /* 获取当前 CPU 的 ID 号 */

        /* 如果发生了递归调用 */
        if (unlikely(logbuf_cpu == this_cpu)) {
            /* 如果在这个 CPU 上调用 printk 时内核崩溃，那么将尝试获得崩溃信息
             * 但要确保不会发生死锁。否则的话，立即返回以避免递归，但是还要将
             * recursion_bug 标志置位，以便在后面的某个适当的时刻可以打印该信息
             */
            if (!oops_in_progress && !lockdep_recursing(current)) {
                recursion_bug = 1;
                goto out_restore_irqs;
            }
            /* 强制初始化自旋锁和信号量，但要留足够的时间给慢速的控制台
 * 以便打印出完整的 oops 信息
 */
            zap_locks();
        }

        lockdep_off();                       /* 递归深度加一 */
        raw_spin_lock(&logbuf_lock);    /* 日志缓冲区上锁 */
        logbuf_cpu = this_cpu;               /* 保存日志 CPU 的 ID 号 */

        if (recursion_bug) {            /* 如果出现了递归的 bug，打印该信息 */
            static const char recursion_msg[] =
                "BUG: recent printk recursion!";

            recursion_bug = 0;
            printed_len += strlen(recursion_msg);
            /* 将信息记录到日志缓冲区 */
            log_store(0, 2, LOG_PREFIX|LOG_NEWLINE, 0,
                NULL, 0, recursion_msg, printed_len);
        }

        /* 将信息格式化输出到 text 指向的缓冲区中 */
        text_len = vscnprintf(text, sizeof(textbuf), fmt, args);

        /* 如果有换行符，则置位 LOG_NEWLINE */
        if (text_len && text[text_len-1] == '\n') {
            text_len--;
            lflags |= LOG_NEWLINE;
        }

        /* 如果打印来自内核，那么裁剪一些前缀，并提取打印级别和控制信息 */
```

```
    if (facility == 0) {
        int kern_level = printk_get_level(text);

        if (kern_level) {
            const char *end_of_header = printk_skip_level(text);
            switch (kern_level) {
            case '0' ... '7':
                if (level == -1)
                    level = kern_level - '0';
            case 'd':      /* KERN_DEFAULT */
                lflags |= LOG_PREFIX;
            case 'c':      /* KERN_CONT */
                break;
            }
            text_len -= end_of_header - text;
            text = (char *)end_of_header;
        }
    }

    /* 如果未指定打印级别，则使用默认的打印级别 */
    if (level == -1)
        level = default_message_loglevel;

    /* 如果输出信息带有键值对组成的字典，则设置相应的标志 */
    if (dict)
        lflags |= LOG_PREFIX|LOG_NEWLINE;

    if (!(lflags & LOG_NEWLINE)) {
        /* 一个早期的新行丢失或者另一个任务要继续打印，刷新冲突的缓存 */
        if (cont.len && (lflags & LOG_PREFIX || cont.owner != current))
            cont_flush(LOG_NEWLINE);

        /* 如果使能，则缓存该行，否则立即保存下来 */
        if (!cont_add(facility, level, text, text_len))
            log_store(facility, level, lflags | LOG_CONT, 0,
                    dict, dictlen, text, text_len);
    } else {
        bool stored = false;

        /* 如果一个早期的新行正被丢失并且来自同一任务，那么它将会和现在的缓存内容
         * 合并并刷新输出。但如果存在一个和中断的竞态，那么那将会保存该行，并刷新输出，
         * 如果先前的printk来自不同的任务并且丢掉了新行，那么刷新并追加新行
         */
        if (cont.len) {
            if (cont.owner == current && !(lflags & LOG_PREFIX))
                stored = cont_add(facility, level, text,
                        text_len);
            cont_flush(LOG_NEWLINE);
        }

        if (!stored)
            log_store(facility, level, lflags, 0,
                    dict, dictlen, text, text_len);
```

嵌入式 Linux 系统开发教程

```
    }
    printed_len += text_len;

    /* 尝试获得并立即释放控制台信号量。这将会引起缓存的打印输出并唤醒
* /dev/kmsg 和 syslog()的用户
     *
     * console_trylock_for_printk 函数将会释放 logbuf_lock 锁，而不管它是否
     * 获得了控制台信号量
     */
    if (console_trylock_for_printk(this_cpu))
        console_unlock();

    lockdep_on();                      /* 递归深度减一 */
out_restore_irqs:
    local_irq_restore(flags);  /* 恢复本地 CPU 的中断使能标志 */

    return printed_len;
}
EXPORT_SYMBOL(vprintk_emit);
```

由以上代码可知，在控制台初始化之前，printk 函数的输出只能先保存在日志缓存中，所以在控制台初始化之前若系统崩溃，将不会在控制台上看到 printk 函数的打印输出。

printk 函数的使用如同 printf 函数，但可以添加打印级别，示例代码如下。

```
printk("%s\n", "default level");
printk(KERN_DEBUG "%s\n", "debug-level messages");
printk(KERN_INFO "%s\n", "informational");
printk(KERN_NOTICE "%s\n", "normal but significant condition");
printk(KERN_WARNING "%s\n", "warning conditions");
printk(KERN_ERR "%s\n", "error conditions");
printk(KERN_CRIT "%s\n", "critical conditions");
printk(KERN_ALERT "%s\n", "action must be taken immediately");
printk(KERN_EMERG "%s\n", "system is unusable");
```

如果 printk 函数中没有加调试级别，则使用默认的调试级别。注意，调试级别和格式化字符串之间没有逗号。当前控制台的各打印级别可以通过下面的命令来查看。

```
# cat /proc/sys/kernel/printk
4    4    1    7
```

上面的信息表示控制台当前的打印级别为 4（**KERN_WARNING**），凡是打印级别小于或等于（数值上大于或等于）该打印级别的信息都不会在控制台上显示；printk 函数的默认打印级别是 4，即 printk 函数中如果不指定打印级别，则使用 4 的打印级别；控制台能够设置的最高打印级别为 1（**KERN_ALERT**），默认的控制台级别为 7。使用下面的命令可以修改控制台打印级别。

```
# echo "7 4 1 7" > /proc/sys/kernel/printk
```

如果要查看完整的控制台打印信息，可以使用下面的命令。

```
# dmesg
```

如果要实时查看控制台打印信息，可以使用下面的命令。

```
# cat /proc/kmsg
```

9.3 获取内核信息

Linux 内核提供了一些与用户空间通信的机制，大部分驱动程序与用户空间的接口都可以作为获取内核信息的手段。另外，内核也有专门的调试机制。

9.3.1 系统请求键

系统请求键可以使 Linux 内核回溯跟踪进程，当然，这要在 Linux 的键盘仍然可用的前提下，并且 Linux 内核已经支持 MAGIC_SYSRQ 功能模块。

大多数系统平台（特别是 x86）都已经实现了系统请求键功能，它是在 drivers/char/sysrq.c 中实现的。在配置内核的时候需要选择图 9.1 的"Magic SysRq key"菜单选项，使能配置选项 CONFIG_MAGIC_SYSRQ。

使用这项功能时，必须在文本模式的控制台上，并且启动 CONFIG_MAGIC_SYSRQ。

SysRq（系统请求）键是复合键"Alt+SysRq"，大多数键盘的 SysRq 和 PrtSc 键是复用的。

按住 SysRq 复合键，再输入第三个命令键，可以执行相应的系统调试命令。例如：输入 t 键，可以得到当前运行的进程和所有进程的堆栈跟踪。回溯跟踪将被写到 /var/log/messages 文件中。如果内核都配置好了，系统应该已经转换了内核的符号地址。

但是，在串口控制台上不能使用 SysRq 复合键。可以先发送一个"BREAK"，在 5s 之内输入系统请求命令键。

另外，有些硬件平台也不能使用 SysRq 复合键。不过，各种目标板都可以通过/proc 接口进入系统请求状态。

```
$ echo t > /proc/sysrq-trigger
```

表 9.2 列出系统请求键的命令解释。更多信息可以查阅内核文档 Documentation/ sysrq.txt。

表 9.2　系统请求键命令

键 命 令	说　　明
SysRq-b	重启机器
SysRq-e	给 init 之外的所有进程发送 SIGTERM 信号
SysRq-h	在控制台上显示 SysRq 帮助
SysRq-i	给 init 之外的所有进程发送 SIGKILL 信号

续表

键 命 令	说　　明
SysRq-k	安全访问键：杀掉这个控制台上所有的进程
SysRq-l	给包括 init 的所有进程发送 SIGKILL 信号
SysRq-m	在控制台上显示内存信息
SysRq-o	关闭机器
SysRq-p	在控制台上显示寄存器
SysRq-r	关闭键盘的原始模式
SysRq-s	同步所有挂接的磁盘
SysRq-t	在控制台上显示所有的任务信息
SysRq-u	卸载所有已经挂载的磁盘

　　神奇的系统请求键是辅助调试或者拯救系统的重要方法。它为控制台上的任何用户提供了强大的功能。当出现系统宕机或者运行状态不正常的时候，通过系统请求键可以查询当前进程执行的状态，从而判断出错的进程和函数。

9.3.2　通过/proc 接口

　　proc 文件系统是一种伪文件系统。实际上，它并不占用存储空间，而是系统运行时在内存中建立的内核状态映射，可以瞬间提供系统的状态信息。

　　在用户空间可以作为文件系统挂接到/proc 目录下，提供给用户访问。可以通过 Shell 命令挂接，也可以在/etc/fstab 中做出相应的设置。

```
$ mout -t proc proc /proc
```

　　通过 proc 文件系统可以查看运行中的内核，查询和控制运行中的进程和系统资源等状态。这对于监控性能、查找系统信息、了解系统是如何配置的以及更改该配置很有用。

　　在用户空间中，可以直接访问/proc 目录下的条目，读取信息或者写入命令。但是不能使用编辑器打开并修改/proc 条目，因为在编辑过程中，同步保存的数据将是不完整的命令。

　　命令行下使用 echo 命令，从命令行将输出重定向至/proc 下指定的条目中。例如，关闭系统请求键功能的命令：

```
$ echo 0 > /proc/sys/kernel/sysrq
```

　　命令行下查看/proc 目录下的条目信息，应该使用命令行下的 cat 命令。例如：

```
$ cat /proc/cpuinfo
```

　　另外，/proc 接口的条目可以作为普通的文件打开访问。这些文件也有访问的权限限制，大部分条目是只读的，少数用于系统控制的条目具有写操作属性。在应用程序中，可以通过 open()、read()、write()等函数操作。

/proc 中的每个条目都有一组分配给它的非常特殊的文件访问权限，并且每个文件属于特定的用户标识。这一点实现得非常仔细，从而提供给管理员和用户正确的功能。这些特定的访问权限如下。

（1）只读权限：任何用户都不能对该文件进行写操作，它用于获取系统信息。

（2）root 写权限：如果/proc 中的某个文件是可写的，则通常只能由 root 用户来写。

（3）root 读权限：有些文件对一般系统用户是不可见的，而只对 root 用户是可见的。

（4）其他权限：可能有不同于以上常见的 3 种访问权限的组合。

就具体/proc 条目的功能而言，每一个条目的读写操作在内核中都有特定的实现。当查看/proc 目录下的文件时，会发现有些文件是可读的，可以从中读出内核特定的信息；有些文件是可写的，可以写入特定的配置和控制命令。

Linux 的一些系统工具就是通过/proc 接口读取信息的。例如：top 命令就是读取/proc 接口下相关条目的信息，实时地显示当前运行中的进程和系统负载。

要获得/proc 文件的所有信息，一个最佳来源就是 Linux 内核源代码本身，它包含了一些非常优秀的文档。

9.3.3 通过/sys 接口

sysfs 文件系统是 Linux 2.6 内核新增加的文件系统。它也是一种伪文件系统，是在内存中实现的文件系统。它可以把内核空间的数据、属性、链接等东西输出到用户空间。

在 Linux 2.6 内核中，sysfs 和 kobject 是紧密结合的，成为驱动程序模型的组成部分。

当加载或者卸载 kobject 的时候，需要注册或者注销操作。当注册 kobject 时，注册函数除了把 kobject 插入到 kset 链表中，还要在 sysfs 中创建对应的目录。反过来，当注销 kobject 时，注销函数也会删除 sysfs 中相应的目录。

sysfs 文件系统通常要挂接到/sys 目录下，提供给用户空间访问。可以通过 Shell 命令挂接，也可以在/etc/fstab 中做出相应的设置。

```
$ mount -t sysfs sysfs /sys
```

sysfs 文件系统的目录组织结构反映了内核数据结构的关系。/sys 的目录结构下应该包含以下子目录。

```
block/ bus/ class/ devices/ firmware/ net/
```

devices/目录下的目录树代表设备树，它直接映射了内核内部的设备树（它按照 device 结构体的层次关系）。

bus/目录包含内核各种总线类型的目录。每一种总线目录包含两个子目录：devices/ 和 drives/。

devices/目录包含了系统探测到的每一个设备的符号链接，指向 sysfs 文件系统的 root/ 目录下的设备。

drivers/目录包含在特定总线结构上为每一个加载的设备驱动创建的子目录。

class/目录包含设备接口类型的目录,当然,在类型子目录下还有设备接口的子目录。

```
class/
'-- input
    |-- devices
    |-- drivers
    |-- mouse
    '-evdev
    ......
```

为了方便使用 sysfs,下面介绍一些 sysfs 的编程接口。

第一个是属性。属性能够以文件系统的正常文件形式输出到用户空间。sysfs 文件系统间接调用属性定义的函数操作,提供读/写内核属性的方法。

属性应该是 ASCII 文本文件,每个文件只能有一个值。可能这样效率不高,可以通过相同类型的数组来表示。

不赞成使用混合类型、多行数据格式和奇异的数据格式。这样做可能使代码得不到认可。

简单的属性定义示例:

```
struct attribute {
        char                    *name;
        umode_t                 mode;
};
int sysfs_create_file(struct kobject * kobj, struct attribute * attr);
void sysfs_remove_file(struct kobject * kobj, struct attribute * attr);
```

定义空洞的属性是没有用的,所以最好针对特定的目标类型添加自己的结构体属性或者封装好的函数。

例如,设备驱动程序可以定义下面的结构体 device_attribute。

```
struct device_attribute {
      struct attribute        attr;
      ssize_t (*show)(struct device *dev, struct device_attribute *attr,
                  char *buf);
      ssize_t (*store)(struct device *dev, struct device_attribute *attr,
                  const char *buf, size_t count);
};

extern int device_create_file(struct device *device,
                      const struct device_attribute *entry);
extern void device_remove_file(struct device *dev,
                      const struct device_attribute *attr);
```

使用下面的宏定义,也可以预先定义辅助定义设备属性的宏。

```
#define __ATTR(_name, _mode, _show, _store) {                       \
      .attr = {.name = __stringify(_name), .mode = _mode },        \
      .show   = _show,                                              \
      .store = _store,                                             \
}
#define DEVICE_ATTR(_name, _mode, _show, _store) \
```

```
        struct device_attribute dev_attr_##_name = __ATTR(_name, _mode, _show,
_store)
```

举例说明使用上面的宏来定义属性。

```
static DEVICE_ATTR(foo, S_IWUSR | S_IRUGO, show_foo, store_foo);
```

等价于：

```
static struct device_attribute dev_attr_foo = {
        .attr = {
            .name = "foo",
            .mode = S_IWUSR | S_IRUGO,
        },
        .show = show_foo,
        .store = store_foo,
};
```

第二个是子系统操作函数。当子系统定义了一个属性类型时，必须实现一些 sysfs 操作函数。当应用程序调用 read/write 函数时，通过这些子系统函数显示或者保存属性值。

```
struct sysfs_ops {
    ssize_t (*show)(struct kobject *, struct attribute *, char *);
    ssize_t (*store)(struct kobject *, struct attribute *, const char *, size_t);
};
```

当读或者写这个 sysfs 文件时，sysfs 调用对应的函数。然后，把通用的 kobject 结构体和结构体属性指针转换成适当的指针类型，并且调用相关的函数。

举例说明

```
#define to_dev_attr(_attr) container_of(_attr, struct device_attribute, attr)

static ssize_t dev_attr_show(struct kobject *kobj, struct attribute *attr,
                    char *buf)
{
    struct device_attribute *dev_attr = to_dev_attr(attr);
    struct device *dev = kobj_to_dev(kobj);
    ssize_t ret = -EIO;

    if (dev_attr->show)
            ret = dev_attr->show(dev, dev_attr, buf);
    if (ret >= (ssize_t)PAGE_SIZE) {
            print_symbol("dev_attr_show: %s returned bad count\n",
                        (unsigned long)dev_attr->show);
    }
    return ret;
}
```

要读写属性，还要声明和实现 show 函数和 store 函数。这两个函数的声明如下：

```
ssize_t (*show)(struct device *dev, struct device_attribute *attr,
                    char *buf);
ssize_t (*store)(struct device *dev, struct device_attribute *attr,
                    const char *buf, size_t count);
```

读/写函数的操作主要是数据缓冲区的读/写操作,一个最简单的设备属性实现的例子如下。

```
static ssize_t show_name(struct device *dev, struct device_attribute *attr, char
*buf)
{
        return snprintf(buf, PAGE_SIZE, "%s\n", dev->name);
}
static ssize_t store_name(struct device * dev, const char * buf)
{
        sscanf(buf, "%20s", dev->name);
        return strnlen(buf, PAGE_SIZE);
}
static DEVICE_ATTR(name, S_IRUGO, show_name, store_name);
```

9.4 处理出错信息

当系统出现错误时,内核有两个基本的错误处理机制:oops 和 panic。

9.4.1 oops 信息

尽管有了各种调试方法,系统或者驱动程序的一些 BUG 仍可能直接导致系统出错,打印出 oops 信息。oops 发生以后,系统通常处于不稳定状态,可能崩溃,也可能继续运行。

(1) oops 消息包含系统错误的详细信息。

通常,oops 信息中包含当前进程的栈回溯和 CPU 寄存器的内容。分析在发生崩溃时发送到系统控制台的 oops 消息,这是 Linux 调试系统崩溃的传统方法。oops 信息是机器指令级的,可以说是很难懂。ksymoops 工具可以将机器指令转换为代码,并将堆栈值映射到内核符号。在很多情况下,这些信息就足够确定错误的可能原因。

分析 oops 信息是一项很艰苦的工作,先来看看这些信息吧。

```
Oops: machine check, sig: 7
NIP: C000F290 XER: 20000000 LR: C000F0F0 SP: C013F940 REGS: c013f890 TRAP: 0200
MSR: 00009030 EE: 1 PR: 0 FP: 0 ME: 1 IR/DR: 11
TASK = c013e020[0] 'swapper' Last syscall: 120
last math 00000000 last altivec 00000000
GPR00: 00000000 C013F940 C013E020 000001F5 C500F200 C3A89000 00000002 C023BFA8
GPR08: 00000007 00000570 0000017B 0000015C 84002022 1002B4DC 00000000 00000000
GPR16: 00000000 00000000 00000000 00000000 00001032 0013FA90 00000000 C00047CC
GPR24: C0150000 000003C0 C07368C0 C013F9C8 000005EE C3A89000 C0160000 C0160000
Call backtrace:
C00334C8 C0160000 C000EE4C C00ACE60 C00A9584 C00AD258 C00AD008
C00A879C C00057A4 C0005860 C00047CC 00000020 C00C1404 C00C146C
C00A8C08 C00CE3C8 C00C59A4 C00DA4A4 C00D9068 C00DA608 C00D9340
```

```
C00E9224 C00E7A54 C00EFDF4 C00F032C C00D62CC C00D6504 C00C6060
C00C6214 C00C6384 C001B820 C00058C8 C00047CC
Kernel panic: Aiee, killing interrupt handler!
Warning (Oops_read): Code line not seen, dumping what data is available
```

其中打印出了处理器寄存器的值，还有进程（Task）和栈回溯（Call Trace）信息。对照 System.map，完全可以分析一下的。不过，还有一个更好的工具来辅助分析。

（2）使用 ksymoops 转换 oops 信息。

ksymoops 工具可以翻译 oops 信息，从而分析发生错误的指令，并显示一个跟踪部分表明代码如何被调用。它是根据内核映像的 System.map 来转换的，因此，必须提供正在运行的内核映像的 System.map 文件。

关于如何使用 ksymoops，内核源代码 Documentation/oops-tracing.txt 中或 ksymoops 手册页上有完整的说明可以参考。

将 oops 消息复制保存在一个文件中，通过 ksymoops 工具转换它。

```
$ ksymoops -m System.map < oops.txt
```

这样 oops 信息就转换成符号信息，打印到控制台上。如果想把结果保存下来，可以把结果重定向到文件中。

（3）内核 kallsyms 选项支持符号信息。

Linux 2.6 内核引入了 kallsyms 特性，可以通过定义 CONFIG_KALLSYMS 配置选项启动。该选项可以载入内核映像对应内存地址的符号的名称，内核可以直接跟踪回溯函数名称，而不再打印难懂的机器码。这样，就不再需要 System.map 和 ksymoops 工具了。因为符号表要编译到内核映像中，所以内核映像会变大，并且符号表永久驻留在内存中，对开发者来说，这也是值得的。

9.4.2　panic

当系统发生严重错误的时候，将调用 panic 函数。

那么 panic 函数执行了哪些操作呢？不妨分析一下 panic 函数的实现。

```c
/* kernel/panic.c */
/** panic - 停止系统运行
 * 参数 fmt: 要打印的字符串
 * 显示信息，然后清理现场，不再返回。
 */
void panic(const char *fmt, ...)
{
    static DEFINE_SPINLOCK(panic_lock);
    static char buf[1024];
    va_list args;
    long i, i_next = 0;
    int state = 0;

    /* 禁止本地 CPU 中断。这将阻止 panic_smp_self_stop 在第一个引起 panic 的 CPU 上
     * 发生死锁。因为不能阻止一个中断处理程序（在获得 panic_lock）再次发生 panic。
```

```
    */
    local_irq_disable();

    /* 在抢占没有禁止的情况下，一个 panic 断言是有可能直接运行到这里的。而在这里调用
     * 的函数又期望抢占是被禁止的
     *
     * 只允许一个 CPU 执行 panic 代码。对 panic 的多个并发调用，所有其他的 CPU 要么
     * 停止自己，要么一直等待，直到被第一调用 panic 的 CPU 调用 smp_send_stop 停止
     */
    if (!spin_trylock(&panic_lock))
        panic_smp_self_stop();

    console_verbose();            /* 设置 oops_in_progress */
    bust_spinlocks(1);           /* 释放一切相关的锁 */
    va_start(args, fmt);    /* 使用变参 */
    vsnprintf(buf, sizeof(buf), fmt, args); /* 格式化后的信息存入 buf */
    va_end(args);
    printk(KERN_EMERG "Kernel panic - not syncing: %s\n",buf); /* 打印 */
#ifdef CONFIG_DEBUG_BUGVERBOSE
    /* 如果在 oops 处理过程中发生了 panic，避免嵌套的栈回溯 */
    if (!test_taint(TAINT_DIE) && oops_in_progress <= 1)
        dump_stack();
#endif

    /* 处理崩溃后的其他所有事务 */
    crash_kexec(NULL);

    /* smp_send_stop 通常是一个关闭函数，但不幸的是，它在 panic 环境下可能
     * 不能很好地被执行
     */
    smp_send_stop();

    /* 运行所有的 panic 处理程序，包括那些可能需要添加信息到 kmsg 的打印输出 */
    atomic_notifier_call_chain(&panic_notifier_list, 0, buf);

    kmsg_dump(KMSG_DUMP_PANIC);

    bust_spinlocks(0);        /* 清除 oops_in_progress，并唤醒 klogd */

    if (!panic_blink)
        panic_blink = no_blink;

    if (panic_timeout > 0) {
        /* 显示等待的秒数，最后重启机器。这里不能使用普通的定时器 */
        printk(KERN_EMERG "Rebooting in %d seconds..", panic_timeout);

        for (i = 0; i < panic_timeout * 1000; i += PANIC_TIMER_STEP) {
            touch_nmi_watchdog();
            if (i >= i_next) {
                i += panic_blink(state ^= 1);
                i_next = i + 3600 / PANIC_BLINK_SPD;
            }
            mdelay(PANIC_TIMER_STEP);
```

```
        }
    }
    if (panic_timeout != 0) {
        /* 这可能不是一个"干净"的重启（关闭所有）。但是如果有机会的话就会重启系统 */
        emergency_restart();
#ifdef __sparc__
    {
        extern int stop_a_enabled;
        /* Make sure the user can actually press Stop-A (L1-A) */
        stop_a_enabled = 1;
        printk(KERN_EMERG "Press Stop-A (L1-A) to return to the boot prom\n");
    }
#endif
#if defined(CONFIG_S390)
    {
        unsigned long caller;

        caller = (unsigned long)__builtin_return_address(0);
        disabled_wait(caller);
    }
#endif
    local_irq_enable();           /* 重新使能本地 CPU 中断 */
    /* 死循环 */
    for (i = 0; ; i += PANIC_TIMER_STEP) {
        touch_softlockup_watchdog();
        if (i >= i_next) {
            i += panic_blink(state ^= 1);
            i_next = i + 3600 / PANIC_BLINK_SPD;
        }
        mdelay(PANIC_TIMER_STEP);
    }
}

EXPORT_SYMBOL(panic);
```

panic 函数首先尽可能把出错信息打印出来，再拉响警报，然后清理现场。这时候大概系统已经崩溃，等待一段时间让系统重启。

对于开发调试过程来说，可以让 panic 打印更多的信息或者调试 panic 函数，从而分析系统出错原因。

9.4.3　通过 ioctl 方法

ioctl 是对一个文件描述符响应的系统调用，它可以实现特殊命令操作。ioctl 可以替代/proc 文件系统，实现一些调试的命令。

使用 ioctl 获取信息比/proc 麻烦一些，因为通过应用程序的 ioctl 函数调用并且显示结果必须编写、编译一个应用程序，并且与正在测试的模块保持一致。反过来，驱动程序代码比实现/proc 文件相对简单一点。

大多数时候，ioctl 是获取信息的最好方法，因为它比读/proc 运行得快。假如数据必须在打印到屏幕上之前处理，以二进制格式获取数据将比读一个文本文件效率更高。另外，ioctl 不需要把数据分割成小于一个页的碎片。

ioctl 还有另外一个优点，就是信息获取命令可以保留在驱动程序中，即使已经完成调试工作。不像/proc 文件，在目录下能被所有的人看到。

在内核空间，ioctl 驱动程序函数原型如下。

```
long (*unlocked_ioctl) (struct file *filp, unsigned int cmd, unsigned long arg);
```

filp 指针指向一个打开的文件所对应的 file 结构体，cmd 参数是从用户空间未加修改传递过来的，可选的参数 arg 以无符号长整数传递，可以是整数或是指针。如果调用这个函数的时候不传递第 3 个参数，驱动程序接收的 arg 是未定义的。因为对于额外的参数类型检查已经关闭，编译器不会警告一个非法的参数传递给 ioctl，并且任何相关的BUG 都将很难查找。

大多数 ioctl 实现包含了一个大的 switch 语句，可以根据 cmd 参数选择适当的操作。不同的命令有不同的数值，可以通过宏定义简化编程。定制的驱动可以在头文件中声明这些符号。用户程序也必须包含这些头文件，以便使用这些符号。

用户空间可以使用 ioctl 系统调用。

```
int ioctl(int d, int request, ...);
```

原型函数的省略号标志是说这个函数可以传递数量可变的参数。在实际系统中，系统调用不能用数量可变的参数。系统调用必须使用定义好的原型，因为用户可以通过硬件操作来访问。因此，这些省略号不代表变参，而是一个可选参数，传统上定义为 char *argp。原型的省略号可以防止编译过程的类型检查。第 3 个参数的本质依赖于特定的控制命令（第 2 个参数）。有些命令没有参数，有些取整型参数，有些取数据指针。使用指针可以把任意数据传递给 ioctl 函数；设备就可以与用户空间交互任意大小的数据块了。

ioctl 函数的不规范性使内核开发者并不喜欢。每一个 ioctl 命令是一个分离的非正式的系统调用，并且没有办法按照易于理解的方式整理，也很难使这些不规范的 ioctl 参数在所有的系统上都能工作。例如：用户空间进程运行 32 位模式的 64 位系统。这导致强烈需要实现其他方式的多种控制操作。可行的方式包括数据流中嵌入命令或者使用虚拟文件系统，sysfs 或者驱动程序相关的文件系统。但是，事实上，ioctl 仍然是对设备操作最简单和最直接的选择。

 内核源代码调试

因为 Linux 内核程序是 GNU GCC 编译的，所以对应地使用 GNU GDB 调试器。Linux应用程序需要 gdbserver 辅助交叉调试。那么内核源代码调试时，谁来充当 gdbserver 的角色呢？

KGDB 是 Linux 内核调试的一种机制。它使用远程主机上的 GDB 调试目标板上的 Linux 内核。准确地说，KGDB 是内核的功能扩展，它在内核中使用插桩（Stub）的机制。内核在启动时等待远程调试器的连接，相当于实现了 gdbserver 的功能。然后，远程主机的调试器 GDB 负责读取内核符号表和源代码，并且建立连接。接下来，就可以在内核源代码中设置断点、检查数据，并进行其他操作。

KGDB 的调试模型如图 9.2 所示。

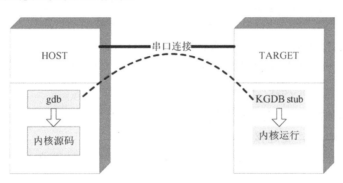

图 9.2 KGDB 调试内核模型

在图 9.2 中，KGDB 调试需要一台开发主机和一台目标板。开发主机和目标板之间通过一条串口线（null 调制解调器电缆）连接。内核源代码在开发机器上编译并且通过 GDB 调试；内核映像下载到目标机上运行。两者之间通过串口进行通信，Linux 2.6 内核还增加了以太网接口通信的方式。

下面详细说明通过串口来调试 3.14.25 内核的步骤。

（1）配置编译 Linux 内核映像。

内核的配置选项如下。

```
Kernel hacking --->
    Compile-time checks and compiler options --->
        [*] Compile the kernel with debug info
    [*] KGDB: kernel debugger --->
        <*>   KGDB: use kgdb over the serial console
```

（2）在目标板上启动内核。

启动开发板，在 U-Boot 中重新设置 bootargs 环境变量，添加如下启动参数。

```
kgdboc=ttySAC2,115200 kgdbwait
```

其中，kgdboc 表示用串口进行连接（kgdboe 表示通过以太网口进行连接）。ttySAC2 表示使用串口 2，这里需要注意的是，串口号必须和控制台串口保持一致，否则连接不成功。115200 表示使用的波特率。kgdbwait 表示内核的串口驱动加载成功后，将会等待主机的 gdb 连接。通过 U-Boot 加载并启动内核，正常的话将会出现下面的信息，然后内核等待连接。

```
[    0.550000] Serial: 8250/16550 driver, 4 ports, IRQ sharing disabled
[    0.550000] 13800000.serial: ttySAC0 at MMIO 0x13800000 (irq = 84, base_baud =
0) is a S3C6400/10
[    0.555000] 13810000.serial: ttySAC1 at MMIO 0x13810000 (irq = 85, base_baud =
0) is a S3C6400/10
[    0.555000] 13820000.serial: ttySAC2 at MMIO 0x13820000 (irq = 86, base_baud =
0) is a S3C6400/10
[    1.200000] console [ttySAC2] enabled
[    1.205000] 13830000.serial: ttySAC3 at MMIO 0x13830000 (irq = 87, base_baud =
0) is a S3C6400/10
[    1.215000] kgdb: Registered I/O driver kgdboc.
[    1.220000] kgdb: Waiting for connection from remote gdb...
```

成功看到上面的打印信息后，需要关闭串口终端软件，否则将会和 GDB 产生冲突。另外，在 Linux 主机中通过下面的命令来修改串口设备文件的权限。

```
$ sudo chmod 666 /dev/ttyUSB0
```

上面的 ttyUSB0 表示连接开发板的主机上的串口。

（3）启动 gdb，建立连接。

创建一个 gdb 启动脚本文件，名字为.gdbinit，保存在内核源文件目录中。脚本.gdbinit内容如下。

```
#.gdbinit
set remotebaud 115200
symbol-file vmlinux
target remote /dev/ttyUSB0
set output-radix 16
```

在内核源代码树顶层目录下，启动交叉工具链的 gdb 工具。.gdbinit 脚本将在 gdb 启动过程中自动执行。如果一切正常，目标板连接成功，进入调试模式。常见的情况是连接不成功，可能是因为串口设置或者连接不正确。使用的命令及输出如下。

```
$ arm-linux-gdb
GNU gdb 6.8
Copyright (C) 2008 Free Software Foundation, Inc.
License GPLv3+: GNU GPL version 3 or later <http://gnu.org/licenses/gpl.html>
This is free software: you are free to change and redistribute it.
There is NO WARRANTY, to the extent permitted by law.  Type "show copying"
and "show warranty" for details.
This      GDB      was      configured      as      "--host=i686-build_pc-linux-gnu
--target=arm-cortex_a8-linux-gnueabi".
0xc0078b68              in              kgdb_breakpoint              ()              at
/home/kevin/Workspace/fs4412/kernel/linux-3.14.25/arch/arm/include/asm/outercache.h
:103
103             outer_cache.sync();
(gdb)
```

（4）使用 gdb 的调试命令设置断点，跟踪调试。

找到内核源代码适当的函数位置，设置断点，继续执行。这样就可以进行内核源代码的调试。

9.6 习题

1. 要使用 printascii 函数，需要在内核配置时使能哪个选项（　　）？

A. KGDB: kernel debugger

B. Kernel low-level debugging functions

C. Panic on Oops

D. printk and dmesg options

2. 通过哪个文件可以查看并修改当前控制台的各个打印级别（　　）？

A. /proc/devices　　　　　　　　B. /proc/kmsg

C. /proc/sys/kernel/printk　　　　D. /var/log/dmesg

3. 系统请求键是哪两个键的复合（　　）？

A. Alt+SysRq　　　　　　　　　B. Ctrl+SysRq

C. Shift+SysRq　　　　　　　　 D. Shift+Ctrl+SysRq

4. 通过 sys 接口读取属性，需要实现哪个接口函数（　　）？

A. read　　　　B. show　　　　C. store　　　　D. print

5. 哪个工具可以用来转换 oops 信息（　　）？

A. ksymoops　　　　　　　　　 B. kallsyms

C. oops　　　　　　　　　　　　D. panic

6. 使用 KGDB，通过串口调试内核，需要在 bootargs 中添加哪个参数（　　）？

A. kgdboc　　　　　　　　　　　B. ttySAC2

C. ttyUSB0　　　　　　　　　　 D. init

本章介绍了 Linux 根文件系统的组织结构，并且分析了 init 进程调用文件系统脚本初始化的过程，然后详细介绍了根文件系统的制作过程，以及镜像的制作、固化和挂载。根文件系统制作好后，将其固化在固态存储设备上，这样就彻底脱离了主机的开发环境，成为一个真正可用的嵌入式 Linux 操作系统。

本章目标

- 根文件系统目录结构
- init 系统初始化过程
- 制作根文件系统
- 固化根文件系统

第10章 制作 Linux 根文件系统

根文件系统是在内核启动时直接挂载在根目录（/）下的一个文件系统。它包含了 Linux 系统运行所必需的一些工具、库、脚本、配置文件和设备文件等。没有挂载根文件系统的一个单纯的 Linux 内核仅仅只是一个内核，没有实际的用处。

下面将对制作 Linux 根文件系统的过程做详细的介绍，目的是使读者能够较快地理解如何在一个目标系统（Target）上构造一个嵌入式 Linux 操作系统的根文件系统，进而实现一个真正可用的 Linux 操作系统。

10.1 根文件系统目录结构

文件系统在任何操作系统中都是非常重要的概念，简单地讲，文件系统是操作系统用于明确磁盘或分区上文件的组织和访问的方法。文件系统的存在，使得数据可以被有效而透明地存取访问。

进行嵌入式开发，采用 Linux 作为嵌入式操作系统必须要对 Linux 文件系统目录结构有一定的了解。每个操作系统都有一种把数据保存为文件和目录的方法，在 DOS 操作系统之下，每个磁盘或磁盘分区有独立的根目录，并且用唯一的驱动器标识符来表示，如 C:\、D:\等。不同的磁盘或不同的磁盘分区中，目录结构的根目录是各自独立的。而 Linux 的文件系统组织和 DOS 操作系统不同，它的文件系统是一个整体，所有的文件系统结合在一个完整的统一的树形目录结构中。目录是树的枝干，这些目录可能会包含其他目录，或是其他目录的"父目录"，目录树的顶端是一个单独的根目录，用"/"表示。其他磁盘或磁盘分区都挂载在根目录的某一个子目录下面。

为了统一和规范所有 Linux 操作系统发行版的文件系统层次结构，Linux 基金会发布了文件系统层次结构标准（Filesystem Hierarchy Standard，FHS），该项标准可以在 http://www.pathname.com/fhs/找到。在嵌入式 Linux 操作系统中包含如下常见的目录。

```
$ ls /
bin dev etc home lib mnt proc root sbin sys tmp usr var
```

1. /bin

该目录包含二进制（binary）文件形式的可执行程序，这里的 bin 本身就是 binary 的缩写，许多 Linux 命令就是放在该目录下的可执行程序，例如 ls、mkdir、tar 等命令。

2. /dev

在/dev 目录下存放一些称为设备文件的特殊文件，用于访问系统资源或设备，如软盘、硬盘和系统内存等。设备文件的概念是 DOS 和 Windows 操作系统中所没有的，在 Linux 下，所有的设备都被抽象成了文件，有了这些文件，用户可以像访问普通文件一样方便地访问系统中的设备。例如：用户可以像从一个文件中读取数据一样，通过读取/dev/mouse 文件从鼠标读取输入信息。在/dev 目录下，每个设备文件都可以用 mknod 命令建立，各种设备所对应的特殊文件以一定规则命名。以下是/dev 目录下的一些主要设备文件。

（1）/dev/console：系统控制台，最简单的理解就是直接和系统连接的监视器。

（2）/dev/hd：在 Linux 系统中，对于 IDE 接口的整块硬盘表示为/dev/hd[a-z]，对于硬盘的不同分区，表示方法为/dev/hd[a-z]n，其中 n 表示的是该硬盘的不同分区。例如，/dev/hda 指的是第一个硬盘，hda1 则是指/dev/hda 的第一个分区；系统中有其他的硬盘，则依次为/dev/hdb、/dev/hdc 等；系统中有多个分区，则依次为 hda1、hda2 等。

（3）dev/fd：软驱设备文件。通过前面对系统 IDE 接口硬盘的表示方法不难理解，/dev/fd0 是指系统的第一个软驱，也就是通常所说的 A 盘，/dev/fd1 是指系统的第二个软驱。

（4）dev/sd：SCSI 接口磁盘驱动器。理解方法和 IDE 接口的硬盘相同，只是把 hd 换成 sd。目前，Linux 下驱动 USB 存储设备的方法采用模拟 SCSI 设备，所以 USB 存储设备的表示方法与 SCSI 接口硬盘的表示方法相同。

（5）dev/tty*：终端设备。例如，/dev/tty1 指的是系统的第一个终端，/dev/tty2 则是系统的第二个终端。

（6）dev/ttySAC*：串口设备文件。dev/ttySAC0 是串口 0，dev/ttySAC1 是串口 1。

3．/etc

/etc 目录在 Linux 文件系统中是一个很重要的目录，Linux 的很多系统配置文件就在该目录下，例如系统初始化脚本文件/etc/rc 等。Linux 正是靠这些文件才得以正常地运行，用户可以根据实际需要来配置相应的配置文件，以下列举了一些常见的配置文件。

（1）/etc/rc 或/etc/rc.d：启动或改变运行级别时运行的脚本或脚本的目录。大多数的 Linux 发行版本中，启动脚本位于/etc/rc.d/init.d 中，系统最先运行的服务是放在/etc/rc.d 目录下的文件，而运行级别在文件/etc/inittab 里指定，这些会在后面的内容中详细讲到。

（2）/etc/passwd：/etc/passwd 是存放用户的基本信息的口令文件。该口令文件的每一行都包含由 6 个冒号分隔的 7 个域，其中的域给出了用户名、真实姓名、用户主目录、加密口令和用户的其他信息。

- username：表示用户名。
- passwd：表示口令密文域。密文是加密过的口令。如果口令经过 shadow，则口令密文域只显示一个 x，通常，口令都应该经过 shadow 以确保安全。如果口令密文域显示为*，则表明该用户名有效但不能登录。如果口令密文域为空，则表明该用户登录不需要口令。
- uid：表示系统用于唯一标识用户名的数字。
- gid：表示用户所在默认组号。
- comments：表示用户的个人信息。
- directory：表示定义用户的主目录。
- shell：表示指定用户登录到系统后启动的 shell 程序。

（3）etc/fstab：指定启动时需要自动挂载的文件系统列表。通常来讲，如果用户在使用过程中需要手动挂载许多文件系统，这会带来不小的工作量。为了避免这样的麻烦，让系统在启动的时候自动挂载这些文件系统。Linux 使用/etc/fstab 文件来完成这一功能。fstab 文件中列出了初始化时需挂载的文件系统的类型、挂载点及可选参数。所以进行相应的配置即可确定系统初始化时挂载载的文件系统。

（4）etc/inittab：init 的配置文件，在后面的内容会详细讲到。

4．/home

用户主目录的默认位置。例如，一个名为 kevin 的用户主目录将是/home/kevin，系统的所有用户的数据保存在其主目录下（root 用户除外）。

5．/lib

必要的共享库和内核模块。

6．/mnt

该目录用来为其他文件系统提供安装点，例如可以在该目下新建一目录 floppy 用来挂载软盘，同样可以新建一目录 cdrom（可以用任意名称）用来挂载光盘等。比如在 Linux 的终端执行下面的语句：

```
$ sudo mount -t vfat dev/hda2 /mnt/win_D
```

即可将硬盘的第二个分区挂载到 Linux 下的/mnt/win_D 目录中。

7．/proc

需要注意的是，/proc 文件系统并不保存在系统的硬盘中，操作系统在内存中创建这一文件系统目录，是虚拟的目录，即系统内存的映射，其中包含一些和系统相关的信息，例如 CPU 的信息等。

8．/root

Root 表示用户主目录。

9．/sbin

与 bin 目录类似，存放系统的可执行文件、命令，如常用到的 fsck、lsusb 等指令，通常只有 root 用户才有运行的权限。

10．/sys

sysfs 伪文件系统标准挂载点，类似于 proc 目录，能查看和设定内核参数，但主要用于设备管理。需要说明的是，目前 FHS 标准中并没有该目录。

11．/tmp

公用的临时文件存储点。

12. /usr

/usr 是最庞大的目录。该目录中包含了一般不需要修改的命令程序文件、程序库、手册和其他文档等。Linux 内核的源代码就放在/usr/src/里。

13. /var

该目录中包含经常变化的文件，例如打印机、邮件、新闻等的脱机目录、日志文件以及临时文件等。因为该文件系统的内容经常变化，因此如果和其他文件系统，如/usr放在同一硬盘分区，文件系统的频繁变化将会提高整个文件系统的碎片化程度。

10.2 init 系统初始化过程

系统的引导和初始化是操作系统实现控制的第一步，是集中体现系统整体性能至关重要部分。了解系统的初始化过程，对于进一步掌握后续开发是十分有帮助的。首先来了解一下 Linux 内核的启动过程，如图 10.1 所示。

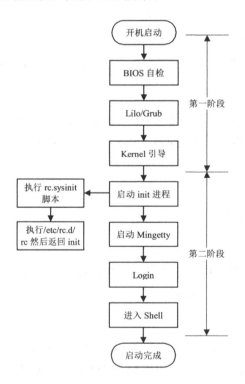

图 10.1 Linux 内核启动过程示意图

通常，Linux 内核的启动可以分为两个阶段。

（1）在第一阶段完成硬件检测、初始化和内核的引导；在内核启动的第一阶段，系统按 BIOS 中设置的启动设备（通常是硬盘）启动，接着利用 Lilo/Grub 程序来进行内核的引导工作，内核被解压缩并装入内存后，开始初始化硬件和设备驱动程序。

（2）在第二阶段就是 init 的初始化进程。所谓的 init 进程，是一个由内核启动的用户进程，也是系统上运行的所有其他进程的父进程，它会观察其子进程，并在需要的时候启动、停止、重新启动它们，主要用来完成系统的各项配置。init 从/etc/inittab 获取所有信息。init 程序通常在/sbin 或/bin 下，它负责在系统启动时运行一系列程序和脚本文件，而 init 进程也是所有进程的发起者和控制者。内核启动（内核已经被载入内存，开始运行，并已初始化所有的设备驱动程序和数据结构等）之后，便开始调用 init 程序来进行系统各项配置，即成为系统的第一个进程。该进程对于 Linux 系统正常工作是十分重要的。

10.2.1　inittab 文件

Linux 启动时，运行一个叫做 init 的程序，然后根据运行级启动后面的任务，包括多用户环境、网络等。所谓的运行级就是操作系统当前正在运行的功能级别。这个级别为 0～6，具有不同的功能。这些级别在/etc/inittab 文件里指定。这个文件是 init 程序寻找的主要文件，init 进程中所做的每一步配置工作都由/etc/initab 中的内容来决定的。以下是一个/etc/inittab 文件实例。

```
# inittab       This file describes how the INIT process should set up
#               the system in a certain run-level.
#
# Author:       Miquel van Smoorenburg, <miquels@drinkel.nl.mugnet.org>
#               Modified for RHS Linux by Marc Ewing and Donnie Barnes
# Default runlevel. The runlevels used by RHS are:
#   0 - halt (Do NOT set initdefault to this)
#   1 - Single user mode
#   2 - Multiuser, without NFS (The same as 3, if you do not have networking)
#   3 - Full multiuser mode
#   4 - unused
#   5 - X11
#   6 - reboot (Do NOT set initdefault to this)
#
id:5:initdefault:
# System initialization.
si::sysinit:/etc/rc.d/rc.sysinit
l0:0:wait:/etc/rc.d/rc 0
l1:1:wait:/etc/rc.d/rc 1
l2:2:wait:/etc/rc.d/rc 2
l3:3:wait:/etc/rc.d/rc 3
l4:4:wait:/etc/rc.d/rc 4
l5:5:wait:/etc/rc.d/rc 5
l6:6:wait:/etc/rc.d/rc 6
```

```
# Trap CTRL-ALT-DELETE
ca::ctrlaltdel:/sbin/shutdown -t3 -r now
# When our UPS tells us power has failed, assume we have a few minutes
# of power left.  Schedule a shutdown for 2 minutes from now.
# This does, of course, assume you have powerd installed and your
# UPS connected and working correctly.
pf::powerfail:/sbin/shutdown -f -h +2 "Power Failure; System Shutting Down"
# If power was restored before the shutdown kicked in, cancel it.
pr:12345:powerokwait:/sbin/shutdown -c "Power Restored; Shutdown Cancelled"
# Run gettys in standard runlevels
1:2345:respawn:/sbin/mingetty tty1
2:2345:respawn:/sbin/mingetty tty2
3:2345:respawn:/sbin/mingetty tty3
4:2345:respawn:/sbin/mingetty tty4
5:2345:respawn:/sbin/mingetty tty5
6:2345:respawn:/sbin/mingetty tty6
# Run xdm in runlevel 5
x:5:respawn:/etc/X11/prefdm -nodaemon
```

从代码中可以看到，etc/inittab 中语句的每一行包含 4 个域，格式如下。

```
id: runlevels: action: process
```

（1）id：是指入口标识符，它是一个字符串，是由两个独特的字元所组成的标识符号，对于 getty 或 mingetty 等其他 login 程序项，要求 id 与 tty 的编号相同，否则，getty 程序将不能正常工作。

（2）run levels（运行级别）：会指出下一个操作域中的 action 以及 process 域会在哪些 runlevel 中被执行。而在正常的启动程序之后，root 用户可以使用 telinit 命令来改变系统的 runlevel。假定在 Linux 系统中 runlevel 的预设值是 5，那么只有那些每一列中 runlevel 域的值为 5 时，后面的 process 才会被执行。所以，如果系统的 runlevel 值不同的话，所执行的 process 也不一样，所以系统启动的资源配置情况在每个不同的 runlevel 下就会有差异。

（3）action：域指出的是 init 程序执行相应 process 时，对 process 所采取的动作。比如：只执行 process 一次，还是在它退出时重启。

（4）process：为具体的执行程序，程序后面可以带参数。

现将/etc/inittab 文件代码分析如下。

运行级别定义。

```
# 0 - 停机（不要把 initdefault 设置为 0，否则开机之后就会自动关机 ）
# 1 - 单用户模式
# 2 - 多用户模式，但是没有 NFS
# 3 - 完全多用户模式
# 4 - 没有使用
# 5 - X-windows 模式
# 6 - 系统重新启动 （不要把 initdefault 设置为 6,否则开机之后就会重启 ）


id:5:initdefault:
```

解释：该命令指出默认的运行级别为 5，即开机后进入 X-window 模式。

```
si::sysinit:/etc/rc.d/rc.sysinit
l0:0:wait:/etc/rc.d/rc 0
l1:1:wait:/etc/rc.d/rc 1
l2:2:wait:/etc/rc.d/rc 2
l3:3:wait:/etc/rc.d/rc 3
l4:4:wait:/etc/rc.d/rc 4
l5:5:wait:/etc/rc.d/rc 5
l6:6:wait:/etc/rc.d/rc 6
```

解释：系统启动之后自动执行/etc/rc.d/rc.sysinit 脚本，而且指出当运行级别为 5 时，以 5 为参数运行/etc/rc.d/rc 5 脚本，init 进程将等待其返回（wait）。

```
# Trap CTRL-ALT-DELETE
ca::ctrlaltdel:/sbin/shutdown -t3 -r now
```

解释：在启动过程中如果按"Crtl+Alt+Delete"组合键，将执行/sbin/下的命令"shutdown -t3 -r now"来重新启动系统。

```
# When our UPS tells us power has failed, assume we have a few minutes
# of power left.  Schedule a shutdown for 2 minutes from now.
# This does, of course, assume you have powerd installed and your
# UPS connected and working correctly.
pf::powerfail:/sbin/shutdown -f -h +2 "Power Failure; System Shutting Down"
```

解释：如果系统带有 UPS 电源工作，该行命令设定系统在掉电时提示"电源关闭，系统正在关闭"，并且在 2min 后自动关机。

```
# If power was restored before the shutdown kicked in, cancel it.
pr:12345:powerokwait:/sbin/shutdown -c "Power Restored; Shutdown Cancelled"
```

解释：如果工作电源恢复，该命令行提示"电源恢复，取消关机"，并且取消关机。

```
# Run gettys in standard runlevels
1:2345:respawn:/sbin/mingetty tty1
2:2345:respawn:/sbin/mingetty tty2
3:2345:respawn:/sbin/mingetty tty3
4:2345:respawn:/sbin/mingetty tty4
5:2345:respawn:/sbin/mingetty tty5
6:2345:respawn:/sbin/mingetty tty6
```

解释：init 进程打开 6 个终端，以 ttyn 为参数执行/sbin/mingetty 程序，打开 ttyn 终端用于用户登录。

```
# Run xdm in runlevel 5
x:5:respawn:/etc/X11/prefdm -nodaemon
```

解释：在级别 5 上运行 xdm 程序，提供 xdm 图形方式登录界面，并在退出时重新执行（respawn）。

10.2.2　System V init 启动过程

在介绍 System V init 启动过程之前，先来了解一下 System V 的由来。简单地讲，System V 也被称为 AT&T System V，是 UNIX 操作系统众多版本中相当重要的一个。它最初由 AT&T 开发，在 1983 年第一次发布，一共发行了 4 个 System V 的主要版本：版本 1、2、3 和 4。System V Release 4 是其中最成功的版本，它具有一些 UNIX 共同的特性，比如 Sys V init 初始化脚本。

概括地讲，Linux \UNIX 系统一般有两种不同的初始化启动方式。

- BSD system init。
- System V system init。

System V 模式将启动档案存放在/etc/...或/etc/rc.d/...及其下的一堆子目录中，主要内容如下。

```
/etc/rc.d/init.d
/etc/rc.d/rc0.d
/etc/rc.d/rc1.d
/etc/rc.d/rc2.d
/etc/rc.d/rc3.d
/etc/rc.d/rc4.d
/etc/rc.d/rc5.d
/etc/rc.d/rc6.d
rc
rc.local
rc.sysinit
```

大多数发行套件的 Linux 都使用了与 System V init 相仿的 init，也就是 Sys V init，它比传统的 BSD system init 更容易使用、更灵活。Sys V init 主要思想是定义了不同的"运行级别（runlevel）"。通过配置文件/etc/inittab，定义了系统引导时的运行级别，进入或者切换到一个运行级别时做什么。每个运行级别对应一个子目录/etc/rc.d/rc n.d（n 表示运行级别 0～6），例如，rc0.d 便是 runlevel 0 启动脚本存放的目录，rc3.d 是 runlevel 3，其他依此类推。rc n.d 中的脚本并不是各自独立的，其实它们都通过符号链接连接到/etc/rc.d/init.d 中的脚本。下面是系统 rc5.d 目录中的内容列表。

```
$ ls -l /etc/rc5.d/
total 0
lrwxrwxrwx. 1 root root 15 Apr 15 12:52 K01numad -> ../init.d/numad
lrwxrwxrwx. 1 root root 16 Apr 15 12:52 K01smartd -> ../init.d/smartd
lrwxrwxrwx. 1 root root 17 Apr 15 12:52 K02oddjobd -> ../init.d/oddjobd
lrwxrwxrwx. 1 root root 17 Apr 15 12:52 K05wdaemon -> ../init.d/wdaemon
lrwxrwxrwx. 1 root root 16 Apr 15 12:52 K10psacct -> ../init.d/psacct
……
lrwxrwxrwx. 1 root root 17 Apr 15 12:52 S01sysstat -> ../init.d/sysstat
lrwxrwxrwx. 1 root root 22 Apr 15 12:52 S02lvm2-monitor -> ../init.d/lvm2-monitor
lrwxrwxrwx. 1 root root 18 Apr 15 12:52 S05cgconfig -> ../init.d/cgconfig
lrwxrwxrwx. 1 root root 16 Apr 15 12:52 S07iscsid -> ../init.d/iscsid
……
```

可以看到里面的内容是一些以字母"S"开头和"K"符号链接，链接指向/etc/init.d 中的脚本，每个脚本对应一项服务程序。以 S 开头的，表示 Start 启动之意，以 start 为参数调用该脚本；以 K 开头的，则是表示 stop 停止，以 stop 为参数调用该脚本，这就使得 init 可以启动和停止服务。事实上，可以通过手动执行来启动或停止相关服务。比如，可以执行下面的语句分别来启动和停止 NFS 服务。

```
$ sudo /etc/init.d/nfs start
Starting NFS services:                          [  OK  ]
Starting NFS quotas:                            [  OK  ]
Starting NFS mountd:                            [  OK  ]
Starting NFS daemon:                            [  OK  ]
Starting RPC idmapd:                            [  OK  ]
$ sudo /etc/init.d/nfs stop
Shutting down NFS daemon:                        [  OK  ]
Shutting down NFS mountd:                        [  OK  ]
Shutting down NFS quotas:                        [  OK  ]
Shutting down NFS services:                      [  OK  ]
Shutting down RPC idmapd:                        [  OK  ]
```

以下是一个大致的 System V init 过程。

（1）init 过程执行的第一个脚本文件是/etc/rc.d/rc.sysinit，限于篇幅的原因，此处不再列出该脚本文件的详细内容，/etc/rc.d/rc.sysinit 主要是在各个运行级别中进行初始化工作，包括以下内容。

- 启动交换分区。
- 检查磁盘。
- 设置主机名。
- 检查并挂载文件系统。
- 加载并初始化硬件模块。

（2）执行默认的运行级模式。

这一步的内容主要在/etc/inittab 中体现，inittab 文件会告诉 init 进程要进入什么运行级别，以及在哪里可以找到该运行级别的配置文件。

（3）执行/etc/rc.d/rc.local 脚本文件。

这也是 init 过程中执行的最后一个脚本文件，所以用户可以在这个文件中添加一些需要在登录之前执行的命令，默认地，/etc/rc.d/rc.local 会用使用系统的内核版本和机器类型创建一个登录标志。

（4）执行/bin/login 程序。

login 程序会提示用户输入账号及密码，接着编码并确认密码的正确性。若两者相合，则为使用者进行初始化环境，并将控制权交给 Shell。

10.2.3　Busybox init 启动过程分析

有关 Busybox 的介绍会在第 10.3 节提到，此处着重介绍 Busybox init 启动过程。与一些标准的 init（如 System V init）一样，Busybox 也具有处理系统初始化过程的能力。由于 Busybox 自身的一些特点，Busybox init 非常适合在嵌入式系统开发中使用，被誉为"嵌入式 Linux 的瑞士军刀"。它可以为嵌入式系统提供主要的 init 功能，通过定制可以做得非常精炼。

默认的情况下，Busybox 安装之后会生成一个可执行程序 Busybox，在 bin 目录下，可以通过查看 Busybox 的属性得知/linuxrc 和/sbin/init 是其符号链接，如果使用 Busybox 做 Ramdisk，BusyBox 会在内核刚完成加载后就立即启动，此后 Busybox 会跳转到它的 init 进程开始执行，它的 init 进程主要进行以下的工作。

- 为 init 进程设置信号处理进程。
- 对控制台进行初始化。
- 解析 inittab 文件，即/etc/inittab。
- 在默认情况下，Busybox 会运行系统初始化脚本/etc/init.d/rcS。
- 运行导致 init 暂停的 inttab 命令（动作类型 wait）。
- 运行仅执行一次的 inittab 命令（动作类型 once）。

当 init 进程对控制台进行初始化完成之后，Busybox 会去检查/etc/inittab 文件是否存在，如果存在，就会解析该文件并执行相应的运行级，Busybox 所能够识别的 inittab 文件格式在 Busybox 的安装目录下有详细的说明。

Busybox init 所支持的 inittab 动作类型在 Busybox 安装目录下的 init.c 程序中得到定义。

```
static const struct init_action_type actions[] = {
    {"sysinit", SYSINIT},
    {"respawn", RESPAWN},
    {"askfirst", ASKFIRST},
    {"wait", WAIT},
    {"once", ONCE},
    {"ctrlaltdel", CTRLALTDEL},
    {"shutdown", SHUTDOWN},
    {"restart", RESTART},
    };
```

- sysinit：为 init 提供初始化命令行的路径。
- respawn：在相应的进程结束时就重新启动。
- askfirst：类似于 respawn，主要用途是减少系统上执行的终端应用程序的数量，会在控制台上显示"Please presss Enter to active this console"的信息，并在系统重新启动进程之前等待用户按下 Enter 键。
- wait：wait 动作会通知 init 必须等到相应的进程执行完之后才能继续执行其他的动作。
- once：进程只执行一次，而且不会等待他完成。
- ctrlaltdel：当按下 Ctrl-Alt-Delete 组合键时运行的进程。
- shutdown：当系统关机时运行的进程。

- restart：当 init 进程重新启动的时候执行的进程，事实上就是 init 本身。

Busybox 支持的 inittab 文件格式如下所示。

```
id: runlevel: action: process
```

这里需要注意的是，Busybox 的 init 程序所认识的/etc/inittab 的格式尽管与 Sys V init 非常类似，但其中的操作域 id 具有不同的含义。Busybox 中的 id 用来指定启动的控制台，如果所启动的进程不是可以交互的 Shell，就可以空着 id 的操作域不用填写。在为 Busybox 准备 inittab 文件的时候，可以实际参考 Busybox 的安装目录下的 inittab 文件范例，此处不再对该范例文件做详细的解释。

如果 Busybox 没有找到 inittab 文件，Busybox 会使用默认的配置。

```
#   :: sysinit: /etc/init.d/rcS
/*Busybox init 进程执行的第一个脚本文件*/
#   :: askfirst: /bin/sh
/*在控制台启动一个"askfirst"shell*/
#   :: ctrlaltdel: /sbin/reboot
#   :: shutdown: /sbin/swapoff -a
#   :: shutdown: /bin/umount -a -r
/*系统关机的时候会执行 umount 命令卸载所有的文件系统*/
#   :: restart: /sbin/init
/*等待重新启动 init 进程*/
```

注意：

此处的操作域 id 和 runlevel 都是空着的，Busybox 也会忽略 runlevel 操作域。

从以上的分析可以看出，不论 Busybox 是否能找到 inittab 文件，Busybox 下的 init 进程执行的第一个脚本文件都是/etc/init.d/rcS，而不是 Sys V init 结构下执行的脚本文件/etc/rc.d/rc. sysinit，这一点需要注意。

10.3 制作根文件系统

10.3.1 配置并编译 Busybox

根文件系统中包含大量的系统运行所必须的工具，那么这些工具可以从哪里获得呢？

Busybox 是一个集成了一百多个最常用的 linux 命令和工具的软件。Busybox 包含了一些简单的工具，例如 ls、cat 和 echo 等，还包含了一些更大、更复杂的工具，例如 grep、find、mount 以及 telnet。有些人将 Busybox 称为 Linux 工具里的"瑞士军刀"。简单地说，BusyBox 就好像是一个大工具箱，它集成压缩了 Linux 的许多工具和命令，但是体积却非常小巧，非常适合嵌入式系统。下面介绍 Busybox 的下载、配置和编译的过程。

用户可以在 http://www.busybox.net/downloads/下载最新的 Busybox 源码，既可以打开网页直接下载，也可以通过下面的命令行进行下载。

```
$ wget -c http://www.busybox.net/downloads/busybox-1.23.2.tar.bz2
```

下载完成后使用以下的命令解压源码。

```
$ tar -jxvf busybox-1.23.2.tar.bz2
```

进入源码目录，然后运行命令配置 Busybox。

```
$ cd busybox-1.23.2/
$ make menuconfig
```

弹出的配置界面如图 10.2 所示。

```
BusyBox 1.23.2 Configuration

 Arrow keys navigate the menu.  <Enter> selects submenus --->.
 Highlighted letters are hotkeys.  Pressing <Y> includes, <N> excludes,
 <M> modularizes features.  Press <Esc><Esc> to exit, <?> for Help, </>
 for Search. Legend: [*] built-in  [ ] excluded  <M> module  < >

        Busybox Settings  --->
   --- Applets
          rchival Utilities  --->
          oreutils  --->
          onsole Utilities  --->
          ebian Utilities  --->
          ditors  --->
          inding Utilities  --->
          nit Utilities  --->
          ogin/Password Management Utilities  --->
          inux Ext2 FS Progs  --->
          inux Module Utilities  --->
          inux System Utilities  --->
        M scellaneous Utilities  --->
        N tworking Utilities  --->
          rint Utilities  --->

              <Select>    < Exit >    < Help >
```

图 10.2　Busybox 配置界面

Busybox 的配置分为三大类，第一类是 Busybox 的基本配置，包括编译、调试安装的选项；第二类是工具集的选择，可以选择 Busybox 最终支持的工具；第三类是配置文件的加载和保存的路径设置。通常只需要在第一类配置中做一些简单的调整即可，另外两类根据实际情况进行选择，或者完全不改。下面列出了一些重要的配置项。

```
Busybox Settings  --->
    Build Options  --->
        [ ] Build BusyBox as a static binary (no shared libs) (NEW)
        (arm-linux-) Cross Compiler prefix
    Installation Options ("make install" behavior)  --->
        (/home/kevin/Workspace/fs4412/rootfs) BusyBox installation prefix
    Busybox Library Tuning  --->
        [*]     Username completion
        [*]     Fancy shell prompts
```

其中配置项"Build BusyBox as a static binary"没有选择，表示 Busybox 需要共享库的支持才能运行。"Cross Compiler prefix"用于指定交叉编译工具的前缀，"BusyBox installation prefix"用于指定 Busybox 的安装目录。保存并退出后，执行下面的命令进行编译和安装。

```
$ make
$ make install
```

安装成功后，将会在安装目录下出现以下目录和文件。

```
$ ls
bin  linuxrc  sbin  usr
```

其中 bin、sbin 和 usr 目录下是各种工具的软连接，最终都指向与 bin 目录下的 busybox 可执行文件，目前这种配置下该文件的大小约 900KB。linuxrc 是一个初始化程序，后面会进行更详细的介绍。

10.3.2 添加共享库文件和内核模块

Busybox 以及自己编写的应用程序都需要共享库的支持（除非是以静态的方式进行链接的，但这会使应用程序的体积增大），接下来将库文件复制到刚才指定的 rootfs 目录下，并进行相应的裁剪，使用如下的命令。

```
$ cd /home/kevin/Workspace/fs4412/rootfs
$ cp -a /opt/arm/exynos4412/gcc-4.6.4/arm-arm1176jzfssf-linux-gnueabi/sysroot/
lib/ .
```

注意共享库文件的路径视交叉编译工具的安装路径的不同而不同。接下来删除静态库文件并对共享库文件进行裁剪（可能要用到超级用户权限）。

```
# sudo rm lib/*.a
# arm-linux-strip lib/*.so
```

在内核配置的相关章节我们知道，一些内核功能是以模块的形式进行编译的，这些编译之后的内核模块（.ko）文件需要安装到根文件系统中。进入到内核源码树顶层目录下，使用下面的命令编译并安装内核模块。

```
$ make ARCH=arm modules
$ sudo  make  ARCH=arm  INSTALL_MOD_PATH=/home/kevin/Workspace/fs4412/rootfs
modules_install
```

其中"INSTALL_MOD_PATH"指定要安装到的根文件系统的路径。安装成功后，会在根文件系统的 lib 目录下创建 modules 目录和相关的文件。内核的模块文件存放在 kernel 目录下的各子目录下。

```
$ ls -l lib/modules/3.14.25/
total 88
lrwxrwxrwx 1 root root   49 Apr 30 15:30 build -> /home/kevin/Workspace/fs4412/
kernel/linux-3.14.25
drwxr-xr-x 5 root root 4096 Apr 30 15:32 kernel
```

```
-rw-r--r-- 1 root root  254 Apr 30 15:32 modules.alias
-rw-r--r-- 1 root root  290 Apr 30 15:32 modules.alias.bin
-rw-r--r-- 1 root root 5515 Apr 30 15:32 modules.builtin
-rw-r--r-- 1 root root 7547 Apr 30 15:32 modules.builtin.bin
-rw-r--r-- 1 root root   69 Apr 30 15:32 modules.ccwmap
-rw-r--r-- 1 root root  410 Apr 30 15:32 modules.dep
-rw-r--r-- 1 root root  853 Apr 30 15:32 modules.dep.bin
-rw-r--r-- 1 root root   52 Apr 30 15:32 modules.devname
-rw-r--r-- 1 root root   73 Apr 30 15:32 modules.ieee1394map
-rw-r--r-- 1 root root  141 Apr 30 15:32 modules.inputmap
-rw-r--r-- 1 root root   81 Apr 30 15:32 modules.isapnpmap
-rw-r--r-- 1 root root   74 Apr 30 15:32 modules.ofmap
-rw-r--r-- 1 root root  273 Apr 30 15:32 modules.order
-rw-r--r-- 1 root root   99 Apr 30 15:32 modules.pcimap
-rw-r--r-- 1 root root   43 Apr 30 15:32 modules.seriomap
-rw-r--r-- 1 root root  131 Apr 30 15:32 modules.softdep
-rw-r--r-- 1 root root 3011 Apr 30 15:32 modules.symbols
-rw-r--r-- 1 root root 4020 Apr 30 15:32 modules.symbols.bin
-rw-r--r-- 1 root root  189 Apr 30 15:32 modules.usbmap
lrwxrwxrwx 1 root root   49 Apr 30 15:32 source -> /home/kevin/Workspace/fs4412/
kernel/linux-3.14.25
```

10.3.3 添加其他目录和文件

使用下面的命令来创建其他的目录。

```
$ mkdir dev etc home mnt proc root sys tmp var
```

1．添加/etc/inittab 文件

```
::sysinit:/etc/init.d/rcS
::askfirst:-/bin/login
::ctrlaltdel:/sbin/reboot
::shutdown:/sbin/swapoff -a
::shutdown:/bin/umount -a -r
::restart:/sbin/init
```

根据前面的内容可知该文件的意义。"::sysinit:/etc/init.d/rcS"表示启动时系统执行的配置初始化脚本路径为/etc/init.d/rcS。"::askfirst:-/bin/login"表示初始化完成后将循环执行/bin/login 程序，但是在执行该程序前，首先打印"Please press Enter to activate this console."，当用户按下 Enter 键后程序才会被执行，程序路径前面的"-"表示使用的 shell 是一个登录 shell。"::ctrlaltdel:/sbin/reboot"表示当用户按下"Ctrl+Alt+Del"组合键后，将执行/sbin/reboot 程序。另外 shutdown 和 restart 三行代码表示系统关机前要执行的程序和 init 进程重启要执行的程序。

2．添加/etc/ init.d/rcS 文件

```
#!/bin/sh

mount -a
mkdir /dev/pts
```

```
mount -t devpts devpts /dev/pts
echo /sbin/mdev > /proc/sys/kernel/hotplug
mdev -s

hostname -F /etc/hostname
```

这个脚本文件执行了 5 个操作，首先根据/etc/fstab 文件的内容挂载其他的文件系统；其次创建了/dev/pts 目录，并将 devpts 文件系统挂载到该目录，用于远程登录程序的伪终端设备的动态创建；接下来指定内核发生热插拔事件后调用的应用程序路径为/sbin/mdev；接下来运行一次 mdev 程序，扫描内核启动过程中添加的设备并自动创建设备文件，mdev 也会创建一些默认的设备文件，如果觉得比较多且无用的话，可以通过/etc/mdev.conf 来配置；最后指定从/etc/hostname 文件中去获取主机名。

3．添加/etc/fstab 文件

```
proc     /proc   proc    defaults      0     0
none     /tmp    tmpfs   defaults      0     0
none     /dev    tmpfs   defaults      0     0
sysfs    /sys    sysfs   defaults      0     0
```

该文件指定了要挂载其他所有的文件系统。文件第一列指定了文件系统所在的设备名；第二列指定了挂载点；第三列指定了文件系统类型；第四列指定了挂载选项；第五列指定是否要备份，0 为不备份，1 为备份；第六列指定了 fsck 程序是以什么顺序检查文件系统，0 为不检查，1 或者 2 为要检查，如果是根分区要设为 1，其他分区只能是 2。

4．添加/etc/group 文件

用户组的配置文件的格式如下。

```
group_name:passwd:GID:user_list
```

group_name：表示用户组名称。
passwd：表示用户组密码，x 表示无密码或密码在/etc/gshadow 文件中。
GID：表示用户组 ID。
user_list：属于该组的用户列表，存在多个用户则用逗号分隔。
按照上面的描述，添加的 etc/group 文件如下。

```
root:x:0:root
```

有一个 root 用户组；不添加/etc/gshadow 文件，则没有用户组密码；用户组 ID 为 0；该组有一个用户为 root，该字段也可以省略。

5．添加/etc/passwd 文件

用户密码配置文件的有 7 个字段，各字段的含义如下。
第一个字段：表示用户名。
第二个字段：表示用户密码，但实际的密码是保存在/etc/shadow 中的。
第三个字段：表示用户 ID。

第四个字段：表示用户组 ID。

第五个字段：表示用户的详细信息。

第六个字段：表示主目录。

第七个字段：表示登录后使用的 shell。

下面的文件有一个 root 用户，主目录为/root，登录的 shell 是/bin/sh。

```
root:x:0:0:root:/root:/bin/sh
```

6. 添加/etc/shadow 文件

shadow 配置文件是用户密码配置文件的一个影子文件，用于保存真正的密码。其格式比较复杂，总共有 9 个字段，各字段的含义如下。

第一个字段：表示用户名称。

第二个字段：表示经过加密的密码字段。

第三个字段：表示最近更动密码的日期。

第四个字段：表示密码不可被更动的天数。

第五个字段：表示密码需要重新变更的天数。

第六个字段：表示密码需要变更期限前的警告期限。

第七个字段：表示密码过期的恕限时间，即密码过期后，还剩多少天可以使用该密码。

第八个字段：表示账号失效日期；

第九个字段：保留。

该文件通常不是直接编写的，可以从任一台 Linux 主机上复制该文件，然后保留想要的用户，用户的初始密码即为 Linux 主机上相应用户的密码。下面的文件有一个 root 用户，密码为空。

```
root:BcPgSBqZz80dw:0:0:99999:7:::
```

7. 添加/etc/hostname 文件

/etc/hostname 文件用于指定主机名，该文件的内容可以根据需要设置一个自己喜欢的主机名。如果要将主机名设为"fs4412"，则该文件的内容如下。

```
fs4412
```

8. 添加/etc/profile 文件

该文件是一个系统级的环境变量和启动程序配置文件,用于用户登录后的一些设置。该文件的内容比较随意，但主要包含一些常用环境变量的赋值及导出。下面给出一个该文件的示例。

```
LD_LIBRARY_PATH=/lib:/usr/lib
export LD_LIBRARY_PAHT

PATH=/bin:/sbin:/usr/bin:/usr:/sbin
export PATH
```

```
export PS1="\\e[32m[\\u@\\h \\W\\a]\\$\\e[00;37m "
```

文件中 LD_LIBRARY_PATH 指定了默认的共享库搜索路径；PATH 指定了可执行文件的搜索路径；PS1 指定了 shell 的命令行提示符内容，该环境变量的赋值稍微复杂一些，解释如下。

\\e[32m：表示后面的字体颜色为绿色。

[\\u@\\h \\W\\a] \\$：表示命令行提示符为[用户名@主机名 所在路径的最后一个目录名] #（root 用户）或$（普通用户），并且有响铃（\\a）。

e[00;37m：表示后面的字符为白色。

通过 NFS 挂载根文件系统，如果用 root 用户登录，则命令行提示符如下，字体颜色为绿色。

```
[root@fs4412 ~]#
```

etc 目录下可添加的配置文件还有很多，如/etc/hosts 文件用于配置主机名和对应的 IP 地址，/etc/timezone 用于指定时区等等，在此不再一一列举。

10.4 固化根文件系统

通过前面的步骤制作好根文件系统后，再通过 NFS 挂载根文件系统，测试通过后，接下来就可以制作各种根文件系统的镜像了。下面给出 initrd 和 ext3 格式的根文件系统镜像的制作步骤及挂载方法。

10.4.1 制作 image 格式的 initrd 根文件系统镜像

进入到 rootfs 目录的父目录中，使用下面的命令制作一个大小为 16MB 的 ramdisk 镜像文件。

```
$ dd if=/dev/zero of=ramdisk bs=1k count=16384
```

然后使用下面的命令将该镜像文件格式化为 ext2 格式。

```
$ mkfs.ext2 -F ramdisk
```

挂载该镜像文件到/mnt 目录。

```
$ sudo mount -t ext2 ramdisk /mnt
```

将 rootfs 目录下的所有内容复制到/mnt 目录。

```
$ sudo cp -a rootfs/* /mnt/
```

取消挂载。

```
$ sudo umount /mnt
```

将镜像文件进行压缩。

```
$ gzip --best -c ramdisk > ramdisk.gz
```

使用 mkimage 工具生成 U-Boot 能识别的 ramdisk 镜像。

```
$ mkimage -n "ramdisk" -A arm -O linux -T ramdisk -C gzip -d ramdisk.gz ramdisk.img
```

使用下面的命令将制作好的镜像文件复制到 tftp 服务器指定的目录下。

```
$ sudo cp ramdisk.img /var/lib/tftpboot/
```

接下来，重新配置内核，选择 ramdisk 的支持并指定大小。

```
File systems  --->
        <*> Second extended fs support
Device Drivers
        SCSI device support  --->
            <*> SCSI disk support
        Block devices  --->
            <*>RAM block device support
            (16)Default number of RAM disks
            (16384) Default RAM disk size (kbytes)
General setup  --->
        [*] Initial RAM filesystem and RAM disk (initramfs/initrd) support
```

上面的配置项多数都已配置，主要是修改了 ramdisk 的大小为 16384，这个值必须要和 ramdisk 镜像文件的大小保持一致。保存配置后，重新编译内核，再将 uImage 文件复制到 tftp 服务器指定的目录下。

开发板通电，在 U-Boot 中设置 bootcmd 环境变量如下。

```
FS4412   #   setenv   bootcmd   tftp   41000000   uImage\;tftp   42000000
exynos4412-fs4412.dtb\;tftp 43000000 ramdisk.img\;bootm 41000000 43000000 42000000
```

最后使用 boot 命令启动内核并挂载根文件系统，挂载成功后将提示输入用户名和密码（其中用户名为 root，密码为空），验证通过后，成功登录系统。

```
Starting kernel ...

Uncompressing Linux... done, booting the kernel.
......
[   0.280000] Trying to unpack rootfs image as initramfs...
[   0.280000] rootfs image is not initramfs (no cpio magic); looks like an initrd
[   0.305000] Freeing initrd memory: 5116K (cfb00000 - cffff000)
......
[   2.080000] RAMDISK: gzip image found at block 0
[   2.165000] hub 1-3:1.0: USB hub found
[   2.165000] hub 1-3:1.0: 3 ports detected
[   2.625000] VFS: Mounted root (ext2 filesystem) on device 1:0.

Please press Enter to activate this console.
fs4412 login: root
Password:
login[1224]: root login on 'console'
[root@fs4412 ~]#
```

上面的根文件系统镜像做好后，可以固化在 SD 卡或 eMMC 上，从而不用再通过网络来下载。但是在 ramfs 性质的文件系统上做的任何修改在下一次开机后都会复原，更通用的做法在接下的一节会进行详细的说明。

10.4.2　固化 ext2 格式的根文件系统

从 eMMC 启动开发板，进入到 U-Boot 的交互模式，使用下面的命令将前面移植好的 U-Boot 镜像文件、内核 uImage 镜像文件和设备树镜像文件烧写到 eMMC 上。

```
FS4412 # tftp 41000000 u-boot-fs4412.bin
FS4412 # mmc write 0 41000000 1 7ff
FS4412 # tftp 41000000 uImage
FS4412 # mmc write 0 41000000 800 3000
FS4412 # tftp 41000000 exynos4412-fs4412.dtb
FS4412 # mmc write 0 41000000 3800 800
FS4412 # setenv readkernel mmc read 0 41000000 800 3000\; mmc read 0 42000000 3800
800
FS4412 # setenv bootkernel bootm 41000000 - 42000000
FS4412 # set bootargs root=/dev/nfs nfsroot=192.168.10.100:/home/kevin/Workspace/
fs4412/rootfs rw console=ttySAC2,115200 init=/linuxrc ip=192.168.10.120 clk_ignore_
unused=true
FS4412 # setenv bootcmd run readkernel\; run bootkernel
```

通过上面的烧写后，各镜像的分布情况如表 10.1 所示。

表 10.1　各镜像的分布情况

区　　间	0～512B	512B～1MB	1～7MB	7～8MB
内　　容	分区表	u-boot-fs4412.bin	uImage	exynos4412-fs4412.dtb

上面还设置了 bootargs，通过 NFS 挂载根文件系统。系统启动后，执行下面的命令对 eMMC 进行分区和格式化（为避免操作失误，最好将 SD 卡移除）。

```
[root@fs4412 ~]# fdisk /dev/mmcblk0
Command (m for help): p

Disk /dev/mmcblk0: 3909 MB, 3909091328 bytes
226 heads, 33 sectors/track, 1023 cylinders
Units = cylinders of 7458 * 512 = 3818496 bytes

    Device Boot      Start         End      Blocks  Id System
/dev/mmcblk0p1         454        1020     2114343   c Win95 FAT32 (LBA)
/dev/mmcblk0p2           6          88      309507  83 Linux
/dev/mmcblk0p3          89         370     1051578  83 Linux
/dev/mmcblk0p4         371         453      309507  83 Linux

Partition table entries are not in disk order


Command (m for help):
```

上面输入字符 p 后的按 Enter 键回车，打印了目前 eMMC 上的所有分区。如果有分区的话，输入字符 d 后，选择分区号，删除这些分区，如下所示。

```
Command (m for help): d
Partition number (1-4): 1

Command (m for help): d
Partition number (1-4): 2

Command (m for help): d
Partition number (1-4): 3

Command (m for help): d
Selected partition 4

Command (m for help):
```

然后新建一个分区，如下所示。

```
Command (m for help): n
Command action
   e   extended
   p   primary partition (1-4)
p
Partition number (1-4): 1
First cylinder (1-1023, default 1):
```

上面的操作新建了一个主分区，分区号为 1。接下来要输入该分区的起始柱面号，为了不让新建的分区覆盖前面烧写的镜像，起始柱面号要设定一个合适的值。注意到在打印分区信息时有如下的内容：

```
Disk /dev/mmcblk0: 3909 MB, 3909091328 bytes
226 heads, 33 sectors/track, 1023 cylinders
Units = cylinders of 7458 * 512 = 3818496 bytes
```

上面说一个柱面有 7458 个扇区，每个扇区为 512B，那么要避开前面烧写的镜像区域的话，至少要留 3 个扇区，所有分区的起始柱面号应该为 4。

```
First cylinder (1-1023, default 1): 4
Last cylinder or +size or +sizeM or +sizeK (4-1023, default 1023): Using default
value 1023

Command (m for help): p

Disk /dev/mmcblk0: 3909 MB, 3909091328 bytes
226 heads, 33 sectors/track, 1023 cylinders
Units = cylinders of 7458 * 512 = 3818496 bytes

      Device Boot      Start         End      Blocks  Id System
/dev/mmcblk0p1             4        1023     3803580  83 Linux

Command (m for help): w
The partition table has been altered.
Calling ioctl() to re-read partition table
[ 3460.085000] mmcblk0: p1
```

上面的操作将起始柱面号设为 4，结束柱面号使用默认的 1023，然后打印了分区信息，并将分区信息写入 eMMC 的第一个扇区。

分区完成后，接下来就可以格式化该分区，使用下面的命令。

```
[root@fs4412 ~]# mkfs.ext2 /dev/mmcblk0p1
```

格式化完成后，执行下面的命令将根文件系统的内容复制到新建的分区中。

```
[root@fs4412 ~]# mkdir /mnt/emmc
[root@fs4412 ~]# mkdir /mnt/rootfs
[root@fs4412 ~]# mount -t ext2 /dev/mmcblk0p1 /mnt/emmc/
[root@fs4412 ~]# mount -t nfs -o nolock 192.168.10.100:/home/kevin/Workspace/
fs4412/rootfs /mnt/rootfs
[root@fs4412 ~]# cp -a /mnt/rootfs/* /mnt/emmc/
[root@fs4412 ~]# umount /mnt/emmc
[root@fs4412 ~]# umount /mnt/rootfs
[root@fs4412 ~]# rmdir /mnt/emmc/
[root@fs4412 ~]# rmdir /mnt/rootfs/
```

注意，上面的 NFS 挂载的路径要视实际的环境而定。上面的操作完成后，重新启动开发板，进入到 U-Boot 的交互模式，重新设置 bootargs 环境变量，从 eMMC 上挂载根文件系统，保存环境变量后启动系统。

```
FS4412 # set bootargs root=/dev/mmcblk0p1 rw noinitrd console=ttySAC2,115200
init=/linuxrc clk_ignore_unused=true
FS4412 # saveenv
FS4412 # boot
```

在系统启动后，由于在初始化脚本中没有配置网卡，所以可以通过下面的命令设置 IP 地址并激活网卡，当然该命令也可以写在初始化脚本中，这样开发板启动后网卡的 IP 地址就配置好了。

```
[root@fs4412 ~]# ifconfig eth0 192.168.10.120
或
[root@fs4412 ~]# echo "ifconfig eth0 192.168.10.120" >> /etc/init.d/rcS
```

10.5 习题

1. Linux 系统的配置文件主要放在（   ）目录中。

A. /config　　　　　B. /usr　　　　　C. /home　　　　　D. /etc

2. inittab 文件中的（   ）action 类型是 Busybox 支持的。

A. sysinit　　　　　B. Askfirst　　　　C. Respawn　　　　D. shutdown

3. 安装 Busybox 到配置指定的目录的命令是（   ）。

A. make busybox　　　　　　　　　B. make rootfs

C. make menuconfig　　　　　　　　D. make install

4．下面可以将内核编译的模块安装到根文件系统中的命令是（   ）。

A．make uImage

B．make modules

C．make INSTALL_MOD_PATH=/rootfs/path modules_install

D．make distclean

5．在/etc/init.d/rcS 文件中 mdev -s 的作用是（   ）

A．扫描内核启动过程中添加的设备并自动创建设备文件

B．启动 mdev   C．停止 mdev   D．挂起 mdev

6．在/etc/profile 文件中，通过（   ）变量可以指定默认共享库文件搜索路径。

A．PATH   B．LD_LIBRARY_PATH

C．PS1   D．PS2

7．在/etc/profile 文件中，通过（   ）变量可以指定可执行文件搜索路径。

A．PATH   B．LD_LIBRARY_PATH

C．PS1   D．PS2

8．如果通过复制的方式固化根文件系统到 eMMC 上，需要经过（   ）步骤。

A．对 eMMC 进行分区和格式化，然后挂载到一个目录

B．用 NFS 将根文件系统挂载到另外一个目录

C．复制新挂载的根文件系统目录下的内容到 eMMC 挂载的那个目录

D．卸载刚才挂载的文件系统

第 11 章

Qt 移植

本章首先介绍 Qt 源码的下载、配置、编译和安装；然后将移植好的 Qt 库文件集成到前面已制作好的根文件系统中，并说明如何在配置文件中添加相应的配置项；接下来搭建了 Qt 的集成开发环境；最后在该环境上编写 Qt 的测试程序，并实现在开发板上运行。

本章目标

❏ Qt 源码配置、编译及安装
❏ 在根文件系统中添加 Qt
❏ 安装 Qt 集成开发环境
❏ 添加 ARM 平台的构建环境
❏ 编写并运行 Qt 测试程序

目前用在嵌入式领域的 GUI 主要有 MiniGUI、Qt 和 GtkFB 等。MiniGUI 最初是为了满足一个工业控制系统（计算机数控系统）的需求而设计和开发的，它在设计之初就考虑到了小巧、高性能和高效率，因此比较适合于工控领域的简单应用。Qt 是一个跨平台的 C++图形用户界面库，在新的版本中逐渐集成了数据库、OpenGL 库、多媒体库、网络、脚本库、XML 库、WebKit 库等，其内核库也加入了进程间通信、多线程等模块，极大地丰富了 Qt 开发大规模复杂跨平台应用程序的能力。由于其嵌入式版本经过设计优化，所以在嵌入式平台上也能获得比较满意的速度。GtkFB 是基于 C 语言的，和 Qt 一样也针对嵌入式应用做了优化，不过由于更新较慢，在嵌入式系统中不太常见。从以上分析不难看出，Qt 更适合于嵌入式系统。

11.1 Qt 源码配置、编译及安装

在 Linux 系统下，桌面或图形界面程序本质上只是一个应用程序而已。Qt 作为一个能够在 Linux 系统下运行的图形库，对它的移植和一般的应用程序的移植并无太多不同，所经过的步骤通常是下载源码，解压源码，配置源码，编译源码和安装等步骤。下面对这些步骤一一进行详细的说明。

Qt 的最新源码可以在官网上下载，这里以 5.4.2 的版本为例，其下载地址为 http://download.qt.io/official_releases/qt/5.4/5.4.2/single/qt-everywhere-opensource-src-5.4.2.tar.xz。压缩包有多种格式可选，推荐下载 xz 格式的压缩包，其压缩比较高，既可以在网页上直接下载，也可以通过下面的命令下载。

```
$ wget -c http://download.qt.io/official_releases/qt/5.4/5.4.2/single/qt-
everywhere-opensource-src-5.4.2.tar.xz
```

源码下载完成后，使用下面的命令对源码包进行解压。

```
$ tar -xvf qt-everywhere-opensource-src-5.4.2.tar.xz
```

解压完成后，使用下面的命令进入到源码目录，并查看源码配置的帮助信息。

```
$ cd qt-everywhere-opensource-src-5.4.2/
$ ./configure -help
```

Qt 的配置项有很多，在帮助信息前加"*"的选项为默认选项；加"+"的选项为评估选项，如果评估成功，那么该功能将被包含。下面将这些配置项的含义一一列出。

- -prefix <dir>：安装路径，默认的路径为/usr/local/Qt-5.4.2。
- -extprefix <dir>：如果使用了-sysroot 选项，那么安装路径为指定的<dir>。
- -hostprefix [dir]：指定可扩展的工具库安装路径，默认为当前目录。
- -bindir <dir>：用户的可执行程序安装路径。
- -headerdir <dir>：头文件安装路径。

- -libdir <dir>：库文件安装路径。
- -archdatadir <dir>：平台依赖的数据安装路径。
- -plugindir <dir>：插件安装路径。
- -libexecdir <dir>：可执行程序安装路径。
- -importdir <dir>：QML1 安装路径。
- -qmldir <dir>：QML2 安装路径。
- -datadir <dir>：平台无关数据安装路径。
- -docdir <dir>：文档安装路径。
- -translationdir <dir>：翻译文件安装路径。
- -sysconfdir <dir>：配置文件的搜索路径。
- -examplesdir <dir>：示例程序安装路径。
- -testsdir <dir>：测试程序安装路径。
- -hostbindir <dir>：主机可执行程序安装路径。
- -hostlibdir <dir>：主机库安装路径。
- -hostdatadir <dir>：qmake 使用的数据安装路径。
- -release：编译和链接时关闭调试选项，默认选项。
- -debug：编译和链接时打开调试选项。
- -debug-and-release：生成调试和不调试的两个版本。
- -force-debug-info：在非调试的版本中强制创建符号文件。
- -developer-build：编译和链接时加入开发者的一些选项。
- -opensource：构建 Qt 的开源版本。
- -commercial：构建 Qt 的商业版本。
- -confirm-license：自动确认许可证。
- -no-c++11：不要开启 c++11 的支持。
- -c++11：开启 c++11 的支持，评估选项。
- -shared：使用共享的 Qt 库，默认选项。
- -static：使用静态的 Qt 库。
- -no-largefile：不支持大文件的访问。
- -largefile：支持大于 4GB 的文件访问，评估选项。
- -no-accessibility：不要开启 Accessibility 支持，不推荐设置该选项。
- -accessibility：开启 Accessibility 支持，评估选项。
- -no-sql-<driver>：禁止 SQL <driver>。
- -qt-sql-<driver>：使能在 Qt SQL 模块中的 SQL <driver>。
- -plugin-sql-<driver>：将 SQL <driver>作为一个运行时的插件。
- -system-sqlite：使用系统体统的 sqlite。
- -no-qml-debug：不要编译 in-process QML 调试支持。

- -qml-debug：编译 in-process QML 调试支持，评估选项。
- -platform target：构建的目标操作系统及编译器。
- -no-sse2：不要使用 SSE2 指令集编译。
- -no-sse3：不要使用 SSE3 指令集编译。
- -no-ssse3：不要使用 SSSE3 指令集编译。
- -no-sse4.1：不要使用 SSE4.1 指令集编译。
- -no-sse4.2：不要使用 SSE4.2 指令集编译。
- -no-avx：不要使用 AVX 指令集编译。
- -no-avx2：不要使用 AVX2 指令集编译。
- -no-mips_dsp：不要使用 MIPS DSP 指令集编译。
- -no-mips_dspr2：不要使用 MIPS DSP rev2 指令集编译。
- -qtnamespace <name>：将所有的 Qt 库包裹在<name>命名空间。
- -qtlibinfix <infix>：将所有的 libQt*.so 命名为 libQt*<infix>.so。
- -testcocoon：用 TestCocoon 代码覆盖测试工具检测 Qt 代码。
- -gcov：用 GCov 代码覆盖测试工具检测 Qt 代码。
- -D <string>：添加预处理定义。
- -I <string>：添加包含路径。
- -L <string>：添加库路径。
- -pkg-config：使用 pkg-config 来检测包含路径和库路径，评估选项。
- -no-pkg-config：不使用 pkg-config。
- -force-pkg-config：强制使用 pkg-config。
- -help, -h：显示帮助信息。
- -qt-zlib：使用 zlib 库。
- -system-zlib：使用系统的 zlib 库，评估选项。
- -no-mtdev：不支持 mtdev。
- -mtdev：支持 mtdev，评估选项。
- -no-journald：不发送日志给 journald，评估选项。
- -journald：发送日志给 journald。
- -no-gif：不支持 GIF 格式。
- -no-libpng：不支持 PNG 格式。
- -qt-libpng：使用 Qt 的 libpng 库。
- -system-libpng：使用系统的 libpng 库，评估选项。
- -no-libjpeg：不支持 JPEG 格式。
- -qt-libjpeg：使用 Qt 的 libjpeg 库。
- -system-libjpeg：使用系统的 libjpeg 库，评估选项。
- -no-freetype：不支持 Freetype2。

- -qt-freetype：使用 Qt 的 libfreetype 库。
- -system-freetype：使用系统的 libfreetype 库，评估选项。
- -no-harfbuzz：不支持 HarfBuzz-NG。
- -qt-harfbuzz：使用 Qt 的 HarfBuzz-NG，默认选项。
- -system-harfbuzz：使用系统的 HarfBuzz-NG。
- -no-openssl：不支持 OpenSSL。
- -openssl：使能 OpenSSL 的运行时支持，评估选项。
- -openssl-linked：使用 OpenSSL 的支持。
- -qt-pcre：使用 Qt 的 PCRE 库。
- -system-pcre：使用系统的 PCRE 库，评估选项。
- -qt-xcb：使用 Qt 的 xcb-库。
- -system-xcb：使用系统的 xcb-库，评估选项。
- -xkb-config-root：设置默认的 XKB 配置根目录。
- -qt-xkbcommon：使用 Qt 的 xkbcommon 库。
- -system-xkbcommon：使用系统的 xkbcommon 库，评估选项。
- -no-xinput2：不支持 XInput2。
- -xinput2：支持 XInput2，默认选项。
- -no-xcb-xlib：不支持 Xcb-Xlib。
- -xcb-xlib：支持 Xcb-Xlib，默认选项。
- -no-glib：不支持 Glib。
- -glib：支持 Glib，评估选项。
- -no-pulseaudio：不支持 PulseAudio。
- -pulseaudio：支持 PulseAudio，评估选项。
- -no-alsa：不支持 ALSA。
- -alsa：支持 ALSA support，评估选项。
- -no-gtkstyle：不支持 GTK 主题。
- -gtkstyle：支持 GTK 主题，评估选项。
- -make <part>：指定添加需要编译的<part>。
- -nomake <part>：指定不需要编译的<part>。
- -skip <module>：指定不需要编译的整个<module>。
- -no-compile-examples：仅仅安装示例的源码。
- -no-gui：不编译 Qt 的 GUI 和相关的依赖。
- -gui：编译 Qt 的 GUI 和相关的依赖，评估选项。
- -no-widgets：不编译 Qt 的窗口部件和依赖。
- -widgets：编译 Qt 的窗口部件和依赖，评估选项。
- -R <string>：显式添加库路径。

- -l <string>：显式添加库。
- -no-rpath：不使用库的安装路径作为运行时库路径。
- -rpath：使用库的安装路径作为运行时的库路径，评估选项。
- -continue：如果错误发生后，编译过程尽可能持续下去。
- -verbose, -v：打印出详细的配置过程。
- -silent：减少编译输出，以便能更好地发现编译的警告和错误。
- -no-optimized-qmake：不要优化 qmake，默认选项。
- -optimized-qmake：优化 qmake。
- -no-nis：不支持 NIS。
- -nis：支持 NIS，默认选项。
- -no-cups：不支持 CUPS。
- -cups：支持 CUPS，默认选项。
- -no-iconv：不支持 iconv(3)。
- -iconv：支持 iconv(3)，默认选项。
- -no-evdev：不支持 evdev。
- -evdev：支持 evdev，默认选项。
- -no-icu：不支持 ICU 库。
- -icu：支持 ICU 库，默认选项。
- -no-fontconfig：不支持 FontConfig。
- -fontconfig：支持 FontConfig，默认选项。
- -no-strip：不裁剪二进制程序和库。
- -strip：裁剪二进制程序和库，默认选项。
- -no-pch：不使用预编译头，默认选项。
- -pch：使用预编译头。
- -no-dbus：不编译 Qt D-Bus 模块。
- -dbus：编译 Qt D-Bus 模块，评估选项。
- -dbus-linked：编译 Qt D-Bus 模块并链接到 libdbus-1。
- -reduce-relocations：通过额外的链接器优化选项减少库中的重定位。
- -no-use-gold-linker：不使用 GNU gold 链接器。
- -use-gold-linker：使用 GNU gold 链接器，评估选项。
- -force-asserts：强制使用 Q_ASSERT，即便是 release 版本。
- -device <name>：交叉编译设备的名字。
- -device-option <key=value>：添加设备特定的选项。
- -no-separate-debug-info：不要把调试信息存在单独的文件中，默认选项。
- -separate-debug-info：把调试信息存在单独的文件中。
- -no-xcb：不支持 Xcb。

- -xcb：支持 Xcb，默认选项。
- -no-eglfs：不支持 EGLFS。
- -eglfs：支持 EGLFS，默认选项。
- -no-directfb：不支持 DirectFB。
- -directfb：支持 DirectFB，默认选项。
- -no-linuxfb：不支持 Linux 帧缓存。
- -linuxfb：支持 Linux 帧缓存，默认选项。
- -no-kms：不支持 KMS。
- -kms：支持 KMS，默认选项。
- -qpa <name>：设置默认的 QPA 平台。
- -xplatform target：交叉编译时指定目标平台。
- -sysroot <dir>：将<dir>作为目标的编译器和 qmake 的 sysroot，并且设置 pkg-config paths 路径。
- -no-gcc-sysroot：当使用-sysroot 选项时,禁止将-sysroot 传给编译器。
- -no-feature-<feature>：不编译<feature>。
- -feature-<feature>：编译<feature>。可用的特性在 src/corelib/global/qfeatures.txt 中查找。
- -qconfig local：使用 src/corelib/global/qconfig-local.h 头文件。
- -qreal [double|float]：指定 qreal 的类型，默认是 double。
- -no-opengl：不支持 OpenGL。
- -opengl <api>：支持 OpenGL。
- -no-system-proxies：不使用系统的网络代理，默认选项。
- -system-proxies：使用系统的网络代理。
- -no-warnings-are-errors：正常处理警告。
- -warnings-are-errors：将警告视为错误。

除了以上的选项之外，还有一些针对特定系统的专有选项，这些选择在 Linux 系统上无效，所以不再一一列举。

使用以下的命令复制一份 qmake 的配置文件，然后编辑新复制的配置文件。

```
$ cp -a qtbase/mkspecs/linux-arm-gnueabi-g++/ qtbase/mkspecs/linux-arm-g++/
$ vim qtbase/mkspecs/linux-arm-g++/qmake.conf
```

将配置文件中所有的 arm-linux-gnueabi 都替换为 arm-linux。

```
#
# qmake configuration for building with arm-linux-g++
#

MAKEFILE_GENERATOR      = UNIX
CONFIG                 += incremental
QMAKE_INCREMENTAL_STYLE = sublib
```

```
include(../common/linux.conf)
include(../common/gcc-base-unix.conf)
include(../common/g++-unix.conf)

# modifications to g++.conf
QMAKE_CC                = arm-linux-gcc
QMAKE_CXX               = arm-linux-g++
QMAKE_LINK              = arm-linux-g++
QMAKE_LINK_SHLIB        = arm-linux-g++

# modifications to linux.conf
QMAKE_AR                = arm-linux-ar cqs
QMAKE_OBJCOPY           = arm-linux-objcopy
QMAKE_NM                = arm-linux-nm -P
QMAKE_STRIP             = arm-linux-strip
load(qt_config)
```

编辑一个自动配置的脚本文件（如 config.sh）存放在源码顶层目录下，并添加可执行权限。脚本文件的内容如下：

```
#!/bin/bash

./configure -release \
        -opensource \
        -confirm-license \
        -qt-sql-sqlite \
        -no-sse2 \
        -no-sse3 \
        -no-ssse3 \
        -no-sse4.1 \
        -no-sse4.2 \
        -no-avx \
        -no-avx2 \
        -no-mips_dsp \
        -no-mips_dspr2 \
        -no-pkg-config \
        -qt-zlib \
        -qt-libpng \
        -qt-libjpeg \
        -qt-freetype \
        -no-openssl \
        -qt-pcre \
        -qt-xkbcommon \
        -no-glib \
        -nomake examples \
        -nomake tools \
        -nomake tests \
        -no-cups \
        -no-iconv \
        -no-dbus \
        -xplatform linux-arm-g++ \
        -no-use-gold-linker \
        -qreal float
```

```
exit
```

从脚本文件的内容可知，脚本主要是运行了配置命令并设置了一些配置选项，这些选项的意义可以参考前面的说明。一般来说，初次进行移植时，有些选项可能设置不正确导致配置不通过，或配置通过并编译完成后运行时出现问题。那么这就需要根据错误提示对配置进行适当的修改。编写配置脚本的其中一个目的也是为了便于修改。配置文件编写好，并添加可执行权限后，使用下面的命令对 Qt 源码进行配置。

```
$ ./config.sh
```

配置成功后会打印配置的汇总信息，如下所示。

```
  Configure summary

Building on:   linux-g++ (i386, CPU features: none detected)
Building for:  linux-arm-g++ (arm, CPU features: none detected)
Platform notes:

           - Also available for Linux: linux-kcc linux-icc linux-cxx

Build options:
    Configuration .......... accessibility audio-backend c++11 clock-gettime
clock-monotonic compile_examples concurrent cross_compile evdev eventfd freetype
full-config getaddrinfo getifaddrs harfbuzz inotify ipv6ifname large-config largefile
linuxfb medium-config minimal-config mremap nis no-pkg-config pcre png posix_fallocate
precompile_header qpa qpa reduce_exports release rpath shared small-config zlib
      Build parts ........... libs
      Mode .................. release
      Using C++11 ........... yes
      Using gold linker...... no
      Using PCH ............. yes
      Target compiler supports:
        Neon ................ no

    Qt modules and options:
      Qt D-Bus .............. no
      Qt Concurrent ......... yes
      Qt GUI ................ yes
      Qt Widgets ............ yes
      Large File ............ yes
      QML debugging ......... yes
      Use system proxies .... no

    Support enabled for:
    Accessibility ......... yes
    ALSA .................. no
    CUPS .................. no
    Evdev ................. yes
    FontConfig ............ no
    FreeType .............. qt
    Glib .................. no
    GTK theme ............. no
```

```
HarfBuzz ............... yes (bundled copy)
Iconv .................. no
ICU .................... no
Image formats:
  GIF .................. yes (plugin, using bundled copy)
  JPEG ................. yes (plugin, using bundled copy)
  PNG .................. yes (in QtGui, using bundled copy)
journald ............... no
mtdev .................. no
Networking:
  getaddrinfo .......... yes
  getifaddrs ........... yes
  IPv6 ifname .......... yes
  OpenSSL .............. no
NIS .................... yes
OpenGL / OpenVG:
  EGL .................. no
  OpenGL ............... no
  OpenVG ............... no
PCRE ................... yes (bundled copy)
pkg-config ............. no
PulseAudio ............. no
QPA backends:
  DirectFB ............. no
  EGLFS ................ no
  KMS .................. no
  LinuxFB .............. yes
  XCB .................. no
Session management ..... yes
SQL drivers:
  DB2 .................. no
  InterBase ............ no
  MySQL ................ no
  OCI .................. no
  ODBC ................. no
  PostgreSQL ........... no
  SQLite 2 ............. no
  SQLite ............... qt-qt
  TDS .................. no
udev ................... no
xkbcommon .............. no
zlib ................... yes (bundled copy)

Info: creating super cache file /home/kevin/Workspace/fs4412/others/Qt/qt-
everywhere-opensource-src-5.4.2/.qmake.super

Qt is now configured for building. Just run 'make'.
Once everything is built, you must run 'make install'.
Qt will be installed into /usr/local/Qt-5.4.2

Prior to reconfiguration, make sure you remove any leftovers from
the previous build.
```

通过查看该汇总信息，Qt 的功能模块的选择情况将会一目了然。配置完成后，没有警告和错误，就可以运行下面的命令进行编译和安装（编译的时间比较长）。

```
$ make
$ sudo make install
```

因为没有在配置中指定安装路径，所有使用的是默认的安装路径，即为 /usr/local/Qt-5.4.2/。安装成功后，在该目录下将会产生如下目录。

```
$ ls /usr/local/Qt-5.4.2/
bin doc imports include lib mkspecs plugins qml translations
```

11.2 在根文件系统中添加 Qt

首先进入到根文件系统的目录,将安装好的 Qt 目录下的所有内容复制到根文件系统中，使用以下的命令。

```
    $ cd /home/kevin/Workspace/fs4412/rootfs
$ mkdir usr/local/
$ cp -a /usr/local/Qt-5.4.2/ usr/local/
```

然后编辑 etc 目录下的 profile 文件，添加以下内容。

```
export QTDIR=/usr/local/Qt-5.4.2
export QT_QPA_FONTDIR=$QTDIR/lib/fonts
export QT_QPA_PLATFORM_PLUGIN_PATH=$QTDIR/plugins
export QT_QPA_PLATFORM=linuxfb:fb=/dev/fb0:size=1024x600:tty=/dev/ttySAC2

export PATH=$QTDIR/bin:$PATH
export LD_LIBRARY_PATH=$LD_LIBRARY_PATH$QTDIR:$QTDIR/lib
```

其中 QT_QPA_FONTDIR 环境变量用于指定字体的路径，QT_QPA_PLATFORM_PLUGIN_PATH 环境变量用于指定插件的路径,QT_QPA_PLATFORM 环境变量用于指定 Qt 的运行平台，这里是 linuxfb，表示基于 Linux 的帧缓存，fb 用于指定帧缓存设备，size 用于指定显示设备以像素为单位的宽高，而 tty 用于指定非 GUI 程序使用的 tty。这个环境变量中的项目需要根据实际情况进行修改。

11.3 安装 Qt 集成开发环境

Qt 集成开发环境可以在官网上进行下载，链接地址为 http://download.qt.io/official_releases/qt/，在网页中选择需要的版本下载即可。这里以 Linux 下的 5.4.2 的 32 位版本为例，其下载地址为 http://mirrors.ustc.edu.cn/qtproject/archive/qt/5.4/5.4.2/qt-opensource-linux-x86-5.4.2.run。用户既可以在网页上直接进行下载，也可以通过下面的命令进行下载。

```
$   wget   -c   http://mirrors.ustc.edu.cn/qtproject/archive/qt/5.4/5.4.2/qt-
opensource-linux-x86-5.4.2.run
```

下载完成后，添加可执行权限并执行安装程序，可使用下面的命令。

```
$ chmod u+x qt-opensource-linux-x86-5.4.2.run
$ ./qt-opensource-linux-x86-5.4.2.run
```

程序运行后首先弹出下面的界面，单击 Next 按钮进行安装，如图 11.1 所示。

图 11.1　Qt 安装界面 1

接下来选择安装的路径，通常使用默认路径即可，单击 Next 按钮，如图 11.2 所示。

图 11.2　Qt 安装界面 2

然后选择功能组件，保持默认，即全部选择，单击 Next 按钮，如图 11.3 所示。

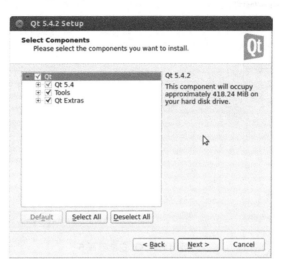

图 11.3　Qt 安装界面 3

然后进行许可证协议的确认，选择上面的单选按钮表示同意，再单击 Next 按钮，如图 11.4 所示。

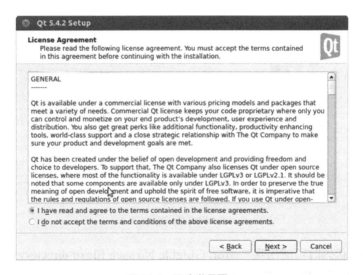

图 11.4　Qt 安装界面 4

然后确认安装，单击 Install 按钮即可，如图 11.5 所示。

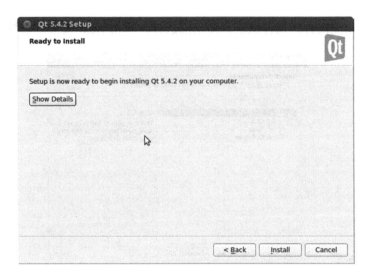

图 11.5　Qt 安装界面 5

最后单击 Finish 按钮完成安装，如图 11.6 所示。

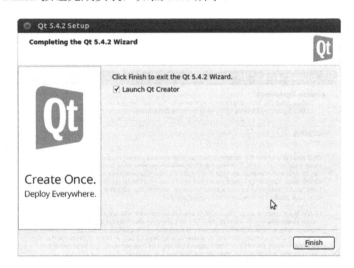

图 11.6　Qt 安装界面 6

在编译 Qt 代码时可能出现 "error: GL/gl.h: No such file or directory" 的错误，需要使用下面的命令来安装相应的库。

```
$ sudo apt-get install libqt4-dev
```

11.4 添加 ARM 平台的构建环境

Qt 集成开发环境安装好后，默认只有 PC 上的构建环境，需要手动添加 ARM 平台上的构建环境，添加的步骤如下。

在集成开发环境中选择 Tools→Options 子菜单，如图 11.7 所示。

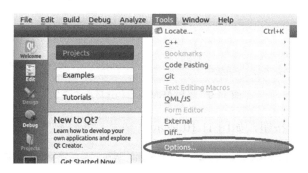

图 11.7 添加 ARM 平台构建环境步骤 1

在弹出的对话框中单击 Add 按钮，如图 11.8 所示。

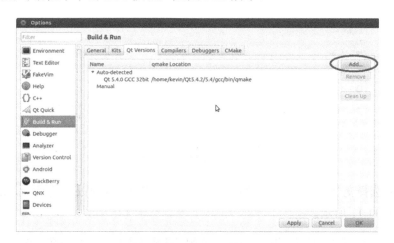

图 11.8 添加 ARM 平台构建环境步骤 2

在弹出的对话框中选择 Qt 移植后安装路径中的 qmake 工具，然后单击 Open 按钮，如图 11.9 所示。

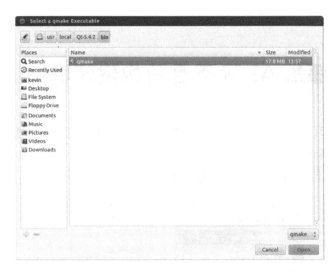

图 11.9　添加 ARM 平台构建环境步骤 3

然后单击 Apply 按钮，如图 11.10 所示。

图 11.10　添加 ARM 平台构建环境步骤 4

接下来选择交叉编译工具，在刚才的对话框中选择 Compilers 选项卡，然后单击 Add 按钮，如图 11.11 所示。

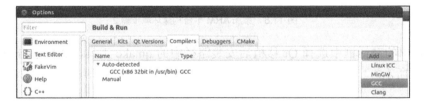

图 11.11　添加 ARM 平台构建环境步骤 5

在弹出的对话框中选择交叉编译工具中的 arm-linux-c++工具，如图 11.12 所示。

图 11.12　添加 ARM 平台构建环境步骤 6

选择好后给该编译器设置一个名字，然后单击 Apply 按钮，如图 11.13 所示。

图 11.13　添加 ARM 平台构建环境步骤 7

接下来添加构建套件，在刚才的对话框中选择 Kits 选项卡，然后单击 Add 按钮，如图 11.14 所示。

图 11.14　添加 ARM 平台构建环境步骤 8

然后按照图 11.15 所示进行设置。

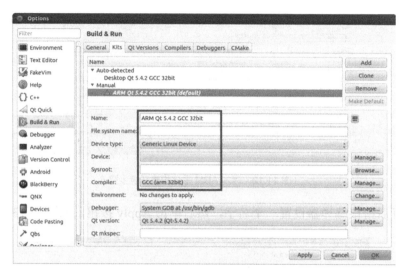

图 11.15　添加 ARM 平台构建环境步骤 9

设置好后，单击 OK 按钮完成 ARM 平台的构建环境。

11.5　编写并运行 Qt 测试程序

经过前面的步骤后，Qt 移植完成，集成开发环境设置成功。接下来编写一个测试程序，并且在开发板上进行测试。

首先要建立一个 Qt 的工程，在集成开发环境中选择 File→New File or Project 子菜单，如图 11.16 所示。

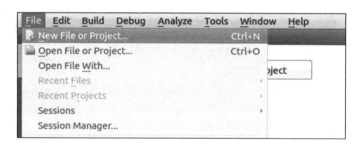

图 11.16　新建 Qt 工程步骤 1

在弹出的对话框中按照图 11.17 所示进行选择，然后单击 Choose 按钮。

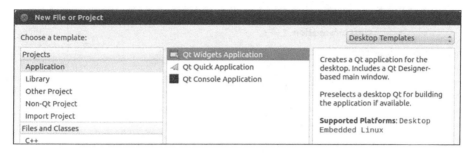

图 11.17　新建 Qt 工程步骤 2

接下来设置工程的名称和路径，如图 11.18 所示。

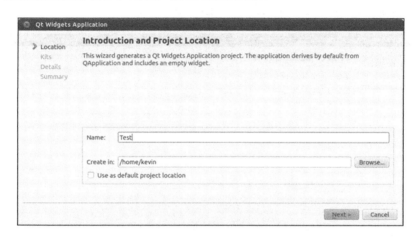

图 11.18　新建 Qt 工程步骤 3

接下来选择构建的套件，注意需要选择 ARM 的构建套件，如图 11.19 所示。

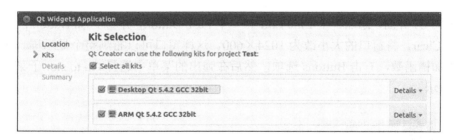

图 11.19　新建 Qt 工程步骤 4

接下来设置窗口的类和文件的名称，保持默认选项即可，如图 11.20 所示。

图 11.20　新建 Qt 工程步骤 5

最后，单击 Finish 按钮完成工程的创建，如图 11.21 所示。

图 11.21　新建 Qt 工程步骤 6

编辑 UI 界面，添加一个 Line Edit 和一个 Push Button，并将 Push Button 的显示的名称改为 Clear，将窗口的大小改为 1024×600，这样窗口可以布满整个显示屏。接下来为按钮添加槽函数，右击 Buttons 选项，然后在弹出的菜单中选择 Go to slot 子菜单，如图 11.22 所示。

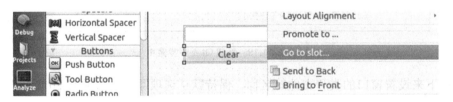

图 11.22　添加按钮槽函数步骤 1

在弹出的对话框中选择 clicked()，然后单击 OK 按钮，如图 11.23 所示。

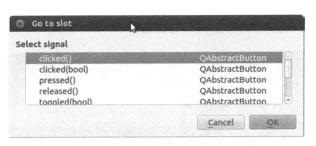

图 11.23 添加按钮槽函数步骤 2

在自动生成的槽函数中，添加如下的代码。

```
void MainWindow::on_pushButton_clicked()
{
    ui->lineEdit->clear();
}
```

代码编写完成后进行保存,然后先选择 PC 上的构建套件进行编译测试,单击图 11.24 中的三角形按钮即可运行。

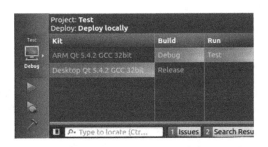

图 11.24 选择 PC 机上的构建套件

程序正常运行的话，会出现一个窗口，在文本框中可以输入字符，单击 Clear 按钮可以清楚文本框内的字符。

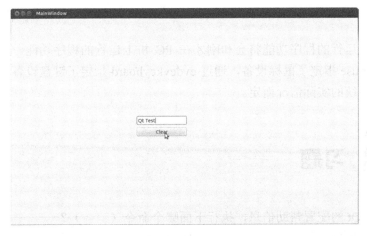

图 11.25 在 PC 机上运行程序

测试成功后，在选择 ARM 平台的构建套件。

图 11.26　选择 ARM 构建套件

然后在菜单中选择 Build->Build All，即可完成交叉编译。

图 11.27　交叉编译 Qt 工程

编译成功后，在项目的同级目录下会生成一个 build-Test-ARM_Qt_5_4_2_GCC_32bit-Debug 目录，进入到该目录，并将生成的可执行程序拷贝到根文件系统中。使用如下的命令：

```
$ cd build-Test-ARM_Qt_5_4_2_GCC_32bit-Debug/
$ cp Test /home/kevin/Workspace/fs4412/rootfs/root/
```

将开发板接上 USB 的鼠标和键盘，然后上电，使用 NFS 挂载根文件系统，登录系统后，使用下面的命令运行 Qt 程序：

```
# ./Test  -plugin evdevmouse:/dev/input/event1  -plugin  evdevkeyboard:/dev/input/event2
```

开发板上运行的程序功能将会和刚才在 PC 机上运行的程序功能一样。在命令行中通过 evdevmouse 指定了鼠标设备，通过 evdevkeyboard 指定了键盘设备。这些设备的路径需要根据系统的实际情况而定。

11.6　习题

1. 查看 Qt 的配置帮助信息，执行下面哪个命令（　　　）？

A．make help 　　　　　　　　　　B．help

C．./configure –help   D．./config -help

2．Qt 配置选项中-prefix 用于指定（　　）。

A．安装路径   B．编译路径

C．库路径   D．执行路径

3．在/etc/profile 文件中，环境变量 QT_QPA_PLATFORM_PLUGIN_PATH 用于指定（　　）。

A．Qt 的库文件路径   B．Qt 的字体路径

C．Qt 的插件路径   D．Qt 的可执行文件路径

4．在 Qt 的集成开发环境中能否交叉编译运行在 ARM 平台上的 Qt 程序（　　）。

A．能，需要添加构建环境

B．不能

参考文献

[1] ARM 的官方网站
     http://infocenter.arm.com/help/index.jsp?topic=/com.arm.doc.ddi0406b/index.html

[2] U-BOOT 的相关网站
     http://www.denx.de/wiki/U-Boot

[3] 维基百科 Exynos 系列的介绍
     https://zh.wikipedia.org/wiki/%E4%B8%89%E6%98%9FExynos

[4] Linux kernel releases PGP signatures. https://www.kernel.org/category/signatures.html

[5] kbuild. https://www.kernel.org/doc/Documentation/kbuild/

[6] 尹锡训. ARM Linux 内核源码剖析[M]. 崔范松, 译. 北京: 人民邮电出版社, 2014.

[7] Device Tree Usage. http://www.devicetree.org/Device_Tree_Usage

[8] Using kgdb/gdb. https://www.kernel.org/doc/htmldocs/kgdb/EnableKGDB.html

[9] Linux Magic System Request Key Hacks. https://www.kernel.org/doc/
     Documentation/ sysrq.txt

[10] Qt for Embedded Linux. http://doc.qt.io/qt-5/embedded-linux.html

附录 习题答案

2.5   1. A   2. CB   3. A   4.ABD   5.BD
3.7   1. A   2. B   3. C   4.A   5.A   6.A
4.7   1. ABC   2. ABC   3. ABC 4.BCD   5.ABCD
5.5   1. AB   2. A   3. AB   4.ABC   5.ABC   6.ABCD   7.ABCD   8.ABC
6.4   1. ABC   2.ABCD   3.ABC   4.ABCD 5.B   6.A   7.B   8.C   9.C
7.4   1.ABC   2.ABC   3.C   4.B   5.D   6.ABCD   7.C   8.B   9.D
8.6   1.A   2.ABC   3.C   4.BCD   5.C
9.6   1.B   2.C   3.A   4.B   5.A   6.A
10.5 1.D   2.ABCD 3.C   4.C   5.A   6.B   7.A   8.ABCD
11.6 1.C   2.A   3.C   4.A

博文视点精品图书展台

专业典藏

移动开发

大数据·云计算·物联网

数据库

Web开发

程序设计

软件工程

办公精品

网络营销

反侵权盗版声明

电子工业出版社依法对本作品享有专有出版权。任何未经权利人书面许可，复制、销售或通过信息网络传播本作品的行为；歪曲、篡改、剽窃本作品的行为，均违反《中华人民共和国著作权法》，其行为人应承担相应的民事责任和行政责任，构成犯罪的，将被依法追究刑事责任。

为了维护市场秩序，保护权利人的合法权益，我社将依法查处和打击侵权盗版的单位和个人。欢迎社会各界人士积极举报侵权盗版行为，本社将奖励举报有功人员，并保证举报人的信息不被泄露。

举报电话：(010)88254396；(010)88258888

传　　真：(010)88254397

E-mail：dbqq@phei.com.cn

通信地址：北京市万寿路173信箱　电子工业出版社总编办公室

邮　　编：100036